JN418754

식품공전에 따른

미생물 배양배지의 이해

저자 이진성(대표저자)

홍수영 · 김근성 · 김재수

오정균 · 박신영 · 조계만

오성관 · 이경태 · 김기환

저자 소개

- **이진성** 경기대학교 생명과학과 교수(대표저자, lejis@daum.net)
- **홍수영** (주)한국시험분석연구원 책임연구원(atpase1123@naver.com)
- **김근성** 중앙대학교 식품공학과 교수(keunsung@cau.ac.kr)
- **김재수** 경기대학교 생명과학과 교수(jkimtamu@kyonggi.ac.kr)
- **오정균** (주)나래바이오테크 대표이사(joh@naraebio.com)
- **박신영** 중앙대학교 식품공학과 연구교수(helenapark1@hanmail.net)
- **조계만** 경남과학기술대학교 식품과학과 교수(kmcho@gntech.ac.kr)
- **오성관** 남서울대학교 임상병리학과 교수(osg204107@naver.com)
- **이경태** 농촌진흥청 국립축산과학원 연구사(leekt@korea.kr)
- **김기환** (주)바이오닉스 연구소장(seqkim@naver.com)

식품공전에 따른 미생물 배양배지의 이해

초판 인쇄: 2012년 6월 12일
초판 발행: 2012년 6월 20일

저 자: 이진성 · 홍수영 · 김근성 · 김재수 · 오정균
박신영 · 조계만 · 오성관 · 이경태 · 김기환
발행인: 문 정 구
발행처: (주)바이오사이언스출판
137-060 서울시 서초구 방배동 479-4 호산빌딩 201호
TEL: (02)581-4057~8
FAX: (02)581-4059
편집부 | edit@biobooks.co.kr
영업부 | sales@biosciencepub.com
주 문 | order@biosciencepub.com
홈페이지 | http://www.biobooks.co.kr
ISBN: 978-89-92709-89-7 93570

등록번호: 제22-3079호

값 35,000원

(주)바이오사이언스출판

머리말

식품에서 유래하는 식중독 병원성 미생물을 분리하고 배양하는 과정은 매우 까다롭고 불편한 절차가 따른다. 또한 미생물의 종류도 많고 각기 다른 유전생화학적인 특징으로 분리배양이 더욱 어렵다.

우리나라의 식품공전에 등재된 미생물배양배지는 약 68종에 이른다. 한마디로 말해서 이렇게 많은 미생물배양배지가 식품 속에 존재하는 병원성 대장균, 장염비브리오, 살모넬라, 황색포도상구균, 리스테리아, 시겔라, 클로스트리디움, 캠필로박터, 바실러스 세레우스, 엔테로박터 사카자키 등의 식중독 세균의 수와 종류를 구별하는데 사용된다.

식품 미생물의 검사를 수행할 때 모든 시험과 절차는 식품공전에 등재된 조성의 미생물배양배지를 사용하여 실시해야 하지만 실제로 이들 미생물배양배지의 종류와 특성에 대해 쉽게 이해하지 못하는 것이 현실인 것 같다.

본서는 현재까지 우리나라 식품공전에 등재된 68종의 미생물배양배지의 특성을 알기 쉽게 정리하여 처음으로 식품으로부터 식중독 미생물을 분리, 확인하고자 하는 독자들을 대상으로 집필하였다. 또한 식품미생물학을 전공한 대학교 교수님들과 식품미생물 검사현장의 전문가들이 함께 집필에 참여함으로써 독자 여러분의 실제적인 식품공전 미생물시험배지 사용에 지침서가 되도록 하였다.

이 책의 원고를 기꺼이 맡아주신 공동 집필진에게 무한한 애정과 감사를 드리며 본서의 미생물 배양사진 제작에 수고한 서유미 연구원, 강창열 연구원, 김완수 연구원에게 감사의 마음을 전한다. 또한 이 책의 출판에 노고를 아끼지 않으신 (주)바이오사이언스출판의 문정구 대표이사님과 이종률 편집팀장님 그리고 편집팀 여러분께도 감사를 드린다.

앞으로 본서를 보다 알찬 내용으로 수정, 보완해 나갈 것을 집필에 참여한 저자를 대표하여 약속드리며 이 책을 필요로 하는 모든 독자들에게 작고 미약하나마 도움이 되기를 희망한다.

2012년 6월

대표저자 이진성

차례

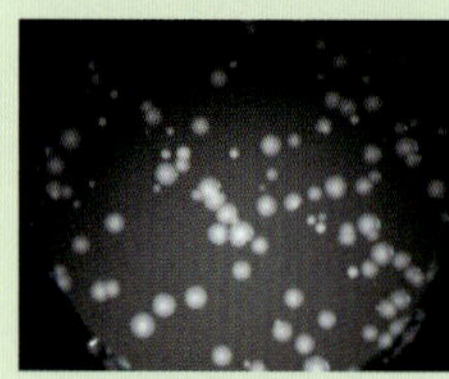

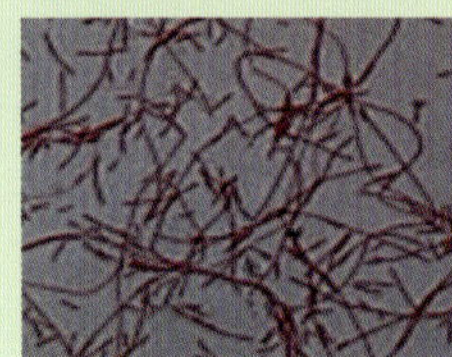

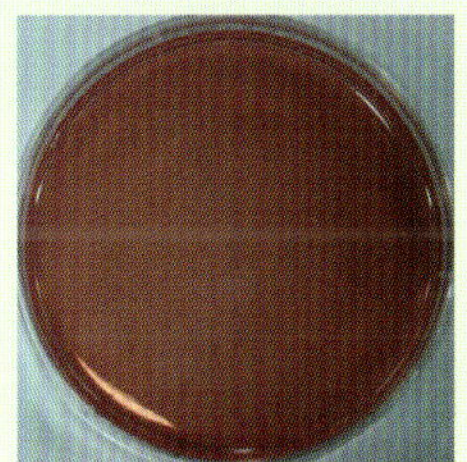

II부 미생물 배양배지의 제조 85

III부 식품공전 미생물 배양배지 111

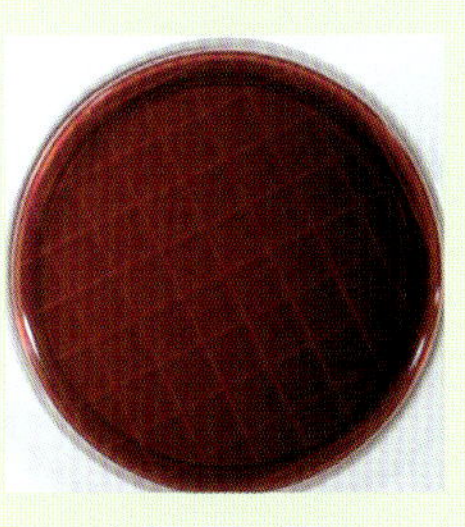

부록 275

I부

주요 식중독 병원성 세균

제1장 병원성 대장균

1.1 일반 특성

대장균(*Escherichia coli*)은 대장균속 중에서 가장 대표적인 균으로 속명은 1885년 이 세균을 처음으로 분리한 T. Escherich의 이름을 따서 명명된 것으로 그 전에는 *Bacterium coli*라고 불리었다. 보통 대장균은 건강한 사람의 장관에 상주하는 상재균으로 장내세균과(Enterobacteriaceae)에 속하는 세균으로 장을 튼튼하게 하고 비타민(A, B_1, B_2, K, 니코틴산)을 합성하며, 단백질, 아미노산 등을 분해하여 아민, 암모니아 등을 생산함으로써 장의 정상적인 생리기능을 유지하는데 주요한 기능적 역할을 수행한다. 그러나 건강한 사람의 장에서 존재하는 무해한 대장균과는 달리 전염성 식중독을 일으키는 특정 혈청형의 대장균이 존재한다. 이들 대장균은 사람이나 동물의 대장에서 상재하는 것과는 다르게 음용수와 식품에 오염되어 외부로부터 유입되는 대장균으로 기존의 장관 내 상재하는 대장균과는 전체적으로 생리적, 생화학 특성이 거의 유사하여 손쉽게 구별, 동정하기가 어렵다.

대장균은 장내세균과로 분류되며 세균의 폭은 약 0.4~0.7 μm, 길이는 대략적으로 1~30 μm 정도이다. 그람음성의 아포가 없는 간균 모양이며 주모성 편모가 있어 운동성을 갖으나 편모가 없고 운동성을 갖지 못하는 대장균도 발견되고 있다. 일반적으로 대장균은 락토스(lactose) 또는 프락토스(fractose)를 분해하여 산과 가스(H_2와 CO_2)를 생산하는 호기성 또는 통성혐기성균이다. 보통한천배지(nutrient agar)에서 배양이 잘되며 최적의 배양온도는 37°C, 최적 pH는 7~8로 알려져 있다.

일반 대장균과 병원성 대장균의 항원성에는 큰 차이가 있는데 균체를 구성하는 180여 종의 O 항원, 90여 종의 K 항원, 50여 종의 H 항원으로 분류되는 항원성분의 면역학적 특이성을 통해서 O25, O26, O157 등 약 20여 종의 O 항원형을 갖는 병원성 대장균이 동정되었다.

1.2 병원성 대장균의 발견

젠센(Jensen, 1897)은 대장균이 사람에게 설사를 일으킨다고 처음으로 보고한 이래, 1927년 아담(Adam)은 유아에서 대장균에 의한 설사를 최초로 보고하였다. 1945년 브래이(Bray)는 위장염을 앓고 있는 유아 환자로부터 분리한 세균을 *Bacterium coli neapolitanum*이라 명명하였다. 그 후 이 세균은 카프만(Kauffman, 1950)에 의해서 O 항원균에 해당한다는 것이 밝혀지고 1950년 커비(Kirby), 1952년 프레그손(Fergson), 그리고 이듬해인 1953년 준(June) 등에 의해서 O55 및 O111 균주로 검증되었다. 또한 1967년 사카자키(Sakazaki), 1970년 고배치(Gorbach), 그리고 1971년 삭스(Sacks) 등은 몇몇의 대장균에 의해서 설사가 유발될 수 있다고 보고하였다. 1971년 삭스 등은 콜레라와 같은 내독소(enterotoxin)을 만드는 대장균을 처음으로 분리하여 이를 독소원성 대장균이라 명명하였고 그 이후 이질균처럼 장관세포에 침입하여 설사증을 유발하는 대장균도 발견되었다.

1.3 병원성 대장균의 종류

일반 대장균과 병원성 대장균은 항원성에 의한 혈청학적 구별이 가능하다. 병원성 대장균은 발병 양식에 의해서 장관조직 침입성 대장균(Enteroinvasive *E. coli*, EIEC), 장관병원성 대장균(Enteropathogenic *E. coli*, EPEC), 장관출혈성 대장균(Enterohaemorrhagic *E. coli*, EHEC), 장관부착성 대장균(Enteoadherent *E. coli*, EAEC) 및 장관독소원성 대장균(Enterotoxigenic *E. coli*, ETEC) 등의 5종이 존재한다.

표 1.1 병원성 대장균의 종류와 특성

	병원성 대장균				
특성	장관독소원성 대장균(ETEC)	장관출혈성 대장균(EHEC)	장관침입성 대장균(EIEC)	장관병원성 대장균(EPEC)	장관부착성 대장균(EAEC)
독소	이열성 및 내열성 독소	베로톡신	–	–	–
설사	수양성	수양성 /심한 혈액성	점액/혈액성	수액성/혈액성	급성/지속성 수양성
감염량	많은 양 필요	적은 양 필요	적은 양 필요	많은 양 필요	–
주요 혈청형	O6:H16 O8:H9 등	O157:H7 O26:H11 등	O124:H9 O143:NM 등	O6:H11 O55:H6 등	–
오염원	물, 사람, 오수	분변	분변	분변	분변
잠복기	24~48시간	3~8일	12~74시간	12~24시간	2~3주

장관병원성 대장균(EPEC)

유아 설사증 환자로부터 처음으로 분리된 대장균으로 소량의 균으로도 발병하며 2차 전염이 된다. 전세계적으로 유아 설사의 원인균으로 알려져 있으며 1세 이하의 유아에 감염되어 약 70%가 장관병원성에 의한 설사를 일으키는 것으로 보고되고 있다. 이 균에 감염되면 일반적으로 구토, 복통, 설사, 발열 등의 복합 증상을 보인다.

장관병원성 대장균은 대장점막에 대해서는 비침습성이나 그 기전은 정확히 확인되고 있지 않으나 특정의 혈청형을 갖는 대장균이 설사원성을 갖고 있어 이질균의 일종인 *Shigella dysenteriae*가 만드는 것과 비슷한 Shiga-like toxin을 생성하여 이것이 설사증에 관련하는 것으로 추정하고 있다. 이 균은 분변에 의해서 경구 감염 경로를 갖으며 오염된 식품 또는 유아용 유동식, 토양에서 기인될 수 있으며 육아시설에서 종이, 우유, 공기 등의 오염을 통해서 대유행을 일으킬 수 있다. O18, O20, 026, O28 등 20종 이상의 항원형이 존재하는 것으로 알려져 있다.

장관부착형 대장균(EAEC)

이 균은 1954년에 설사원성 대장균으로 처음으로 보고되었다. HeLa 세포에 부착하는 특성으로 인해서 장관부착형 대장균으로 불리는데 부착방식에 따라서 국소형, 분산형 그리고 집적형으로 구분할 수 있다. 동남아시아 등의 개발도상국에서 주로 분리되어 국제간 교류에 의한 전염 가능성이 높은 균이다.

장관침입성 대장균(EIEC)

장관침입성 대장균은 대장의 상피세포에 침입해서 독성을 유발한다. 대장점막의 상피세포에 침입해서 조직 내 감염을 일으켜 세포괴사, 박리가 유발되어 궤양이 발생하면서 혈변을 유발한다. 이 균은 유당을 발효하지 않기 때문에 MacConkey 한천배지 등의 장내세균 선택배지에서 대장균이 보여주는 핑크색 집락이 아닌 무색 투명한 집락을 형성하며 lysine 반응 음성, 운동성 음성의 특징을 갖는다. 장관침입성 대장균들 사이에는 생화학적 특성이 이질균과 유사한 균이 많은 것으로 알려져 있다.

이 균에 의해서 감염이 되면 발열과 복통의 증상을 보이고 환자의 10% 정도는 합병증이 나타나며 점성의 혈액성 설사를 나타낸다. 잠복기는 약 10~18시간이며 O28, O122, O124 등의 혈청형이 알려져 있다. 장관침입성 대장균은 사람을 숙주로 하여 소량의 감염으로도 병원성을 나타내고 사람간 감염을 일으켜 전염병 수준의 보건 대책이 필요하다. 장관침입성 대장균은 선진국에서 그 발병 사례를 극히 찾기 힘든 반면에 개발도상국에서는 많은 감염이 보고되고 있다. 이 균은 가축이나 다른 동물에서는 감염되지 않고 자연계에서 분리되는 일도 극히 적은 것으로 알려져 있다.

장관독소형 대장균(ETEC)

이 균은 60℃에서 30분간 가열을 하면 실활되는 이열성 독소(heat labile enterotoxin, LT)와 100℃에서 30분간 가열해도 활성을 갖는 내열성 독소(heat stable entetotoxin, ST) 등 두 종류의 enterotoxin을 갖고 있다. 이열성 독소는 콜레라균의 enterotoxin과 매우 유사하여 이 독소는 모두 장점막의 상피세포의 adenyl cyclase를 자극하여 cyclic AMP을 대량으로 생성시켜 장관으로 다량의 수분을 분비케 한다. 현재까지 분리된 장관독소형 대장균은 이열성 독소만 만드는 균주, 내열성 독소만 생산하는 균주 그리고 이열성과 내열성 독소 모두를 만드는 균주가 있는데 병원성의 발병이 어느 균주에 의해서 유도되는지는 임상적으로 검증되지 않았다. 장관독소형 대장균이 설사를 일으키기 위해서는 경구를 통해 장관에 도달한 균이 그 감염소에 정착해서 증식되어야만 한다.

감염은 어린이, 성인 및 노인에 이르기까지 거의 모든 연령대에서 일반 식중독과 같이 식품을 매개로 일어나는데 주로 물에 의한 수인성 감염이 주류를 이룬다. 열대지방이나 아열대지방의 여행자에서 주로 많이 발생하며 산발적으로 발생하는 경우는 적으며 대부분이 집단 발생한다.

장관출혈성 대장균(EHEC)

장관출혈성 대장균은 법정 관리 대상 균이다. 1982년 미국에서 발생한 식중독의 원인식품인 햄버거에서 O157:H7 대장균이 분리되었다. Verotoxin을 만드는 verotoxin 생성 대장균(Vertoxin *E. coli*, VTEC) 중에서 대장균 O157:H7은 출혈성 대장염증을 일으키기 때문에 장관출혈성 대장균이라 불린다. 이 균은 사람의 장관에서 verotixin을 만들어 병원성을 유발하지만 식품이 오염되면서 생성된 verotoxin이 식중독을 일으킨다는 사례는 없다. 장관출혈성 대장균(EHEC)은 장관독소원성 대장균(ETEC)처럼 식품 중에 오염된 세균을 섭취함으로써 발생하는 중간형 식중독으로 통상의 식중독을 일으키는 황색포도상구균이나 살모넬라균, 비브리오균보다 독성이 훨씬 강해서 10~1,000개의 균체량으로도 병원성을 나타낸다고 알려져 있다. 일반적으로 장관출혈성 대장균의 잠복기는 2~8일 이내이다.

장관에서 이 균의 분열 그리고 증식으로 대장점막에 궤양이 발생되어 조직이 파괴되고 짓무르면

표 1.2 대장균과 대장균 O157:H7 감별 시험

시험	대장균	대장균 O157:H7
Sorbitol MacConkey 한천배지	분홍색	무색
Sorbitol에서 산생성	+	−
대장균 O157:H7 항혈청 응집반응	−	+
β-glucuronidase	+	−

서 출혈이 생긴다. 혈변성 설사증은 장관침임성 대장균(EIEC) 이외에 아메바성 이질 및 캠필로박터에 의한 설사증도 있으나 이 균에 의한 설사는 보통 혈변색이 장관하부의 출혈에 기인된 선혈상이 특징이다. 임상 증상은 혈변과 심한 복통외에 구토, 메스꺼움 등의 복합적이나 발열은 거의 없는 것으로 나타난다. 주요 혈청형으로는 O26, O123, O104, O106 및 O157 등이 알려져 있다.

1.4 오염원 및 원인식품

병원성 대장균은 건강한 보균자, 가축, 애완동물 및 토양과 같은 자연환경에 널리 분포하고 있기 때문에 이로부터 유래되는 햄, 치즈, 소시지, 샐러드, 두부 등의 가공 및 신선식품이 감염의 원인식품이 될 수 있다. 이질이나 장티푸스와 같이 물을 매개로 한 수인성 집단 발병 사례도 다수 보고되고 있다. 소는 대장균 O157:H7의 주요 보균동물로 알려져 있으며 첫 식중독 사고도 소고기에서 비롯되었다. 닭의 분변이나 칠면조 고기에서 이들 균의 존재가 확인되기도 하지만 음식을 통한 감염은 쇠고기에서 유래한 음식물에서 주로 보고된다. 따라서 쇠고기의 생산과 가공 과정의 오염에 중요하다.

1.5 식품공전의 대장균 시험법

대장균군

대장균군은 그람음성, 무아포성 간균으로서 유당을 분해하여 가스를 발생하는 모든 호기성 또는 통성 혐기성세균을 말한다. 대장균군 시험에는 대장균군의 유무를 검사하는 정성시험과 대장균군의 수를 산출하는 정량시험이 있다.

정성시험

가. 유당배지법

유당배지를 이용한 대장균군의 정성시험은 추정시험, 확정시험, 완전시험의 3단계로 나눈다
3.3 제조법에 따른 시험용액 10 mL를 2배 농도의 유당배지(배지 2)에, 시험용액 1 mL 및 0.1 mL를 유당배지(배지 2)에 각각 3개 이상씩 가한다.

1) 추정시험

시험용액을 접종한 유당배지(배지 2)를 35~37℃에서 24±2시간 배양한 후 발효관 내에 가스가 발생하면 추정시험 양성이다. 24±2시간 내에 가스가 발생하지 아니하였을 때에 배양을 계속하여 48±3시간까지 관찰한다. 이때까지 가스가 발생하지 않았을 때에는 추정시험 음성이고 가스발생이 있을 때에는 추정시험 양성이며 다음의 확정시험을 실시한다.

2) 확정시험

추정시험에서 가스 발생한 유당배지발효관으로부터 BGLB 배지(배지 3)에 접종하여 35~37℃에서 24±2시간 동안 배양한 후 가스발생 여부를 확인하고 가스가 발생하지 아니하였을 때에는 배양을 계속하여 48±3시간까지 관찰한다. 가스발생을 보인 BGLB 배지(배지 3)로부터 Endo 한천배지(배지 5) 또는 EMB 한천배지(배지 6)에 분리 배양한다. 35~37℃에서 24±2시간 배양 후 전형적인 집락이 발생되면 확정시험 양성으로 한다. BGLB 배지에서 35~37℃로 48±3시간 동안 배양하였을 때 배지의 색이 갈색으로 되었을 때에는 반드시 완전시험을 실시한다.

3) 완전시험

대장균군의 존재를 완전히 증명하기 위하여 위의 평판상의 집락이 그람음성, 무아포성의 간균임을 확인하고, 유당을 분해하여 가스의 발생 여부를 재확인한다. 확정시험의 Endo 한천배지(배지 5)나 EMB 한천배지(배지 6)에서 전형적인 집락 1개 또는 비전형적인 집락 2개 이상을 각각 유당배지발효관과 보통한천배지(배지 8)에 접종하여 35~37℃에서 48±3시간 동안 배양한다. 이때 가스를 발생한 발효관에 해당되는 한천배지의 집락에 대하여 그람음성, 무아포성 간균이 증명되면 완전시험은 양성이며 대장균군 양성으로 판정한다.

나. BGLB 배지법

식품공전 시험용액의 제조법(부록 A.3)에 따른 시험용액 1~0.1 mL를 2개씩 BGLB 배지(배지 3)에 가한다. 대량의 시험용액을 가할 필요가 있을 때에는 대량의 배지를 넣은 발효관을 사용한다. 시험용액을 넣은 BGLB 배지(배지 3)를 35~37℃에서 48±3시간 배양한 후 가스발생을 인정하였을 때에는(배지를 흔들 때 거품 모양의 가스의 존재를 인정하였을 때에도) Endo 한천배지(배지 5) 또는 EMB 한천배지(배지 6)에 분리 배양한다. 이하의 조작은 가. 유당배지법의 확정시험 또는 완전시험 때와 같이 행하여 대장균군의 유무를 확인한다.

다. 데스옥시콜레이트 유당한천 배지법

식품공전 시험용액의 제조법(부록 A.3)에 따른 시험용액 1 mL와 10배 단계 희석액 1 mL씩을 멸균 페트리접시 2매 이상씩에 무균적으로 취하고 약 43~45℃로 유지한 데스옥시콜레이트 유당한천배지(배지 9) 약 15 mL를 무균적으로 분주하고 페트리접시 뚜껑에 부착하지 않도록 주의하면서 회전하여 검체와 배지를 잘 혼합한 후 응고시킨다. 그리고 그 표면에 동일한 배지 또는 보통한천배지를 3~5 mL를 가하여 중첩시킨다. 이것을 35~37℃에서 24±2시간 배양한 후 전형적인 암적색의 집락을 인정하였을 때에는 1개 이상의 집락을, 의심스러운 집락일 경우에는 2개 이상을 Endo 한천배지(배지 5) 또는 EMB 한천배지(배지 6)에서 분리 배양한다. 이하의 조작은 가. 유당배지법의 확정시험 또는 완전시험 때와 같이 행하고 대장균군의 유무를 시험한다.

정량시험

가. 최확수법

최확수란 이론상 가장 가능한 수치를 말하여 동일 희석배수의 시험용액을 배지에 접종하여 대장균군의 존재 여부를 시험하고 그 결과로부터 확률론적인 대장균군의 수치를 산출하여 이것을 최확수(MPN)로 표시하는 방법이다. 최확수는 시험용액 10, 1 및 0.1 mL와 같이 연속해서 3단계 이상을 각각 5개씩(별표 1) 또는 3개씩(별표 2) 발효관에 가하여 배양 후 얻은 결과에 의하여 검체 100 mL 중 또는 100 g 중에 존재하는 대장균군수를 표시하는 것이다.

예로 검체 또는 희석검체의 각각의 발효관을 5개씩 사용하여 다음과 같은 결과를 얻었다면 최확수표에 의하여 시험검체 100 mL 중의 MPN은 94로 된다. 이때 접종량이 1, 0.1, 0.01 mL일 때에는 94 × 10 = 940으로 한다.

시험용액 접종량	10 mL	1 mL	0.1 mL	MPN
가스발생양성관수	5개	2개	2개	94

시험용액 접종이 4단계 이상으로 행하여졌을 때에는 다음 표와 같이 취급한다.

예	가스발생 양성관수				유효숫자			
	1 mL	0.1 mL	0.01 mL	0.001 mL	1 mL	0.1 mL	0.01 mL	0.001 mL
I	5	5	2	0	–	5	2	0
II	5	4	3	0	5	4	3	–
III	0	1	0	0	0	1	0	–
IV	5	3	1	1	5	3	2	–

예 I, II: 5개 양성을 표시한 최소 접종량부터 시작한다.

예 III: 양성을 인정한 접종량을 중간으로 한다.

예 IV: 최소 유효 접종량보다 1단계 적은 접종량에서 양성을 인정한 때에는 양성을 인정한 수를 최소유효 접종량의 양성관수에 더한다(0.001 mL 단계의 양성관의 수를 0.01단계의 양성관의 수에 더함)

1) 유당배지법

식품공전 시험용액의 제조법(부록 A.3)에 따른 시험용액 10, 1, 0.1 mL와 같이 연속해서 3단계 이상을 5개 또는 3개씩의 유당배지(배지 2)에 접종한다. 단, 10 mL를 접종할 때에는 두 배 농도 유당배지를 사용하고 0.1 mL 이하를 접종할 필요가 있을 때에는 10배 희석단계액을 각각 1 mL씩 사용한다. 가스발생 발효관 각각에 대하여 추정, 확정, 완전시험을 행하고 대장균군의 유무를 확인한 다음 최확수표로부터 검체 100 mL 또는 100 g 중의 대장균군수를 구한다. 이때 시험용액을 가한 배지의 전부 또는 대부분에서 가스발생이 인정되거나 또 최소량을 가한 배지의 전부 또는 대부분이 가스가 발생되지 않도록 접종량과 희석도를 고려하여야 한다.

2) BGLB 배지법

식품공전 시험용액의 제조법(부록 A.3)에 따른 시험용액 10, 1 또는 0.1 mL를 5개 또는 3개씩 BGLB 배지(배지 3)에 각각 접종한다. 단, 10 mL를 접종할 때에는 두 배 농도 BGLB 배지를 사용하고 0.1 mL 이하를 접종할 필요가 있을 때에는 10배 희석단계액을 각각 1 mL씩 사용한다. 이때 시험용액을 가한 배지의 전부 또는 대부분에서 가스발생이 인정되거나 또 최소량을 가한 배지의 전부 또는 대부분이 가스가 발생되지 않도록 접종량과 희석도를 고려하여야 한다. 이하의 조작은 각 발효관에 대하여 BGLB 배지에 의한 정성시험법에 따라 하고 대장균군의 유무를 확인한 다음 최확수표로부터 검체 100 mL 또는 100 g 중의 대장균군수를 산출한다.

나. 데스옥시콜레이트유당한천배지법

식품공전 시험용액의 제조법(부록 A.3)에 따른 시험용액 1 mL와 각 10배 단계 희석액 1 mL에 대하여 이 배지에 의한 정성시험법과 같은 조작으로 35~37℃에서 24±2시간 배양한 후 생성된 집락 중 전형적인 집락 또는 의심스러운 집락에 대하여 정성시험 때와 같은 조작으로 대장균군의 유무를 결정한다. 균수 산출은 식품공전 일반세균수(부록 A.5.1)에 따라 한다.

다. 건조필름법

3.3 제조법에 따른 시험용액 1 mL와 각 10배 단계 희석액 1 mL를 대장균군 건조필름배지(배지 54)에 접종한 후, 35~37℃에서 24±2시간 배양하여 생성된 붉은 집락 중 주위에 기포를 형성한 집락수를 계산하고, 그 평균집락수에 희석배수를 곱하여 대장균군 수를 산출한다.

대장균

대장균의 시험법에는 최확수법 및 건조필름법에 의한 정량시험과 일정한 한도까지 균수를 정성으로 측정하는 한도시험법이 있다.

정성시험

1) 한도시험

3.3 제조법에 따른 시험용액 1 mL를 3개의 EC 배지에 접종하고 44.5±0.2℃에서 24±2시간 배양 후 가스발생을 인정한 발효관은 추정시험 양성으로 하고 가스발생이 인정되지 않을 때에는 추정시험 음성으로 한다.

추정시험이 양성일 때에는 해당 EC 발효관으로부터 EMB 배지에 접종하여 35~37℃에서 24±2시간 배양한 후 전형적인 집락을 유당배지 및 보통한천배지로 각각 이식한다. 유당배지에 접종한 것은 35~37℃에서 48±3시간 배양하고 보통한천배지에 접종한 것은 35~37℃에서 24±2시간 배양한다. 유당배지에서 가스발생을 인정하였을 때에는 이에 해당하는 보통한천배지에서 배양된 집락을 취하여 그람염색을 실시하여 그람음성, 무아포성 간균을 확인한 후 생화학 시험을 실시하여 대장균 양성으로 판정한다.

가. 최확수법

3.3 제조법에 따른 시험용액 10 mL, 1 mL 및 0.1 mL를 각각 5개 또는 3개의 EC 배지(배지 10) 발효관에 접종한 다음 44.5±0.2℃ 항온수조에서 24±2시간 배양한다. 시험용액 10 mL를 첨가할 경우 두 배 농도의 배지 10 mL를 이용한다. 가스발생을 인정한 발효관을 대장균(*E. coli*) 양성이라고 판정하고 별표 1 또는 별표 2 최확수표에 따라 검체 100 g(또는 100 mL) 중의 대장균수를 산출한다.

나. 건조필름법

3.3 제조법에 따른 시험용액 1 mL와 각 단계 희석액 1 mL를 대장균 건조필름배지(배지 55)에 접종한 후 잘 흡수시키고, 35~37℃에서 24~48시간 배양한 후 생성된 푸른 집락 중 주위에 기포를 형성하고 있는 집락

수를 계산하고 그 평균집락수에 희석배수를 곱하여 대장균수를 산출한다.

별표 1 대장균군시험의 최확수표 다음의 희석과 시험관수에 의한 양성수에 대한 최확수와 95%의 신뢰한계
A－10 mL씩 5개 B－10 mL씩 5개, 1 mL씩 5개, 0.1 mL씩 5개

양성관수 A 10 mL씩 5개	MPN 10 mL	MPN의 신뢰한계 하한	MPN의 신뢰한계 상한
0	〈 2.2	0	6.0
1	2.2	0.1	12.6
2	5.1	0.5	19.2
3	9.2	1.6	29.4
4	16	3.3	52.9
5	〉 16	8.0	∞

B 10 mL씩 5개	B 1 mL씩 5개	B 0.1 mL씩 5개	MPN 100 mL	MPN의 신뢰한계 하한	MPN의 신뢰한계 상한
0	0	1	2	〈 0.5	7
0	0	2	4	〈 0.5	11
0	1	0	2	〈 0.5	7
0	1	1	4	〈 0.5	11
0	1	2	6	〈 0.5	15
0	2	0	4	〈 0.5	11
0	2	1	6	〈 0.5	15
0	3	0	6	〈 0.5	15
1	0	0	2	〈 0.5	7
1	0	1	4	〈 0.5	11
2	2	2	14	4	34
2	3	0	12	3	28
2	3	1	14	4	34
2	4	0	15	4	37
3	0	0	8	1	19
3	0	1	11	2	25
3	0	2	13	3	31
3	1	0	11	2	25
3	1	1	14	4	34

B 10 mL씩 5개	B 1 mL씩 5개	B 0.1 mL씩 5개	MPN 100 mL	MPN의 신뢰한계 하한	MPN의 신뢰한계 상한
1	0	2	6	〈 0.5	15
1	0	3	8	1	19
1	1	0	4	〈 0.5	11
1	1	1	6	〈 0.5	15
1	1	2	8	1	19
1	2	0	6	〈 0.5	15
1	2	1	8	1	19
1	2	2	10	2	23
1	3	0	8	1	19
1	3	1	10	2	23
1	4	0	11	2	25
2	0	0	5	〈 0.5	13
2	0	1	7	1	17
2	0	2	9	2	21
2	0	3	12	3	28
2	1	0	7	1	17
2	1	1	9	2	21
2	1	2	12	3	28
2	2	0	9	2	21
2	2	1	12	3	28
4	5	1	48	16	124
5	0	0	23	7	70
5	0	1	31	11	89
5	0	2	43	15	114
5	0	3	58	19	144
5	0	4	76	24	180
5	1	0	33	11	93
5	1	1	46	16	120

(계속)

(계속)

B			MPN 100 mL	MPN의 신뢰한계		B			MPN 100 mL	MPN의 신뢰한계	
10 mL씩 5개	1 mL씩 5개	0.1 mL씩 5개		하한	상한	10 mL씩 5개	1 mL씩 5개	0.1 mL씩 5개		하한	상한
3	1	2	17	5	46	5	1	2	63	21	154
3	1	3	20	6	60	5	1	3	84	26	197
3	2	0	14	4	34	5	2	0	49	17	126
3	2	1	17	5	46	5	2	1	70	23	168
3	2	2	20	6	60	5	2	2	94	28	219
3	3	0	17	5	46	5	2	3	120	33	281
3	3	1	21	7	63	5	2	4	148	38	366
3	4	0	21	7	63	5	2	5	177	44	515
3	4	1	14	8	72	5	3	0	79	25	187
3	5	0	25	8	75	5	3	1	109	31	253
4	0	0	13	3	31	5	3	2	141	37	343
4	0	1	17	4	46	5	3	3	175	44	503
4	0	2	21	7	63	5	3	4	212	53	669
4	0	3	25	8	75	5	3	5	253	77	788
4	1	0	17	5	46	5	4	0	130	35	302
4	1	1	21	7	63	5	4	1	172	43	486
4	1	2	26	9	78	5	4	2	221	57	698
4	2	0	22	7	67	5	4	3	278	90	849
4	2	1	26	9	78	5	4	4	345	117	999
4	2	2	32	11	91	5	4	5	426	145	1,161
4	3	0	27	9	80	5	5	0	240	68	754
4	3	1	33	11	93	5	5	1	348	118	1,005
4	3	2	39	13	106	5	5	2	542	180	1,405
4	4	0	34	12	96	5	5	3	920	300	3,200
4	4	0	40	14	108	5	5	4	1,600	640	5,800
4	5	0	41	14	110	5	5	5	22,400	800	∞

별표 2 3단계희석(10, 1, 0.1 mL) 시험관 3개씩 시험하였을 때의 양성에 대한 최확수와 95%의 신뢰한계

B			MPN 100 mL	MPN의 신뢰한계		B			MPN 100 mL	MPN의 신뢰한계	
10 mL씩 3개	1 mL씩 3개	0.1 mL씩 3개		하한	상한	10 mL씩 3개	1 mL씩 3개	0.1 mL씩 3개		하한	상한
0	0	0		0		2	0	0	9.1	1.0	36
0	0	1	3		9	2	0	1	14	2.7	37
0	0	2	6			2	0	2	20		
0	0	3	9			2	0	3	26		
0	1	0	3	0.085	13	2	1	0	15	2.8	44
0	1	1	6.1			2	1	1	20		
0	1	2	9.2			2	1	2	27		
0	1	3	12			2	1	3	34		
0	2	0	6.2			2	2	0	21	3.5	47
0	2	1	9.3			2	2	1	28		
0	2	2	12			2	2	2	35		
0	2	3	16			2	2	3	42		
0	3	0	9.4			2	3	0	29		
0	3	1	13			2	3	1	36		
0	3	2	16			2	3	2	44		
0	3	3	19			2	3	3	53		
1	0	0	3.6	0.085	20	3	0	0	23	3.5	120
1	0	1	7.2	0.87	21	3	0	1	39	6.9	130
1	0	2	11			3	0	2	64		
1	0	3	15			3	0	3	95		
1	1	0	7.3	0.88	23	3	1	0	43	7.1	210
1	1	1	11			3	1	1	75	14	230
1	1	2	15			3	1	2	120	30	380
1	1	3	19			3	1	3	160		
1	2	0	11	2.7	36	3	2	0	93	15	380
1	2	1	15			3	2	1	150	30	440
1	2	2	20			3	2	2	210	35	470
1	2	3	24			3	2	3	290		
1	3	0	16			3	3	0	240	36	1,300
1	3	1	20			3	3	1	460	71	2,400
1	3	2	24			3	3	2	1,100	150	4,800
1	3	3	29			3	3	3	22,400	460	

 대장균 O157:H7(*Escherichia coli* O157:H7)

1) 증균배양

검체 25 g 또는 25 mL를 취하여 225 mL의 mEC 배지(배지 42)에 가한 후 35~37℃에서 24±2시간 증균배양한다.

2) 분리배양

증균배양액을 cefixime (0.05 mg/L) 및 potassium tellurite (2.5 mg/L)가 첨가된 MacConkey sorbitol 한천배지(배지 43)에 접종하여 35~37℃에서 18시간 배양한다. Sorbitol을 분해하지 않는 무색집락을 취하여 EMB 한천배지(배지 6)에 접종하여 35~37℃에서 24±2시간 배양하고, 녹색의 금속성 광택이 확인된 집락은 확인시험을 실시한다.

3) 확인시험

EMB 한천배지에서 녹색의 금속성 광택을 보이는 집락을 보통한천배지(배지 8)에 옮겨 35~37℃에서 18~24시간 배양 후 그람음성간균임을 확인하고 생화학시험을 실시한다.

4) 혈청형 시험

대장균으로 확인 동정된 균은 O157 항혈청을 사용하여 혈청형을 결정하고, O157이 확인된 균은 H7의 혈청형시험을 한다.

식품공전 장출혈성 대장균(Enterohemorrhagic *Escherichia coli*) 핵산검출법

장출혈성 대장균 시험법은 PCR을 이용하여 베로독소 유전자를 검출하는 시험법이다. 따라서 신속검사를 위한 스크리닝 목적으로 증균배양 후 배양액에서 베로독소 유전자 확인시험을 실시하여 베로독소(VT1 또는 VT2) 유전자가 확인되지 않을 경우 불검출로 판정할 수 있으나, 베로독소 유전자가 확인된 경우에는 반드시 분리 및 확인시험을 실시하여야 한다.

1) 증균배양

검체 25 g(25 mL)을 취하여 225 mL EC 배지를 가한 후 35~37℃에서 24시간 증균배양한다.

2) 분리배양

O157 혈청형의 대장균의 분리를 위해 증균배양액을 TC-SMAC 배지에 접종하고, O157균을 제외한 장출혈성 대장균의 분리를 위해 EMB 한천배지에 각각 접종하여 35~37℃에서 18~24시간 배양한다.

3) 확인시험

TC-SMAC 배지에서는 sorbitol을 분해하지 않은 무색집락을, EMB 배지에서는 금속성의 광택을 보이는 집락을 취하여 보통한천배지에 옮겨 35~37℃에서 18~24시간 배양한다. 그람음성간균을 확인하고 생화학시험을 실시하여 대장균으로 확인된 경우, 다음의 베로독소 유전자 확인시험을 실시한다.

4) 베로독소 유전자 확인시험

베로독소 유전자는 다음의 PCR법에 따라 실시한다.

가) 주형유전자 준비

전형적인 집락을 취하여 멸균증류수 200 μL에 현탁한 후, 10분간 끓여 원심분리하고, 상등액 5 μL를 취하여 시료로 사용한다.

나) PCR 프라이머 염기서열

유전자	염기서열(5′ → 3′)	결과확인
VT1	(F) CTG GAT TTA ATG TCG CAT AGT G (R) AGA ACG CCC ACT GAG ATC ATC	150 bp
VT2	(F) ATC CTA TTC CCG GGA GTT TAC G (R) GCG TAT CGT ATA CAC AGG AGG	584 bp

다) PCR 반응액 조제

성분	최종농도	Stock용액 농도	1회 용량
완충액	1×	10×	5 μL
MgCl	22.5 mM	25 mM	5 μL
dNTPs	200 μM	2.5 mM	4 μL
VT1 프라이머(F)	20 pmol/tube	20 pmol/μL	1 μL
VT1 프라이머(R)	20 pmol/tube	20 pmol/μL	1 μL
VT2 프라이머(F)	20 pmol/tube	20 pmol/μL	1 μL
VT2 프라이머(R)	20 pmol/tube	20 pmol/μL	1 μL
주형 DNA	25~50 ng 또는 5 μL	–	5 μL
Taq	2.5 U/tube	5 U/μL	0.5 μL
증류수	–	–	26.5 μL
총량	–	–	50 μL

라) PCR 반응조건

구분	온도	시간	반응횟수
초기변성	95℃	5분	1회
변성(denaturation)	95℃	30초	35회
결합(annealing)	50℃	40초	
신장(extension)	72℃	1분	
최종신장(elongation)	72℃	10분	1회
보존(store)	4℃	–	–

마) 결과 확인

최종산물의 반응액 5 μL를 취하여 2.0% SeaKEM LE garose로 100 V에서 25분간 전기영동하고 EtBr(1 μg/mL)로 염색한 후 UV를 이용하여 반응생성물을 확인한다. 이때 DNA 크기를 알 수 있도록 100 bp ladder를 동시에 전기영동한다. VT1 유전자는 150 bp, VT2 유전자는 584 bp에서 반응생성물을 확인할 수 있다. VT1 또는 VT2 유전자가 확인된 것은 장출혈성대장균이 검출된 것으로 판정한다.

제2장 장염비브리오

2.1 일반 특성

비브리오(*Vibrio*)는 짧고 협막이 없는 완곡된 형태의 통성혐기성 그람음성세균이다. 콤마 형태의 굽은 모양이 특징이며, 극성 편모를 가지고 운동한다. 모든 비브리오는 염분(NaCl)이 있으면 성장이 촉진되며 대부분은 염분이 성장에 필수적이다. 주요 병원균으로는 *V. cholerae*, *V. parahemolyticus*(장염 비브리오), *V. vulnificus*, *V. alginolyticus* 등이 있다. 비브리오는 담수나 소금기가 있는 해수에 존재하며 직접 인체감염을 일으키거나 조개류, 갑각류, 생선회 등의 섭취를 통해 인체감염을 일으킨다.

2.2 비브리오속

비브리오는 Vibrionaceae과에 속하며 이 과는 비브리오(*Vibrio*), 에어로모나스(*Aeromonas*), 플레시오모나스(*Plesiomonas*)속이 포함되어 있다. 1950년대까지만 해도 비브리오속의 균들은 몇 종이 되지 않았는데 현재 40여 종 이상이 알려져 있으며 특히 사람에게 병원성을 유발하는 균으로 장염비브리오(*Vibrio hemolyticus*), 패혈증 비브리오(*V. vilnificus*), 비브리오 콜레라(*V. cholerase*)를 비롯하여 약 15종이 보고되고 있다.

표 2.1 비브리오속 주요 균의 감염 특성

세균명	질병주	오염원
V. choleae	콜레라	하천수
V. mimicus	패혈증	어폐류
V. damsela	연조직 감염증	연안해수, 어패류
V. alginolyticus	호흡기 및 연조직 감염증	연안해수
V. vulnificus	패혈증, 연조직 감염증	연안해수, 어패류
V. parahemolyticus	연조직 감염증, 급성위장염	연안해수, 어패류
V. metschnikovii	패혈증	연안해수, 어패류

2.3 장염비브리오의 생리생화학적 특성

장염비브리오(*Vibrio hemolyticus*)는 그람음성의 간균으로 무포자 형성균이며 주모성 편모를 가지고 있어 운동성을 갖는다. 통성혐기성균으로서 직경이 0.5~0.8 μm 정도이며 길이는 1~5 μm이다. 수분, 영양, 염농도 및 습도 등이 최적 생육 조건이 되면 세대기간이 10분 정도로 상당히 짧은 균이다. 따라서 식중독을 일으키는 약 1,000만 개의 균수에 빠르게 도달할 수 있다. 그래서 여름에 오염된 식품을 실온에 방치하게 되면 세균증식이 상당히 빨리 일어나 식중독 유발 가능성이 높아진다. 장염비브리오는 호염성 균으로 최적의 염농도는 2~4%이다. 0.5%의 염농도에서는 생육이 잘 되지 않으며 특히 증류수에서는 급격히 활성을 잃는다. 한편 10%의 고농도 염농도에서는 생육이 극히 부진하거나 억제된다. 장염비브리오의 최적 수분활성도는 염 존재시 0.992이며 최저 수분활성도는 0.948이다. 이 균의 최적 pH는 7.5~8.6이나 4.8~11.0에서도 생육이 가능하다. 일반적으로 산성조건에서는 분열능이 좋지 않으며 pH 4.0 이하에서는 대부분 사멸한다. 한편, 중성의 pH에서는 열과 냉동 스트레스에 강한 저항성을 갖는다.

장염비브리오의 최적 생장온도는 30~37℃이며, 최대 생장온도는 42~44℃, 최저 생장온도는 3℃로 중온성 세균이다. 이것은 다른 비병원성 비브리오속을 포함한 해수 세균 대부분이 25~30℃의 최적 생장온도를 갖으며 35℃에서 생장이 현저히 억제되는 것과 비교해 보면 상당히 이질적인 생육 온도 특성을 가지고 있다.

장염비브리오의 항원은 편모항원으로 H, 균체항원으로 O, 그리고 협막항원으로 K의 세 종류가 있다. 이 중에서 H 항원은 모든 장염비브리오에서 공통적으로 존재한다. 장염비브리오는 과당(fructose)을 발효하지만 가스는 만들지 않으며 젖당과 포도당은 분해하지 못한다. 또한 이 균은 인돌 양성, 젤라틴 분해 양성을 나타낸다. 환자로부터 분리한 균의 대부분은 혈액한천배지에서 배양하면 균 주위에 용혈환이 형성된다. 이와 같은 현상을 가나가와 현상(Kanagawa phenomenon, KP)이라고 하는데 대부분의 해산물에서 유래한 장염비브리오균주는 KP 음성을 띤다.

표 2.2 장염비브리오의 주요 생화학적 특성

구분	반응	양성률	구분	반응	양성률
Oxidase	+	100	Lysin	+	99
Glucose	+	100	Indole	+	99
Catalase	+	100	Ornithine	+	95
운동성	+	100	Arabinose	+	80
Galactose	+	100	Citrate	+	70
Maltose	+	100	Esculin	다양	20
Ribose	+	100	ONPG	–	8
Mannitol	+	100	Cellobiose	–	5
Starch	+	100	Sorbitol	–	3
Casein	+	100	Xylose	–	0

2.4 장염비브리오의 역사

1963년 일본의 사카자키 등은 과거에 *Pasteulrella parahaemolyticus* 등으로 다양하게 명명된 이 균의 이름을 *V. haemolyticus*로 하여 일본세균학회에 보고했고 장염비브리오라는 이름으로 통칭되어 현재에 이르고 있다.

2.5 원인식품과 오염경로

장염비브리오 식중독의 주요 식품은 조개류와 오징어 및 근해어가 압도적이며 초밥이나 생선회와 같은 생식 재료도 감염 식품이 될 수 있다. 또한 어패류를 가공한 식품과 그 가공시설에서 제조되는 식품 그리고 용기에서의 2차 오염으로 식중독이 유발될 수 있다. 따라서 재료뿐만 아니라 가공시설 및 조리기구에 대한 철저한 위생관리가 식중독 예방에 아주 중요하다.

장염비브리오는 독성이 강한 병원균으로 특히 하절기 연안해수와 갯벌에 널리 분포하고 있다. 따라서 하절기에 발생하는 대부분의 식중독은 장염비브리오가 주요 원인으로 추정할 수 있어 이 시기의 식품 제조, 보관, 유통 등의 모든 경로에 대한 안전관리가 중요하다. 장염비브리오 식중독은 6월에서 8월 사이에 주로 발병하고 동절기의 수온이 13~15℃ 이하에서는 발생하지 않는다. 장염비브리오가 식중독을 일으키기 위해서 필요한 최소 감염균체량은 10^5~10^7/g 이상으로 알려져 있다.

2.6 식품공전의 장염비브리오 (*Vibrio parahaemolyticus*) 검출과정

1) 증균배양

검체 25 g 또는 25 mL를 취하여 225 mL의 alkaline 펩톤수(배지 16)를 가한 후 35~37°C에서 18~24시간 증균배양한다.

2) 분리배양

증균배양액을 TCBS 한천배지(배지 17)에 접종하여 35~37°C에서 18~24시간 배양한다. 배양결과 직경 2~4 mm인 청록색의 서당 비분해 집락에 대하여 확인시험을 실시한다.

3) 확인시험

분리배양된 평판배지상의 집락을 TSI 사면배지(배지 32), LIM 반유동배지(배지 18), 보통한천배지(배지 8)에 각각 접종한 후 35~37°C에서 18~24시간 배양한다. 장염비브리오는 TSI 사면배지(배지 32)에서 사면부가 적색, 고층부는 황색, 가스가 생성되지 않으며 LIM배지에서 lysine decarboxylase 양성, indole 생성, 운동성 양성, oxidase시험 양성이다. 장염비브리오로 추정된 균은 0, 3, 8 및 10% NaCl을 가한 alkaline 펩톤수(배지 16)에 의한 내염성시험, VP 시험(배지 19), mannitol 이용성시험(배지 20, 1% mannitol 첨가), arginine 및 ornithine 분해시험(배지 21, 1% arginine 또는 1% ornithine 첨가), ONPG(배지 22)시험을 실시한다. 장염비브리오는 0% 및 10% NaCl 가한 배지에서 발육 음성, 3% 및 8% NaCl을 가한 배지에서는 발육 양성, VP 음성, 만니톨에서 산생성 양성, ornithine 분해 양성, arginine 분해 음성, ONPG 시험 음성, 3% NaCl을 가한 nutrient broth, 42°C에서 발육 양성이다.

제3장 살모넬라

3.1 일반 특성

질병을 발생시키지 않는 몇몇 종을 제외한 대부분의 살모넬라는 사람과 동물의 장에 주로 서식하며 심각한 영향을 끼치는 병원성 세균이다. 이들 균은 그람음성이며 통성혐기성으로 대부분 운동능력을 가지고 있는 간균이다. 장티프스균(*Salmonella typhi*)은 사람에게 장티푸스를 일으키고 *S. paratyphi*, *S. schottmuelleri*, *S. hirschfeldii* 등은 파라티푸스열을 일으키는데 이들 균은 모두 장염균(*S. enteritidis*)의 변종으로 여겨지고 있다.

'살모넬라' 라고 불리는 세균에 의해서 발생되는 감염상태를 살모넬라증이라고 하는데 이들 균은 냉각하면 증식이 억제되지만 사멸되지는 않기 때문에 대부분의 음식물에서 증식이 잘 일어난다. 감염된 음식을 섭취하게 되면 식중독을 일으켜 위장염에 걸리기 쉽다. 돼지에서 볼 수 있는 돼지 콜레라균(*S. choleraesuis*)은 사람에게 심한 패혈증(Septicemia)을 일으키고 *S. gallinarum*은 조류티푸스를 일으킨다.

3.2 살모넬라의 생리생화학적 특성

살모넬라는 대장균과 매우 밀접한 균종으로 이 두 속은 DNA:DNA 혼성화 분석을 하게 되면 50%의 유전체 상동성을 보인다. 그러나 대부분의 대장균속의 세균과는 달리 살모넬라속의 세균은 대개 사람이나 다른 온혈동물에게 병원성을 나타낸다. 살모넬라속의 *S. entrica*와 *S. bongori*는 각각 두 종으로 분류되지만 *S. enterica*는 다시 *S. enterica* subsp. *enterica* 등 6종의 아종으로 분류된다. *S. bongori*는 이전에는 *S. enterica* subsp. *bongori*로 명명되었으나 현재는 독립된 종으로 공인되고 있다.

살모넬라균은 Kauffmann-White의 항원표에 의해서 균체항원(O), 편모항원(H) 및 협막항원(Vi)의 조합에 따라서 2,800여 종류의 혈청형으로 분류할 수 있다. 하지만 이렇게 많은 혈청형에서 병원성과 관련한 가장 중요한 균종은 *S. enteritidis*와 *S. typhimurim*이다. 살모넬라는 주모성 편모를 갖고 있어 운동성을 갖지만 *S. gallinarum* 및 *S. pullonrum*과 같이 운동성이 없는 균도 있다. 대부분의 살모넬라균은 유당과 설탕을 분해하지 못하며 mannitol과 sorbitol에 양성이고 황과 thiosulfate로부터 황화수소(H_2S)를 만드는 특성을 갖고 있다. 혈청형 *typhi*를 제외한 모든 살모넬라균주는 포도당을 분해해서 이산화탄소를 생성시킨다. 생장온도의 범위는 약 5°C에서 45°C이며 최적 생장온도는 35~37°C이다. 최적 생장온도에서 25분 만에 분열이 가능하며 수분활성도는 0.945~0.999이다. pH 4.0 이하에서는 생장하지 못하지만 냉동상태에서도 사멸하지 않는 것으로 알려져 있다.

표 3.1 살모넬라속 세균의 생화학적 특성

시험 조건	반응성
H_2S (TSI)	+
Urease	−
Voges-Proskauer	−
Indole	−
운동성	+
포도상을 이용한 기체 생성	+
β-galactosidase	+/−
KCN	−
Citrate	+/−
Phenylmethyl red	+
Alanine deaminase	−

3.3 살모넬라의 역사

살모넬라는 1885년에 Salmon과 Smith에 의해서 돼지 콜레라의 원인균으로 최초로 분리되었다. 1888년 독일의 Gartner는 송아지고기를 먹고 사망한 사체로부터 분리한 균을 *Bacillus enteritidis*로 명명한 이후 유사한 특성을 갖는 세균이 지속적으로 분리되어 1890년에 살모넬라로 통명하였다.

*S. enteritidis*는 위장염의 주요 원인균으로 알려지고 있는데 1980년대부터 남북 아메리카 및 유럽에서 발생이 증가하는 것으로 보고되고 있다. 우리나라는 *S. enteritidis*와 *S. typhimurium*이 가장 중

요한 식중독균으로 관리되고 있는데 반해서 유럽 국가에서는 *S. enteritidis*가 가장 흔한 균종으로 알려져 있다.

3.4 살모넬라의 원인식품과 감염경로

살모넬라는 가공식품과 생식품 모두에서 광범위하게 발견된다. 돼지고기, 쇠고기와 같은 육류 그리고 가금류가 식중독의 주요 원인식품이 된다. 오염된 육고기의 장에서 유래한 식품과 도체 간의 교차오염이 살모넬라 오염의 주요 근원이다. 달걀은 살모넬라 식중독의 주요 식품으로 여기서 분리되는 살모넬라는 대개 *S. enteritidis*이다. 달걀껍질에 살모넬라가 오염되는 것 외에 노른자에서 살모넬라가 분리되는 경우는 이미 감염된 닭에 의해서 달걀이 산란 전에 오염되는 수직적 오염인 것으로 보고되고 있다. 채소, 시리얼 및 샐러드 등의 채소류도 살모넬라에 의해 오염이 가능하지만 육류에서보다 오염 빈도가 매우 낮다.

살모넬라 식중독 발생과 관련이 높은 식품들은 달걀과 달걀이 포함된 가공식품, 닭, 돼지고기, 쇠고기, 통조림, 소시지 등으로 장기간 냉장하지 않거나 제대로 조리하지 않은 상태에서 냉장된 것을 재가열 없이 섭취하는 것이 주 원인이다. 따라서 이들 식품을 조리하고 가공할 경우에는 손 위생관리는 물론이고 식품의 저장 및 조리를 철저히 해야 한다.

3.5 식품공전의 살모넬라 검출과정

1) 증균배양

검체 25 g 또는 25 mL를 취하여 225 mL의 펩톤수(배지 56)에 가한 후 35~37°C에서 24±2시간 증균 배양한다. 배양액 0.1 mL를 취하여 10 mL의 Rappaport-Vassiliadis 배지(배지 57)에 접종하여 42±1°C에서 24±2시간 배양한다.

2) 분리배양

증균배양액을 MacConkey 한천배지(배지 30) 또는 desoxycholate citrate 한천배지(배지 31) 또는 XLD 한천배지(배지 58) 또는 bismuth sulfite 한천배지(배지 64)에 접종하여 35~37°C에서 24±2시간 배양한 후 전형적인 집락은 확인시험을 실시한다.

3) 확인시험

가) 생화학적 확인시험

분리배양된 평판배지상의 집락을 보통한천배지(배지 8)에 옮겨 35~37°C에서 18~24시간 배양한 후, TSI 사면배지(배지 32)의 사면과 고층부에 접종하고 35~37°C에서 18~24시간 배양하여 생물학적 성상을 검사한다. 살모넬라는 유당, 서당 비분해(사면부 적색), 가스생성(균열 확인) 양성인 균에 대하여 그람음성 간균, urease 음성, lysine decarboxylase 양성 등의 특성이 확인되면 살모넬라 양성으로 판정한다.

나) 응집시험

균종 확인이 필요한 경우 Spicer-Edwards 등과 같은 H 혼합혈청과 O 혼합혈청을 사용하여 응집반응을 확인한다.

제4장 황색포도상구균

4.1 일반 특성

황색포도상구균(*Staphylococcus aureus*)은 즉석 섭취식품인 김밥 등에서 주로 검출이 보고되는 주요 식중독 세균의 하나로 우리나라에서 병원성 대장균, 살모넬라, 장염비브리오 다음으로 많이 발생하는 식품유래의 병원성 세균이다. 1898년 Robert Koch에 의해서 처음 발견된 이 균은 식중독뿐만 아니라 사람 피부의 화농, 중이염, 방광염 등 화농성 질환을 일으키기도 한다. 임상적으로는 주요 원내 감염균인 메티실린 내성 황색포도상구균(Methicillin resistant *S. aureus*, MRSA) 또는 반코마이신 내성 황색포도상구균(Vancomycin resistant *S. aureus*, VRSA)으로 잘 알려져 있기도 하다.

황색포도상구균은 현미경 하에서 균체가 1개, 2개, 3개 이상 연결되어 있거나 포도송이 모양으로 불규칙하게 배열되어 관찰된다. 이 균은 아포를 생성하지 않으며 크기는 0.5~1.0 ㎛ 정도이고 편모가 없어 운동능력이 없으며 협막도 없는 것이 주요 형태적 특징이다.

호기적으로 배양되는 그람양성 구균에는 Micrococcaceae과와 Streptococcaceae과가 있는데, 포도상구균은 Micrococcaceae과에 속하였으나 현재는 Staphylococcaceae과로 분류되어 35종 17아종이 분포하고 있다. Staphylococcaceae과는 주요 균인 표피포도상구균(*S. epidermidis*), 부생성포도상구균(*S. saprophyticus*) 등의 3종은 coagulase 생성능, mannitol 분해능, novobiocin 감수성 여부에 의해서 분류할 수 있다.

4.2 황색포도상구균의 생리생화학적 특성

포도상구균은 그람양성세균이며 통성혐기성균으로 호기적 또는 혐기적 환경에서 배양이 가능하다. Catalase 양성이며 포도당, 만니톨, 유당 등과 같은 탄수화물을 산화, 발효시켜 산을 생성하지만 가스는 만들지 못한다. 이 균은 80℃에서 10분 가량 가열하면 사멸되지만 독소는 열, 건조, 산 등에 대해 강한 저항성을 갖고 있다. 최적생장 온도는 35~40℃이며 10℃ 이하에서는 식품 중에서 거의 증식하지 못하는 것으로 알려져 있다. 최적 생장 pH는 6~7이며 pH 4~9.6의 범위에서도 생장이 가능하다. 최저 요구 수분활성은 0.83이며 최적 수분 활성은 0.98이다. 보통한천배지, brain heart infusion 액체배지, thioglycollate 액체배지, tryptic soy 액체배지, peptone 액체배지 등에서 잘 배양되며 7.5%의 식염이 함유된 Baird-Parker 한천배지, *Staphylococcus* 액체배지에서는 선택적 배양이 가능하다. 혈액한천배지에서는 β 용혈성이 있거나 없고 deoxyribonucleic acid이 첨가된 배지에서는 DNase 생성능을 나타낸다. Lysostaphin에 대해서는 감수성을 나타내며 lysozyme, novobiocin에 대해서는 내성을 보인다.

표 4.1 Coagulase 반응성에 따른 포도상구균의 분류

Coagulase	포도상구균의 종류
양성	*S. aureus, S. delphini*
	S. chromgenes, S. epidermidis, S. saprophyticus, S. xylosus,
	S. hominis, S. haemolyticus, S. simulans, S. capitis, S. warneri,
음성	*S. sacharolyticus, S. auricularis, S. carno녀, S. kloosii, S. cohnii,*
	S. caseolyticus, S. sciuri, S. lentus, S. gallinarum, S. caprae,
	S. shleiferi, S. lugdunensis
양성 또는 음성	*S. hyicus*

4.3 황색포도상구균의 원인식품

황색포도상구균에 의한 식중독 원인식품은 다양하며 전분질이 많이 함유된 식품에 많다는 데에는 바실러스 세레우스와 유사하다. 김밥, 떡, 빵 등의 곡류에서 유래한 음식과 곡류 가공식품이 가장 많고 우유와 그 가공식품인 치즈, 버터, 크림 그리고 햄, 닭고기, 계란 등의 고단백질성 식품, 어패류와 그 가공식품 그리고 두부와 같은 잘못 보관하게 되면 상하거나 취급자의 손에 상재하고 있던 포도상구균에 의해서 오염되는 많은 식품들이 주요 오염 식품이 될 수 있다. 따라서 가열 후 또는 조리 후 손이 많이 가는 음식을 주의해야 한다. 하지만 염에 대한 내성을 갖는 황색포도상구균도 염농도가 높은 염장식품에서는 거의 증식하지 못하는 것으로 알려져 있다.

4.4 황색포도상구균의 독소 특성

황색포도상균에 의한 식중독은 이 균이 만드는 장독소에 의해 오염된 음식 또는 식품을 섭취함으로써 발생하는 독소형 식중독이다. 발병 독소량은 아직 정확하게 밝혀져 있지 않으나 식품 중 균체량이 10^5~10^6/g 이상으로 존재할 때 이 식품을 섭취한 사람에서는 식중독 발병이 매우 높다고 보고된다.

식중독을 일으키는 독소는 enterotoxin으로 A형에서 I형까지 9종이 있는데 보통 A, B, C, E형이 많고 이 중에서 A형은 식중독 사례의 80% 이상을 차지한다. Enterotoxin의 분자량은 26,300 ~28,494 kDa 정도이며 안정된 구조를 갖고 있어 121℃에서 20분간 가열해도 완전히 파괴되지 않는 내열성을 갖고 있다. 또한 이 독소는 트립신, 카이모트립신, 파파인 등의 단백질분해효소에 의해 불활성화되지 않고 pH 2.0의 강한 산성조건에서도 거의 활성을 잃지 않기 때문에 수 ng/g~수백 ng/g만 섭취하여도 식중독을 일으킨다.

황색포도상구균의 식중독 증상은 바실러스 세레우스의 구토형 식중독과 매우 유사한 특성을 갖는다. 잠복기는 대체적으로 10^5~10^6/g으로 오염된 식품을 섭취할 경우 1~6시간으로 다른 식중독 세균에 비해서 짧다. 주된 식중독 증상은 구토, 복통, 설사 및 탈수이지만 발열은 거의 없다. 증상은 몇 시간 정도 지속되지만 건강한 사람의 경우는 1~2일 정도면 회복되므로 예후가 좋고 타인에게 전염을 일으키지 않는 것으로 알려져 있다.

4.5 식품공전의 황색포도상구균 검출과정

정성시험

1) 증균배양

검체 25 g 또는 25 mL를 취하여 225 mL의 10% NaCl을 첨가한 TSB 배지(배지 23)에 가한 후 35~37℃에서 18~24시간 증균배양한다.

2) 분리배양

증균 배양액을 난황첨가 만니톨 식염한천배지(배지 14) 또는 Baird-Parker 한천배지(배지 63) 또는 Baird-Parker(RPF) 한천배지(배지 67)에 접종하여 35~37℃에서 18~24시간 배양한다. 배양결과 난황첨가만니톨 식염한천배지에서 황색불투명 집락을 나타내고 주변에 혼탁한 백색환이 있는 집락 또는 Baird-Parker 한천배지에서 투명한 띠로 둘러싸인 광택이 있는 검정색 집락 또는 Baird-Parker(RPF) 한천배지에서 불투명한 환으로 둘러싸인 검은색 집락은 확인시험을 실시한다.

3) 확인시험

분리배양된 평판배지상의 집락을 보통한천배지(배지 8)에 옮겨 35~37℃에서 18~24시간 배양한 후 그람염색을 실시하여 포도상의 배열을 갖는 그람양성 구균을 확인한 후 coagulase 시험을 실시하며 24시간 이내에 응고 유무를 판정한다. Baird-Parker(RPF) 한천배지에서 전형적인 집락으로 확인된 것은 coagulase 시험을 생략할 수 있다. Coagulase 양성으로 확인된 것은 생화학 시험을 실시하여 판정한다.

정량시험

1) 균수 측정

검체 25 g 또는 25 mL를 취한 후, 225 mL의 희석액을 가하여 2분간 고속으로 균질화하여 시험용액으로 하여 10배 단계 희석액을 만든 다음 각 단계별 희석액을 Baird-Parker 한천배지(배지 63) 3장에 0.3 mL, 0.4 mL, 0.3 mL씩 총 접종액이 1 mL이 되게 도말한다. 사용된 배지는 완전히 건조시켜 사용하고 접종액이 배지에 완전히 흡수되도록 도말한 후 10분간 실내에서 방치시킨 후 35~37℃에서 48±3시간 배양한 다음 투명한 띠로 둘러싸인 광택의 검은색 집락을 계수한다.

2) 확인시험

계수한 평판에서 5개 이상의 전형적인 집락을 선별하여 보통한천배지(배지 8)에 접종하고 35~37℃에서 18~24시간 배양한 후 정성시험 3) 확인시험에 따라 시험을 실시한다.

3) 균수 계산

확인 동정된 균수에 희석배수를 곱하여 계산한다.

제5장 리스테리아

5.1 리스테리아속의 일반 특성

리스테리아(*Listeria*)에 속하는 8개의 주요 균주 중에서 리스테리아 모노사이토제네스(*Listeria monocytogenes*)와 리스테리아 이바노비(*Listeria ivanovii*)의 2개 균만이 인간에 병원성을 나타내는 것으로 알려져 있다. 리스테리아 이바노비에 의한 감염증은 흔하지 않지만 리스테리아 모노사이토제네스에 의한 감염 사례는 많다. 따라서 병원성 리스테리아는 리스테리아 모노사이토제네스라고 보면 된다.

농, 축, 수산 식품과 가공식품 등의 다양한 경로를 통해서 식중독을 일으키는 리스테리아는 1980년 전후로 발생빈도가 급속히 높아진 식중독 균이다. 특히 이 균은 열에 비교적 강한 저항성이 있으며 저온에서도 성장이 가능하여 안전하다고 생각되는 냉장 저장 식품을 통해 식중독 발생 가능성이 기타의 다른 식중독 세균보다 높다. 중증의 식중독에서는 치사율이 30%로 상당히 높은 세균이다. 또한 이 균은 인수공통 병원성 세균으로 주로 동물성 식품과 토양에서 유래하는 식품을 통해서 오염된다.

세계보건기구(WHO)와 FDA 등을 비롯한 여러 선진국들은 육제품을 포함하여 더 이상 열처리를 하지 않고 섭취할 수 있는 식품에는 리스테리아가 전혀 오염되지 않아야 한다고 강조하고 있다.

5.2 리스테리아의 생리생화학적 특성

리스테리아는 그람양성의 무아포성 단간균으로 크기는 약 0.4~0.5 × 0.2~2 μm이다. Catalase 양성, indole 음성, VP 양성, nitrate 환원 음성의 생화학 반응 특성을 갖는다. 양 또는 말 혈액배지에서 약한 β 용혈성을 가지며 통성혐기성 또는 미호기성 조건에서 생육이 가능하다. 1~4개의 편모를 가지고 있으며 20~25℃에서 특징적인 선회 및 회전운동을 하는데 반해서 37℃에서는 이러한 운동 특징이 사라진다. 반고체 배지에서 천자배양을 하면 배지 표층 3~5 mm 아래에 특징적인 우산 모양(umbrella growth)의 생장 특징을 볼 수 있다.

최적 생장온도는 30~37℃이나 성장온도 범위는 0~45℃로 상당히 폭넓다. 보통은 pH 6~9의 범위에서 생장할 수 있지만 pH 4~5 이하에서도 장기간 생장이 가능하다. 또한 내염성이 비교적 강하다. 저온에서도 오랫동안 생존할 수 있어 냉온성 세균으로서 자연계에 널리 분포한다. 특히 영하 4~5℃에서도 증식할 수 있다. 다른 세균에 비해서 열, 산, 염기에 대한 내성이 비교적 강하여 다양한 환경조건에서 생존력이 높은 세균이다. 하지만 리스테리아는 일반적인 멸균 또는 살균조건 하에서 사멸되며, 소독제나 항생제에 비교적 감수성이 높은 것으로 알려져 있다.

리스테리아는 5개의 열에 불안정한 편모항원과 14개의 탄수화물을 갖는 열 안정성 항원에 대한 혈청학적 시험을 통해서 11개의 혈청형이 확인되었다. 여러 혈청 중에서 1/2a, 1/2b, 4b는 검출빈도가 가장 높은 것으로 북미에서 리스테리아 식중독의 80%를 차지한다. 1980년 전후 북미에서 발생한 식중독 사망률은 약 30~40%로 매우 높았는데 이때의 혈청형은 대부분이 4b로 보고되었다.

표 5.1 리스테리아속 주요 균종의 생화학적 특성

	L. monocytogenes	*L. innocua*	*L. ivanovii*	*L. welshimeri*	*L. seeligeri*
CAMP 테스트	+	−	−	−	+
마우스 발병력	−	−	+	+	−
D-mannosid로부터 산 생성	+	+	−	−	−
Rhamnose로부터 산 생성	+	다양함	−	−	−
Xylose로부터 산 생성	−	−	+	+	+

세균의 세포막을 구성하는 당단백질의 종류와 형태에 따라서 구별되는 혈청형 중에서 리스테리아는 5종류의 이열성 편모항원과 14종의 내열성 균체항원이 있으며 이에 따라 리스테리아균은 1/2a, 1/2b, 1/2c, 3a, 3b, 4a, 4ab, 4b, 4c, 4d, 4e, 7 등 13종의 항혈청이 보고되고 있다. 하지만 *L. innocua*, *L. seeligeri*, *L. welshimeri*와 혈청형 항원을 공유하므로 이들 혈청형으로 리스테리아 모노사이토제네스만을 동정하는 것은 어렵다. 일반적으로 감염을 일으키는 혈청형은 1/2a, 1/2b, 4b

로 알려져 있다.

표 5.2 리스테리아속 주요 균종의 혈청형

	L. monocytogenes	L. grayi	L. innocua	L. ivanovii	L. welshimeri	L. seeligeri
혈청	1/2a, 1/2b,	S	4ab, US	5	1/2b, 4c	1/2a
형	1/2c, 3a, 3b, 4a, 4ab, 4b, 4c, 4d, 4e, 7		6a, 6b		6a, 6b US	1/2b, 1/2c, US, 4b, 4d, 6b

5.3 리스테리아의 역사

리스테리아는 1920년대 최초로 인간과 동물의 공통 병원성 세균으로 인식되었다. 1940년 리스테리아 모노사이토제네스로 명명되기 전에 이 균은 *Bacterium monocytogenes*라고 불렸다.

5.4 오염 원인식품과 감염경로

리스테리아균은 토양, 물, 채소 및 인축의 분변에서 광범위하게 발견된다. 따라서 인간과 동물은 이 균의 자연스러운 전염대상이다. 식품과 채소의 경우에는 물, 거름 및 토양으로부터 이 균에 감염될 수 있다. 따라서 잘 관리되는 농장이라도 리스테리아의 감염은 다양한 경로에서 발생될 수 있기 때문에 채소와 육류 그리고 유제품의 오염 관리에 많은 주의가 필요하다. 결국, 리스테리아 모노사이토제네스는 자연환경 어디에나 있을 수 있으며 이들 대부분은 다양한 식품에 존재할 수 있다.

다음은 리스테리아가 주로 오염되는 식품의 특성이다.

- 치즈의 제조와 숙성과정에서 생존할 수 있다. 특히 부드럽고 흰 치즈와 약산성의 유제품에서 주로 발생한다. 또한 생우유, 생크림, 저온살균 우유, 버터 및 아이스크림에서도 분리된다.
- 육가공품과 육류에서 pH에 의존하여 증식한다. 이때의 pH는 약산성인 6.0 전후이다. 하지만 pH 5.0 이하의 육류에서는 거의 증식하지 않는 것으로 알려져 있다.
- 이 균은 다른 균들과 달리 상대적으로 높은 건조한 환경에서도 증식할 수 있어 소시지와 햄 등의 진공 포장된 육가공품에서도 종종 분리된다.
- 냉장된 달걀과 조리된 달걀에서도 증식이 잘 된다.
- 다양한 종류의 채소에서 이 균의 오염이 확인되고 있으며 특히 무와 감자는 이 균에 오염이 잘 되는 채소로 분류된다. 해산물의 경우에는 동결된 해산물, 훈제 연어 등에서 종종 오염이 확인

된다.

- 조리된 냉동 즉석 식품에서 이 균의 오염은 특별히 관심을 가져야 한다. 지난 수년간 이 균에 대한 많은 연구에도 불구하고 최소 감염 균체농도는 여전히 알려지지 않고 있다. 따라서 가장 많이 섭취하는 조리된 냉동 즉석 식품의 제조와 보관과정에서 엄격한 관리로 이 균의 오염을 철저히 관리할 필요가 있다.

5.5 식품공전의 리스테리아 모노사이토제네스 검출과정

1) 증균배양

우유, 유제품, 가공식품 및 수산물의 검체에 대해서는 증균배지로 리스테리아 증균배지(배지 35)를 사용하며, 검체 25 g 또는 25 mL를 취하여 225 mL의 리스테리아 증균배지를 가한 후 30°C에서 48시간 배양한다. 식육 및 가금류의 검체는 1차 증균배지로 UVM-modified 리스테리아 증균배지(배지 36)를 사용하며, 검체 25 g 또는 25 mL를 취하여 UVM-modified 리스테리아 증균배지를 225 mL 가한 후 30°C에서 24±2시간 배양한 후, 배양액 0.1 mL를 취하여 Fraser 리스테리아 배지(배지 37) 10 mL에 접종하여 35~37°C에서 24±2시간 2차 증균을 실시한다.

2) 분리배양

증균배양액을 멸균된 면봉을 이용하여 oxford 한천배지(배지 38) 또는 LPM 한천배지(배지 39) 또는 PALCAM 한천배지(배지 65)에 접종하여 30°C에서 24~48시간 배양한다. 의심집락이 확인되면 이를 0.6% yeast extract가 포함된 tryptic soy 한천배지(배지 40)에 접종하여 30°C에서 24~48시간 배양한다

3) 확인시험

그람염색 후 그람양성 간균이 확인되면 hemolysis, motility, catalase, CAMP test와 mannitol, rhamnose, xylose의 당분해시험을 실시한다. 이 결과 β-hemolysis를 나타내고 catalase 양성, motility 양성을 나타내며 CAMP test결과 *Staphylococcus aureus* (ATCC 25923)에서 양성, *Rhodococcus equi* (ATCC 6939)에서 음성으로 나타나는 동시에 당분해시험 결과 mannitol 비분해, rhamnose 분해, xylose 비분해의 결과를 보일 경우 *Listeria monocytogenes* 양성으로 판정한다.

제6장 시겔라

시겔라(*Shigella*)는 *Escherichia* 및 *Salmonella*와 가까우면서 그람음성이고 포자를 만들지 않는 막대 모양의 세균속이다. 또한 운동성이 없고 협막도 없는 것이 특징이다. 세균성 적리(shigellosis)의 원인균인 시겔라는 다른 포유류를 제외하고 단지 영장류에만 질병을 일으킨다. 그래서 이 균들은 인간과 영장류에서만 쉽게 발견할 수 있다. 이 균들이 전형적으로 일으키는 질병은 바로 이질(dysentery)이다. 시겔라는 대변으로 배설되지만 실온에서 24시간 방치되면 현저하게 생균 수가 감소되어 배양되기 어렵다. 시겔라는 neurotoxin, enterotoxin, cytotoxin과 같은 몇 가지의 체외독소를 만들며, 항균제에 대한 내성이 잘 생기는 특징이 있다. 원인균 가운데 *S. flexneri*가 가장 흔하고, 가장 독성이 강한 이질균인 *S. dysenteriae*는 10마리 정도만 감염되어도 질환을 일으킬 수 있으며 가장 심한 증세를 유발한다. 선진국으로 갈수록 점차 증가 추세를 보이는 *S. sonnei*가 있고, 그 외에 *S. boydii* 등이 있다. 위험 인자로는 다른 지방으로 여행을 가는 경우와 사람이 많고 비위생적인 주거 환경 등을 들 수 있다.

6.1 분류

시겔라의 분류학적 위치는 세균계 Proteobacteria문, Proteobacteria강, Enterobacteriales목, Enterobacteriaceae과, *Shgella*속이다. *Shigella*와 *Escherichia*는 매우 밀접하게 연관되어 있어 두 속은 DNA-DNA 혼성화에서 70%의 유전체 상동성을 보인다. 그러나 대부분의 *Escherichia*속 세균의 일부만 이질과 유사한 설사를 일으키는 반면, 시겔라속의 세균들은 대부분 사람에게 병원성을 나타내며 심각한 이질을 일으킨다. 시겔라속은 4종이 있고 이들은 다시 혈청군으로 나누어진다.

*S. dysenteriae*는 A군이고 12개의 혈청군으로 나누어지며, *S. flexneri*는 B군이고 6종의 혈청군으로 되어 있다. 또 *S. boydii*는 C군으로 23종의 혈청군으로 나누어지고, *S. sonnei*는 D군이며 혈청군은 한 개로 되어 있다.

6.2 생화학적 동정

시겔라 세균종들은 이동성이 없으며 *S. sonnei*를 제외하고 유당(lactose) 비발효균이다. *S. flexneri*의 일부 균주를 제외한 대부분의 시겔라는 탄수화물로부터 가스를 생성하고 결국 생화학적으로 불활성이다. 시겔라는 또한 urea 가수분해에 음성을 나타낸다. TSI 시험결과는 포도당(glucose) 발효 양성이고 가스발생은 음성이며 H_2S 발생도 음성으로 나타난다. Indole 반응은 양성 또는 음성으로 혼합되어 있지만 *S. sonnei*는 항상 음성을 나타낸다.

표 6.1 시겔라속의 생화학적 특성

시험 조건	반응성
H_2S (TSI)	−
Urase	−
Voges-Proskauer	−
Indole	+/−
운동성	−
포도당을 이용한 기체 형성능	−
β-galactosidase	+/−
Citrate	−
Pheylmethyl red	+
Alanine deaminase	−

6.3 혈청형

시겔라는 다음과 같이 4개의 혈청군(serogroup)으로 나뉘고 총 42개의 혈청형(serotype)으로 되어 있다.

- Serogroup A: *S. dysenteriae* (12 serotypes)
- Serogroup B: *S. flexneri* (6 serotypes)
- Serogroup C: *S. boydii* (23 serotypes)

• Serogroup D : *S. sonnei* (1 serotype)

A~C군은 생리학적으로 유사하지만 *S. sonnei* (D군)는 생화학적 대사 분석의 결과에서 구별이 된다. 3개의 혈청군이 주요 질병 유발 종들인데, *S. flexneri*가 세계적으로 가장 흔한 분리균으로 개발도상국 발병의 60%를 차지한다. *S. sonnei*는 선진국에서 시겔라 발병의 약 77%를 차지하지만 개발도상국에서는 단지 15%만 차지한다. *S. dysenteriae*도 이질 전염병의 한 원인균이고 주로 난민촌과 같은 갇힌 공간의 거주민에게서 많이 발병한다.

6.4 감염경로

이질균의 유행은 시대의 변천에 따라서 세균군이 달라지고 있는데 구미 선진국에서 *S. dysenteriae* (A군)의 유행은 *S. flexneri* (B군)로, 현재는 다시 *S. sonnei* (D군)으로 바뀌었으며 연대의 차이는 있지만 일본이나 우리나라도 *S. sonnei* (D군)으로 바뀌었다. 그러나 개발도상국에서는 이러한 변천이 늦고, 따라서 이질균의 유행균군을 알면 위생상태, 나아가서는 선진국인지 후진국인지를 알 수 있다는 말까지 있다. 이러한 유행균군의 변천으로 점액 혈변이 나타나는 고전적 이질 증세를 나타내는 환자는 감소되고 여름철이던 유행 계절이 뚜렷하지 않게 되어서 마치 이질균 감염증 자체가 감소된 것처럼 오인되고 있지만 실제로 이질균은 지금도 설사의 가장 중요한 원인균이다. 한편 저항력이 가장 강한 *S. dysenteriae*가 자연계에서 살 수 있는 시간은 물에서 2~6주, 우유나 버터에서 10~12일, 과일이나 채소에서 10일, 의복에서 1~3주, 습기가 있는 흙에서 수개월, 위액에서는 2분, 60°C에서 10분, 5% 석탄산수에서는 수분 동안이다.

장티푸스는 물, 오염된 식품 등 매개물 안에서 증식한 후 감염이 성립되지만, 이질은 매개체 내의 증식 없이도 환자나 보균자의 손에 붙어 있는 세균만으로도 전파가 가능하며 이러한 접촉 감염이 이질의 주된 전파 방법이다. 또한 배변 후나 오염된 변기를 만진 후 손을 깨끗이 씻지 않고 음식을 오염시키므로 간접적인 전파도 가능하다. 오염된 대변에 접촉한 파리, 바퀴벌레 등의 곤충에 매개된 음식물의 섭취를 통해 감염되거나 오염된 식수 또는 우유 등을 통해서도 전파된다.

가구 내 2차 발병률은 높아서 10~40%에 달하며, 집단발생은 위생 상태가 불량하고 밀집되어 거주하는 고아원 등 사회복지시설, 정신병원, 교도소, 캠프, 선박 등에서 많이 발생한다. 0~4세군과 60세 이상 연령군에서 높고, 남자가 여자보다 발병률이 높다. 치사율은 20~34세에서 가장 낮고, 이보다 어리거나 나이가 많을수록 높다. 특히 이유기의 소아 등에서 감수성이 높고 중증으로 되기가 쉽다. 잠복기는 1~7일이고 보통은 2~3일로 짧다. 전염기는 급성 감염기로부터 대변에서 균이 발견되지 않는 기간, 즉 발병 후 4주 이내이다. 드물지만 보균 상태가 수개월 이상 지속될 수도 있다.

6.5 감염증

과거에는 이질균(*S. dysenteriae*)에 의한 이질이 유행하여 심하게 앓거나 생명을 잃는 경우가 많았다. 초기 증세로는 갑작스러운 발열과 복통, 구토, 설사 등이 나타나며, 심한 경우에는 수막염 증세와 헛소리, 혼수, 환각, 경련 등이 생길 수 있다. 설사는 경증이면 1일 수 회이지만, 중증의 경우는 1일 30회 이상일 때도 있다. 설사의 특징은 처음에는 황갈색 물과 같은 설사가 곧 점액, 혈액이 섞인 것으로 변하고, 다시 점액, 혈액, 농이 섞인 것을 소량씩 배출할 뿐으로 분변은 전혀 없는 경우가 많다. 또 시원하게 배변이 되지 않아 배변의 종료감이 없다. 복통은 차츰 왼쪽 하복부에 국한되고, 그 부분을 압박하면 강한 통증이 있다. 환자의 40% 정도는 신경계 이상 증세를 보이는데, 이것은 이질균이 내는 장독소 때문인 것으로 추정된다. 때로는 근육통이 나타나기도 하고, 경우에 따라서는 정상보다 백혈구 수가 감소한다. 탈수증이 나타나는 경우도 있는데, 어린이의 경우 특히 위험하다. 간혹 이질균이 소화관에서 혈류를 통하여 신장, 쓸개, 간, 심장, 관절 등 다른 기관으로 퍼질 수도 있는데, 이 경우에는 쇼크나 사망을 일으킬 수 있다. 합병증으로 장천공(intestinal perforation), 급성 신부전, 빈혈 등이 나타날 수 있다.

근래에는 *S. flexneri*라는 균에 의한 이질이 대부분이므로 증상이 가벼워 며칠간 단순한 설사로 지나가는 경우가 많다. 전형적인 증상은 열이 나고, 때로는 구토, 경련성 복통이 있으며, 코처럼 끈끈한 점액이 섞인 곱똥(점액변)이나 피가 섞인 혈변이 나오고, 대변이 자주 마렵지만 적은 양이 나오는 후중기(tenesmus)를 호소하는 것이 특징이다. 이는 세균의 침입으로 인해 미세농양이 생기기 때문이다. 환자의 1/3은 수양성 설사의 양상을 보인다. 소아의 경우 경련을 보이기도 한다. 소아에 치명적이며 신경장애, 순환기 장애, 소화기 장애, 탈수 현상, 발열, 설사 등의 증상이 세균의 종류나 환자의 감수성에 따라 약하거나, 증상 없이 지나기도 한다. 증상은 보통 4~7일이 지나면 회복된다. *S. dysenteriae*가 가장 심한 증상을 나타내며 사망률도 높다. *S. flexneri*, *S. sonnei*로 갈수록 임상 증상이 약해진다. *S. dysenteriae*은 종종 독성 거대결장증이나 용혈성 요독 증후군을 일으켜 사망에 이르기도 하는데, *S. sonnei*는 임상 경과가 짧고 병의 증상도 양호하다. *S. flexneri*의 경우 합병증으로 라이터 증후군을 일으키기도 한다.

6.6 식중독 증상

세균성 이질을 일으키는 시겔라는 물, 채소, 우유 등을 통해 감염되기 쉽다. 물 같은 대변에 혈액이 섞여 나오거나 고름이 섞여 나오기도 한다. 이런 증상이 나타나는 것은 몸 안으로 들어온 시겔라가 장에서 증식하고 독소를 내며 장기 점막을 침범하기 때문이다. 예방 백신이 없기 때문에 위생 유지가 최선이다.

6.7 진단 및 치료

액체 증균배지는 시겔라와 특성이 비슷한 대장균을 억제하는 물질이 함유되어 있으므로 사용하지 않는다. 진단은 대변을 직접 장내 세균용 배지와 선택배지에 접종한 후 생화학적 동정과 혈청형 시험으로 원인균을 확인하면 된다. 생화학적 성상으로 살모넬라 또는 시겔라로 확인된 균주는 다가 항혈청(polyantiserum)으로 슬라이드 응집반응을 시행한 후 양성이면 군 항혈청으로 응집 시험한다. 혈청형은 O 항원과 H 항원으로 검사해야 동정이 가능하며 이러한 혈청형 동정은 국립보건원에서 하고 있다. 시겔라는 양성률이 낮으므로 선택배지에서 3일 이상 연속으로 배양해야 한다. DNA 교잡법을 이용하여 시겔라의 침입성 인자에 대한 DNA를 검출하여 진단하는 방법도 있다.

치료는 격리치료를 해야 하며, 수액요법과 항생제 치료법이 있다. 수분 공급이 가장 중요하며, 항생제는 중증의 환자들에게만 투여한다. 아주 경미한 시겔라 감염병을 앓을 때는 페디아라이트나 다른 종류의 경구용 전해질용액이나 전유동식 또는 반유동식을 1～2일간 알맞게 섭취하여 예방 치료한다. 그러나 심한 경우 1~2일간 경구로 음식물을 섭취하지 않고 포도당 전해질용액 혈관주사로 탈수 등을 치료 예방한다. 항생제로 치료하면 병의 경과가 짧아지고 증상이 경감될 수 있다. 항생제로는 streptomycin, chloramphenicol, tetracyclin 등이 사용될 수 있으나 내성률이 높고, 요즘은 quinolone 제제나 ceftriaxone 등이 사용되고 있다. *S. dysenteriae*에 의한 설사병에서는 항균제를 사용하지 않을 경우 생명이 위태로울 수 있으며 증상이 심할 경우에는 5일간 quinolone을 투여해야 한다. Quinolone 제제는 연골 손상의 부작용 때문에 발육기 소아에서는 금기 약물이다. 그러므로 소아의 세균성 이질 환자에서는 trimethoprim/sulfamethozaxole (TMP/SMX) 또는 ampicillin을 투여해야 하지만 최근 국내에서 분리되는 시겔라 균주(주로 *S. sonnei*)는 증상은 경미하나 두 약물에 내성인 균주가 많기 때문에 치료 약제의 선택이 매우 어렵다. Kabir 등은 TMP/SMX와 ampicillin에 내성인 시겔라 균주에 mecillinam이 효과적일 수 있음을 보고한 바 있다. 연구된 바는 적으나 약제 내성균에 의한 위중한 소아 시겔라 감염에서 경구 fluoroquinolone 제제를 1～5일간 투여하여 심각한 연골 손상을 유발할 가능성은 매우 적다. 세균성 이질 환자는 설사가 멈추고 항생제 투여를 중지한 후 48시간이 지난 다음 최소 24시간 간격으로 채취한 대변 또는 직장에서 얻은 검체에서 연속 2회 이상 이질균 음성으로 나올 때 격리를 해제한다. 치료 시 환자나 보호자가 임의로 설사를 멈추는 지사제를 사용할 경우 지사제로 인해 장운동이 더디어지면 세균과 장의 상피세포와 접촉시간을 연장시켜 증상을 악화시키고 이질균 번식도 잘 될 뿐만 아니라 이질균이 내는 독소가 증가하여 중태에 빠질 수도 있으므로 지사제 사용은 자제해야 한다.

6.8 예방법

예방접종 백신은 개발이 시도되었으나 아직 유용한 백신은 없다. 따라서 적절한 소독, 환자 및 원인체 발견과 치료만이 효과적 예방대책이다. 상하수도 완비와 음료수 정화, 염소 소독이 관리에 있어 중요하다. 음식을 만들기 전, 식사하기 바로 전 또는 배변 후에는 손을 깨끗이 씻도록 한다. 모든 우유나 식료품은 살균하고, 상업용 우유의 생산과정, 보관 방법, 배달과정을 위생적으로 감독한다. 조리용 음식물이나 음료수의 품질을 적절히 관리한다. 음식물을 통조림할 때는 냉각수나 염소 소독한 물을 사용하고 갑각류나 어패류는 정기적으로 검사한다. 유행지역에서는 물을 반드시 끓여 먹고, 조리사나 식품 유통업자는 식품을 적절히 냉동하고 항상 청결을 유지한다. 샐러드 보관이나 냉동식품을 다룰 때 주의할 사항에 대해 지도한다. 이는 가정이나 공공 식당에서도 마찬가지이다. 청결 정도가 불분명할 때는 식품을 선별하여 조리하거나 익혀서 먹고, 과일의 껍질을 벗겨 먹는다. 유아기에는 모유 영양을 장려하고 모든 우유나 물을 소독한다.

시겔라 보균자는 식품을 다루는 업무나 환자의 간호에 종사해서는 안 된다. 가족감염률이 높으므로, 환자와 함께 음식을 먹지 말아야 하고 환자가 쓴 수저나 그릇 등을 물로 끓여 소독한 다음 사용해야 한다. 집 안의 파리를 잡아 시겔라에 오염되지 않도록 예방한다. 가족이나 음식물을 함께 먹은 사람은 보건소에서 검변(stool examination)을 받는 것이 좋다. 적리균이 검출되면 올바른 치료를 받는 것이 좋으며, 함부로 항생 물질을 남용하여 치료를 그르치면 증세는 소실되어도 보균자가 되어 약제내성균(drug resistant bacterium)을 퍼뜨리는 결과가 되므로 주의해야 한다. 한편 *S. sonnei*나 *S. flexneri* 균종 감염으로 인한 시겔라 감염병은 예방할 수 있는 예방접종 백신이 최근에 만들어져 1~4세 소아들에게 6주 간격으로 두 번 예방접종한 결과 85% 정도 예방 효과가 나타났다는 보고가 있다.

제7장 클로스트리디움

7.1 일반 특성

클로스트리디움속에는 약 100여 종 이상의 균종이 있다. 클로스트리디운균종이 사람에게 미치는 영향이 큰 것은 이 균이 혐기성이고 내열성이 높은 내생포자를 만들어 음식을 상하게 하기 때문이다. 드문 경우이기는 하지만 통조림 안의 음식물을 부패시키기도 한다. 클로스트리디움속의 일부 균종들은 스틱랜드 반응(Stickland reaction)이라고 하는 한 종류의 아미노산을 전자수용체로 사용하여 다른 아미노산을 산화시키면서 ATP를 생산하는 아미노산 발효 능력을 가지고 있다. 이 반응은 산소가 없는 혐기적 상태에서 단백질을 분해하여 암모니아, 황화수소, 아민 및 지방산을 형성하는데 이때 단백질이 부패하면서 불쾌한 냄새가 난다.

클로스트리디움속 균종에서 질병을 야기하는 균으로는 클로스트리디움 테타니(*C. tetani*)가 파상풍균으로 알려져 있고, 클로스트리디움 퍼프린젠스가 가스괴저와 식중독을 일으킨다. 클로스트리디움속에서 식중독을 일으키는 주요 균들 중에서 대표적인 균종은 클로스트리디움 퍼프린젠스(*C. perfringens*)다. 클로스트리디움 퍼프린젠스는 동정되기 전에는 클로스트리디움 웰치(*C. welchii*)로 알려져 있었으나, 1890년에 영국과 독일 그리고 프랑스에서 각각 처음으로 분리, 동정되면서 현재의 종명이 사용되었다.

7.2 생리, 생화학적 특성

클로스트리디움균종 중에서 식품과 임상에서 50% 이상 주로 분리되는 균이 클로스트리디움 퍼프린젠스이다. 클로스트리디움 퍼프린젠스는 그람양성의 혐기성세균으로 아포를 형성하며 형태적으로 간균이다. 건강한 사람과 동물의 소화기 내에서 그리고 토양, 하수 등에서 널리 존재하는 상재균이기도 하다. 클로스트리디움 퍼프린젠스의 감염 독성은 이 균이 갖고 있는 독소의 종류와 그 양의 비율에 따라서 A, B, C, D, E 등 5종류의 독소형으로 분류할 수 있다. 이 중에서 A형의 균이 대표적인 식중독의 원인균으로 알려지고 있다(C형 균도 일부 식중독을 일으키기도한다). 혈청학적으로 Hobbs의 혈청군에 따라서 90종류 이상으로 분류되는데 식중독의 발생빈도는 장독소(enterotoxin) 또는 장염발현성과는 관련성이 적은 것으로 알려지고 있다.

클로스트리디움 퍼프린젠스의 최적생장온도는 일반 세균보다 높은 43~47°C이고 세대기간(doubling time)은 10~12분으로 상당히 짧다. 최적 pH는 5.5~8.0이다. 클로스트리디움 퍼프린젠스의 아포는 내열성(endospore)으로 100°C에서 1~6시간 가열해도 사멸하지 않으며 균체의 끝부분에 난원형 형태로 생기는 특성이 있다. 클로스트리디움 퍼프린젠스는 협막이 있으며 포도당이 풍부한 배지에서는 짧은 간균의 형태로 증식하고 전분이 풍부한 배지에서는 간균의 형태가 길어지는 특성이 있다. 또한 아황산염이 함유된 배지에서는 아황산의 환원으로 검은색의 집락을 띠게 된다.

표 7.1 클로스트리움 퍼프리젠스의 최적 증식 조건

	최적 생장 조건	증식범위
온도	43~45	10~48
pH	6~7.5	5.0~9.0
수분활성도	0.98	0.94 >

7.3 식중독

클로스트리디움 퍼프린젠스에 의한 식중독의 원인은 이 균이 갖고 있는 CRE (*C. perfringens* enterotoxin)로 알려진 이열성(heat-liable) 장독소에 기인한다. 하지만 이 장독소 자체는 열에 약해서 65°C에서 10분 정도 가열하면 파괴된다. 만일 클로스트리디움 퍼프린젠스에 오염된 음식을 섭취하게 되면 섭취 후 8~20시간(평균적으로 12시간 정도)의 잠복기가 지나서 중증도 이상의 심한 심와부동통(spigastric pain)이 생기면서 동시에 설사와 열 그리고 구토를 동반하게 된다. 하지만 일반적으로는 경증도 증상을 보이며 12~24시간이 지나면 회복되며 설사형 바실러스 세레우스 식중독과 비슷한 증상을 보인다. 클로스트리디움 퍼프린젠스가 식중독 원인균인지의 여부는 음식물이나 변에서 이 균이 분리되더라도 원인균으로 확정할 수는 없다.

일반적으로 음식물에서는 10^6/g 이상의 세균 수가 존재해야만 병원균으로 추정할 수 있으며(급성 위장염을 일으키는 데는 약 10^8 이상의 균의 섭취가 필요하다), 대변에서도 대량의 세균이 있어야 하고, 또한 이 균이 장독소를 만드는 균인지를 확인해야만 식중독의 원인균으로 진단할 수가 있다.

7.4 원인식품

클로스트리디움 퍼프린젠스에 의한 식중독은 주로 학교 및 공공기관의 단체급식, 식당, 병원 등 다량의 음식 조리가 이뤄지는 장소에서 많이 발생한다. 원인식품은 식육을 사용한 조리식품인 국류, 수프류, 카레와 어패류를 이용한 조리식품 등 가열 조리식품으로 인한 사례가 많다. 특히, 가열조리한 후 실온에 5시간 이상 방치된 식품이 주요 원인식품일 가능성이 높다고 알려져 있다.

7.5 예방과 대책

클로스트리디움 퍼프린젠스는 이 균 자체가 자연계에 널리 분포함으로써 식품의 원재료를 오염시킬 가능성이 많이 있다. 이 균에 의한 식중독은 동물성 육고기와 어패류를 원재료로 가열조리한 식품을 장기간 보관 혹은 방치하거나 적당하지 않은 냉각 또는 재가열을 하지 않고 섭취할 때 발병하는 특징을 갖는다.

일반적인 가열에 의한 조리법으로는 이 균의 내성 포자를 사멸시키기 어려우며 오히려 내생포자의 발아를 촉진하여 증식을 유도할 수 있다. 따라서 가열조리 된 식품은 얕은 용기에 넣어서 신속히 냉각시킨 후 냉장고에 넣어 보관해야 하며 뚜껑이 있는 용기라도 실온에 보관해서는 안 된다. 결국, 균이 발육하기 어려운 온도에 보관하는 것과 보관시간을 짧게 해서 가능한 빨리 섭취하는 것이 실생활에서 클로스트리디움 퍼프린젠스에 의한 식중독을 예방할 수 있는 방안이 된다.

7.6 클로스트리디움 보툴리눔(*Clostridium botulinum*) 시험법

1) 증균배양

고형 또는 반고형물 검체는 동량의 젤라틴 인산완충액(시액 5)을 첨가하고 균질화하여 시험용액으로 하며, 액상 검체는 그대로 사용한다. 1~2 g 또는 1~2 mL의 검체를 2개의 cooked meat 배지(배지 33) 15 mL에 접종하여 35~37°C에서 7일간 배양하고 또 2개의 TPGY 배지(배지 50)에 같은 방법으로 접종하여 26°C에서 7일간 배양한다. 다만, 접종 전 각 배지는 10~15분간 중탕하여 탈산소한 후 신속히 냉각하여 사용하며, 검체는 배지 아랫부분에 천천히 접종하고 교반하지 않는다. 배양 7일 후 검경하여 전형적인 클로스트리디움이 관찰되면 다음의 분리배양을 실시하고, 관찰되지 않는 경우에는 추가적으로 10일간 더 배양한다.

2) 분리배양

증균배양액 1~2 mL와 동량의 여과 제균한 알코올을 잘 혼합하여 실온에서 1시간 방치한 후, liver-Veal 난황한천배지(배지 51) 또는 혐기성 난황한천배지(배지 52)에 접종하여 35~37°C에서 48±3시간 혐기적으로 배양한다. 배양 후 융기되거나 평평하며, 표면이 매끈하거나 거친 집락으로, 약간 퍼져 있거나 불규칙한 것을 선택하여 약 10개를 취한다. 경우에 따라서는 집락 주위에 혼탁한 환이 생긴다.

3) 확인시험

분리균에 대하여 그람양성의 간균과 균체 말단에 아포가 형성되는 것을 관찰하고, 호기조건으로 35~37°C에서 2~3일간 배양하였을 경우 균이 발육되지 않는 것을 확인한다. 0.1%의 glucose를 첨가한 GAM 배지(배지 34)에 접종하여 35~37°C에서 1~4일간 배양하여 운동성이 있는 것을 양성으로 판정하며, 질산염환원능이 없으므로 glucose 0.1%, KNO_3 0.3%를 가한 GAM 배지(배지 34)에 접종하여 35~37°C에서 2일간 배양한 후 nitrite 지시약(시액 6)을 가하였을 경우 색의 변화가 없어야 한다. 우유를 pH 6.8되도록 조정하여, $FeSO_4$ 0.05~0.1 g을 첨가한 배지에 균을 접종하여 35~37°C에서 배양한 후 우유를 분해하는 것을 양성으로 판정(각 독소 type에 따라 분해능이 다름)한다.

4) 독소확인시험

가) 시험방법

시험용액을 4°C, 10,000 G로 20분간 원심분리하여 그 상층액을 pH 6.0으로 조정한 후, 동량의 2% trypsin 용액을 가하여 35~37°C에서 30~60분간 반응시킨 다음, 이 용액 1 mL당 100 U의 penicillin과 100 ㎍의 chloramphenicol을 첨가한다. 중량 15~20 g의 ICR계 마우스 5군(1군당 2~3수)을 준비하여 위의 검체액을 다음과 같은 5가지 방법으로 복강 내 주사한다.

1군: 시험용액 0.5 mL를 그대로 주사한다.
2군: 시험용액을 100°C로 10분간 가열한 후 0.5 mL씩 주사한다.
3군: 시험용액에 A형 항독소혈청(1~2 unit/mL)을 시험관 내에서 동량으로 혼합한 후 35~37°C에서 15분간 반응시킨 후 0.5 mL씩 주사한다.
4군: 3군과 같은 방법으로 B형 항독소혈청을 혼합하여 반응시킨 후, 0.5 mL씩 주사한다.
5군: 3군과 같은 방법으로 E형 항독소혈청을 혼합하여 반응시킨 후, 0.5 mL씩 주사한다

나) 판정

1~5군의 마우스를 1주간 관찰한 후 다음에 의해서 판정한다.

(1) 1군의 마우스가 사망하지 않았다면 음성으로 판정한다.

(2) 1군 마우스가 특정한 중독증상(복벽함몰, 사지마비, 호흡곤란)을 보이면서 사망하고 2군은 생존하였을 경우,

- 3~5군 중 한군이 생존하였다면 생존군에 사용한 항혈청유형의 독소를 양성으로 판정한다.
- 3~5군 모두 또는 각 군의 일부가 사망하였다면 시험용액을 희석하여 재시험하고 기타 유형(C1, C2, D, F, G형)의 항독소혈청을 사용하여 중화시험을 실시한다.

제 8 장 캠필로박터

8.1 일반 특성

1909년에 처음으로 캠필로박터(*Campylobacter*)가 분리되었을 때에는 형태적 특징으로 인하여 비브리오로 명명되었다. 이후 1957년 킹은 어린이의 설사가 비브리오균과 관련되어 있다고 생각했지만, 실제 사망한 어린이의 대장에서 비브리오와는 다른 형태를 갖는 나선형 세균이 관찰되어 캠필로박터를 설사의 또 다른 원인균으로 생각하게 되면서부터 그 존재를 인식하게 되었다. 하지만 이후의 많은 연구에도 불구하고 이런 나선형 세균의 배양 기술이 없어 결국 시발드와 베론에 의해 콜레라와 호염성 그룹이 아닌 별개의 속명으로 제안되면서부터 캠필로박터에 대한 많은 연구가 진행되었다. 어원이 만곡 혹은 '굽은' 의 의미를 갖는 그리스어의 캠필로(*campylo*)에서 유래된 캠필로박터는 우리가 흔히 알고 있는 헬리코박터 피로리(*Helicobacter pylori*)의 이전 속명이었다(캠필로박터 피로리, *Campylobacter pylori*).

일반적으로 캠필로박터속의 세균들은 탄수화물을 산화하지 못하며 발효도 하지 못하는 독특한 특성을 갖고 있어 일반 배양배지에서 배양하기가 어려우므로 특수한 조성을 갖는 배지에서 배양된다. 또한 oxidase에는 양성을 보이고 MR-VP에 대해서 음성이며 젤라틴을 가수분해하지 못한다.

8.2 분류

1900년대 초에 캠필로박터가 처음 분리되었을 때 형태적으로 비브리오와 거의 같은 특징을 갖고 있어 비브리오(*Vibrio*) 속명이 붙여졌다. 하지만 이 세균이 당을 사용하지 못하는 특성과 핵산의 염기 구성비 중에서 G + C content(%)가 비브리오와 차이가 많아서 캠필로박터라는 속으로 새롭게 명명되었다. 일반적으로 캠필로박터속은 15종의 균종이 있는데 식품과 사람의 임상시료에서 분리되는 캠필로박터속의 주요 세균으로는 *C. jejuni*, *C. coli*, *C. fetus*, *C. concisus*, *C. hyointestinalis*, *C. lari*, *C. fennelliae*, *C. sputorum* 등이 있다.

8.3 형태 및 생리조건

일반적인 캠필로박터 균종의 형태는 나선형의 굽은 막대 모양이지만 때로는 S자 모양, 갈매기 날개 모양, 콤마형, 구형 등 다양한 형태를 보이기도 한다. 이러한 균의 모양은 임상시료의 경우 감염된 조직에서 관찰할 때에는 콤마형이, 배양 단계에서는 대다수가 나선형으로 관찰된다. 하지만 균을 오래 배양하게 되면 캠필로박터균의 모양은 구형으로 변하는 특성을 갖는다. 균의 길이는 0.5~5 ㎛, 폭은 0.2~0.5 ㎛ 정도가 되고 단모성 또는 양극 단모의 편모를 갖고 있으며 아포가 없는 것이 특징이다. 캠필로박터는 보통의 경우 대기 중에서 생육이 되지 않으며 3~15%의 산소가 존재하는 미호기성 환경에서 최적의 생육을 보인다. 실온에서는 생존하기 어렵고 산성 조건에서도 생존력이 약화된다. 캠필로박터의 생장온도 범위는 31~46℃이며, 최적 생장온도는 42~46℃이다. 생장 pH는 4.9~9.0이고 최적 생장을 위한 pH는 6.5~7.5이다. 수분 활성(Aw) 범위는 < 0.99이며, 0.9 이하에서는 증식할 수 없다. 산소, 이산화탄소 및 질소의 함량은 각각 5%, 10%, 85%이다. 분열시간은 장내 세균의 약 2배인 46~60분으로 알려지고 있다.

표 8.1 클로스트리움 퍼프리겐스의 최적 증식 조건

	최적 생장 조건	증식범위
온도(℃)	42~43	31~46
pH	6.5~7.5	4.9~9.0
수분활성도	0.99	< 0.99

8.4 생화학적 특징

캠필로박터의 기본적인 생화학적 특징은 카탈라아제(catalase)에 대해 양성, 옥시다아제(oxidase)에 대해 양성으로, 캠필로박터는 탄수화물을 분해하지 못하는 당 비발효성균이다. 45°C에서 생육하는 증식 시험과 H_2S 생성 음성, 마뇨산염에 대해 양성을 보이며 nalidixic acid에 대해서는 감수성을, cephalothin에서는 내성을 갖는 특징이 있다.

8.5 식중독

캠필로박터균이 식중독을 발병시키는 과정을 보면, 먼저 음식물과 함께 위를 통과하여 장관(소장 중하부와 대장을 총칭)에서 1차적으로 증식을 시작한다. 그리고 장관 내 정착 인자가 작용하여 장 점막에 점착 후, 세포 내 침입 인자에 의해 점막 내로 침입한다. 이후에 엔테로키신이나 사이토톡신 등에 의해 설사 증상이 나타나게 된다. 하지만 정확한 식중독의 작용 기전은 현재 규명 중에 있다.

캠필로박터는 일반적으로 소, 닭, 염소 등의 가축 병원균으로 유산과 설사 등을 유발한다. 사람에서는 *C. jejuni*와 *C. coli*가 감염력이 높으며 주로 설사를 일으켜 육류를 통한 식중독, 즉 캠필로박터 식중독(감염성 장염 또는 식중독)을 일으킨다. *C. jejuni*와 *C. coli*는 원래 칠면조, 염소, 소, 돼지 등의 장관에 서식하고 있는 것으로 사람의 장에서는 발견되지 않는 세균이다. 최근에는 사람의 하반신 마비를 일으키는 Guillan-Barre 증후군의 원인균으로 추정되고 있다. 이들 세균에 오염된 식품을 섭취한 후 발병되기까지의 잠복기는 평균 5일 이내이며 증상은 설사, 복통, 발열, 구토 등이고 패혈증을 일으키는 경우도 있으나 치료 후 경과가 좋은 것으로 알려지고 있다.

음식점, 여관, 학교급식, 유치원 등의 집단급식시설에서 대규모의 식중독이 발생하기도 하는데, 특히 감수성이 높은 학생들이 많이 모이는 학교 급식장에서 닭고기 음식의 제공은 많은 주의가 필요하다. 캠필로박터균의 감염균량은 보통의 식중독 원인균보다 매우 적은 10^3/g (mL) 수준이다. 1981년에 로빈슨이 우유에 *C. jejuni* 500개를 첨가하여 직접 마셔본 결과, 4일 후에 복통과 설사가 있었으며 분변에서 *C. jujuni* 10^6/g가 검출되었다. 또한 1983년에 블랙 등이 *C. jejuni*를 150 mL에 10^2개 첨가한 다음 학생들에게 이를 음용시킨 결과, 10명 중에서 5명에게 식중독이 발병했으며 이때 잠복시간이 88시간임을 확인했다. 이와 같이 *C. jejuni*는 소량으로도 콜레라와 동일한 수준의 감염력을 가지고 있음이 확인되었다.

8.6 식품으로부터 오염

*C. jejuni*는 가축의 장관 내 상재균으로 일반적으로 소와 닭에 많이 서식하며 *C. coli*는 습지에 많이 존재하는 것으로 알려져 있다. 따라서 이들 가축의 도살과정에서 도체간 오염과 식육점에서 이들 육고기의 처리 및 조리과정에서 교차 오염이 될 수 있다. 특히, 시판되는 생닭고기의 오염률이 높은 것으로 알려지고 있지만 생산지와 로트에 따라서 오염 정도가 상이하다.

애완동물의 경우 직접적인 접촉에 의해서 감염이 되는 경우는 거의 없지만 감수성이 높은 어린이의 경우는 애완동물에 대한 감염이 종종 보고된다. 캠필로박터가 개, 고양이의 상재균이라는 점에서 철저한 위생 관리가 요구된다.

8.7 주요 원인식품

캠필로박터 식중독은 다른 세균성 식중독과 달리 잠복기가 길기 때문에 원인식품의 판별이 용이하지는 않지만 식중독을 매개하는 주요 식품으로는 닭고기가 알려져 있다. 그 밖에 채소볶음, 생선초밥, 샌드위치, 생선회, 굴 등도 주요 원인식품이 된다. 하지만 캠필로박터균은 음식물을 조리하는 온도에서 쉽게 살균되며, 습한 환경에서는 장기간 생존할 수 있는 데 반해서 건조한 환경에서는 생존력이 크게 낮아진다. 따라서 냉장 조건에서의 식품을 보관하는 것은 짧은 기간으로 한정해야 한다. 일본(1994~1998년)에서는 원인불명식품(37.5%), 기타(36.9%), 육류(23.5%)의 순으로, 원인불명식품이 1/3 이상인 것은 캠필로박터균이 매우 까다로운 균이기 때문이라고 할 수 있다. 다른 나라의 경우 원인식품은 생우유가 압도적인 것으로 보고되고 있다.

8.8 예방과 대책

캠필로박터의 약점은 열에 약하다는 점이다. 캠필로박터는 30℃ 이하의 온도에서도 증식이 되지 않는다. 또한 건조한 조건에서도 약하다. 3% 식염의 식품에서 증식이 불가능하며 수분 활성도가 낮아서 0.9 이하가 되면 증식할 수 없다. 예방대책은 원재료 및 제품의 오염 방지가 첫째이며, 생산 단계에서 유통, 소비까지의 효과적인 제어 방법이 필요하다. 최근 농장 및 처리장 닭들의 보균은 캠필로박터와 황색포도상구균이 거의 전부이다. 보균된 닭이 유입되면 보균되지 않은 닭이 통상 1~2일 만에 바로 오염되지만 이에 따른 특별한 대책이 강구되지 못하고 있다. 손질한 닭을 위한 세정 탱크나 살균소독은 실제적으로 효과가 없는 것으로 알려져 있다. 처리장의 수송 컨테이너의 분변 오염, 접촉 오염, 처리공장에서의 교차 오염 등으로 인하여 오염된 상태의 제품으로 유통되어 소비자로 침투되기 때문에 위생에 대한 철저한 관리가 이루어져야 한다.

캠필로박터는 수계 오염도 가능하기 때문에 생수를 마시는 것을 삼가야 한다. 닭고기 등을 조리한 기구 일체의 세척, 건조와 손세척에 의한 2차 오염의 발생도 차단시켜야 한다. 캠필로박터는 4°C 정도의 온도에서도 3일 이상 생존이 가능하며, 25°C에서는 24시간 이내에 사멸되고, 37°C에서는 증식되지 않는다. 특히 익힌 고기는 저온 조건 하에서 장시간 생존할 수 있으며 25°C에서 3일 이상 생존이 가능하고 37°C에서도 증식할 수 있다. 또한 −20°C의 동결육에서는 1개월 이상 생존할 수 있기 때문에 가능한 조리된 식품의 빠른 섭취가 캠필로박터균에 의한 오염과 식중독을 방지할 수 있는 실생활의 대책이 될 수 있다.

8.9 식품공전의 캠필로박터의 검출과정

1) 증균배양

검체 25 g 또는 25 mL를 취하여 supplement A가 첨가된 HUNT 배지(배지 47) 또는 Bolton 배지(배지 68) 100 mL에 넣고 균질화한 후 35~37°C에서 4~5시간 동안 미호기적 조건(5% O_2, 10% CO_2, 85% N_2)에서 1차 증균하고 42°C에서 24~48시간 미호기적 조건에서 2차 증균한다. 다만, HUNT 배지를 사용할 경우, 일반식품은 2차 증균시에 cefoperazone 용액(0.8 g/100 mL) 0.4 mL를 첨가하고 유제품은 1차 증균 시에 supplement B를 첨가하고, 2차 증균 시에는 rifampicin 용액(0.125 g/100 mL) 0.4 mL를 첨가하여 배양한다.

2) 분리배양

증균배양액을 modified Campy blood free 한천배지(배지 48) 또는 Abeyta-Hunt 한천배지(배지 49)에 각각 접종하여 42°C에서 24~48시간 미호기적 조건으로 암소에서 배양한다.

3) 확인시험

Modified Campy blood free 한천배지상에서 원형 또는 불규칙한 형태로서 반투명한 흰색 또는 투명한 집락, Abeyta-Hunt 한천배지(배지 49)상에서 무지개빛 광택 집락을 선별하여 항생제를 넣지 않은 Abeyta-Hunt 한천배지에 신속히 접종하여 42°C에서 24~48시간 배양한다. 배양된 집락을 취하여, 암시야 또는 위상차현미경으로 검경하거나 또는 대비 염색하여 지그재그 모양을 관찰한다. 이때 대비염색은 10 mL 식염수에 2방울의 crystal violet을 혼합한 용액을 이용한다. 현미경상으로 확인된 균에 대하여 catalase 및 oxidase 양성임을 확인한다. 확인된 균에 대하여 hippurate 분해 양성, 황화수소 비생성, nalidixic acid 감수성, cephalothin 내성, 25°C에서 비생육, 42°C에서 생육시험 등의 생화학시험을 실시한다.

제9장 바실러스 세레우스

9.1 일반 특성

바실러스 세레우스(*Bacillus cereus*)는 자연계 어디에나 존재하는 토양상재균이다. 농산물 생산과 유통 시 토양으로부터 식품 원재료에 혼입될 가능성이 높고 토양 혐기성균인 클로스트리디움 퍼프린젠스(*Clostridium perfringens*)와 달리 음식물에서 쉽게 포자를 형성하며 가열공정에서 생존할 가능성이 높아 유통식품 중에서 검출될 확률이 높다. 따라서 식품 안전성 확보에 있어서 중요한 위치를 차지하는 미생물이라고 할 수 있다. 대부분 이 미생물은 자연계에서 포자 형태로 존재하며 식품에 전파되어 적절한 생장온도가 형성되면 영양 세포로 변형되어 잘못 가공되거나 조리된 식품을 섭취했을 때 장독소(enterotoxin)을 생성함으로써 구토와 설사를 유발하는 대표적인 식중독 원인균이다.

바실러스(*Bacillus*)속은 34개의 type species로 분류되며 포자의 형태, 포자낭의 팽창 유무에 따라 3개의 그룹으로 나뉘는데 *Bacillus* spp. 중 식중독을 유발하는 종은 바실러스 세레우스 그룹(*Bacillus cereus* group)에 속한다. 바실러스 세레우스 그룹에 속하는 미생물들은 토양에 존재하면서 사물기생 미생물인 바실러스 세레우스(*B. cereus*), 사람에게 산발적으로 병원성을 일으키는 탄저병(anthrax) 생성균인 바실러스 안스라시스(*B. anthracis*), 가근 모양의 콜로니를 형성하는 비병원성인 바실러스 마이코이데스(*B. mycoides*), 바실러스 슈도마이코이데스(*B. pseudomycoides*), parasporal crystal protein을 생성하여 곤충이나 무척추 동물에 병원성을 일으키는 바실러스 서린지엔시스(*B. thuringiensis*), 내냉성균인 바실러스 웨이헨스테파넨시스(*B. weihenstephanensis*)의 6종 그람양성 포자 형성균을 포함한다. 이 그룹은 다양한 연구보고서에서 정확히 분류되지는 않았지만 종간에 16S rDNA 염기서열 유사도가 매우 높고 표현형이나 DNA 혼성화 등의 유사성 또한 높기 때문에 하나의 종으로 묶어야 한다는 의견도 제기되고 있다. 그러나 바실러스 안스라시스의 병원성과 생물 방제에 이용되는 바실러스 서린지엔시스의 순수한 기능들 때문에 분류학적으로 종(species)이 분리되어 유지되고 있다. Enterotoxin crystal 유무, 운동성 및 rhizoid growth에 따라서 바실러스 서린지엔시스와 바실러스 마이코이데스와 구별된다고 보고되어 있으며 분자역학적 분류 실험 방법 중 하나인 PFGE (pulsed field gel electrophoresis)를 수행하여 바실러스 세레우스와 바실러스 안스라시스를 구별할 수 있다는 보고도 있다.

9.2 형태학적 특성

바실러스 세레우스는 현미경 관찰 결과 크고 긴 막대기 모양의 세포들이 사슬형태로 배열된 연쇄상을 이루고 있는, 길이가 약 3.5 ㎛ 정도의 대형 간균이다. 주모성 편모가 있어 운동성을 가지며 135℃에서 4시간의 가열에도 견디는 내열성 아포를 형성하는 포자 형성균으로서, 포자낭이 팽윤되어 있지 않고 포자는 타원형이거나 원통형으로 세포의 중앙 또는 말단에 형성하여 위치하고 있다.

9.3 생리, 생화학적 특성

바실러스 세레우스의 생화학적 특성은 같은 바실러스 세레우스 그룹 내에서 서로 유사하며 구분하기가 힘들다[표 9.1 참조. FDA-BAM(bacteriological analytical mannual)의 *B. cereus* group의 생화학적 특성]. 바실러스 세레우스는 그람염색(gram stain)에 의해 푸른색을 띠는 그람양성세균(gram positive bacteria)으로 카탈라아제(catalase) 양성이며 산소가 있거나 제한된 산소 조건에서도 생존 가능한 호기성(aerobic) 및 통성혐기성(facultative anaerobic) 세균이다. 바실러스 세레우스의 생장 특성은 매우 다양하다. 증식 가능한 생장온도는 5~50℃의 범위이며 저온성 바실러스 세레우스의 경우 4~5℃에서만 성장한다. 중온성 바실러스 세레우스는 15~55℃에서 성장하고 최적 조건은 30~37℃이다. 포자는 10~49℃에서 발아할 수 있으며 균체는 63℃에서 30분간 가열하거나 100℃에서 1분 이상 가열 시 사멸된다. pH 조건은 4.9~9.3 범위에서 생장하고 최적 pH는 6~7이다. 바실러스 세레우스가 생장하는 데 있어서 수분 활성도(water activity, Aw)는 0.94 이상이며 최적 수분 활성도는 Aw 0.98, 생존과 생장을 위한 최소한의 수분 활성도 범위는 0.93~0.95, 하지만 Aw 0.91에서는 증식이 저지된다. 식염에 대한 내성에서는 7% NaCl 조건까지 견딜 수 있지만 발효 간장 식품의 식염 농도인 18%까지 존재할 수 있다. 바실러스 세레우스는 MYP (mannitol egg yolk polymyxin) 배지와 PEMB (poymyxin pyruvate egg yolk mannitol bromothymol blue) 배지에서 난황(egg yolk)을 분해할 수 있는 레시티나아제(lecithinase)를 생성하며 폴리믹신(polymyxin), 암피실린(ampicillin), 페니실린(penicillin)과 같은 베타락탐(β-lactam) 계열의 항생제에 대한 내성을 나타낸다. 혈액배지에서는 베타용혈성(β-hemolysis)을 나타내며 보통한천배지(nutrient agar), tryptic soy agar 등의 영양배지에서 잘 발육한다. 당 이용성은 리보스(ribose), 포도당(glucose), 엔아세틸글루코사민(N-acetylglucosamine), 알부틴(arbutin), 에스큘린(esculin), 맥아당(maltose), 자당(saccharose, sucrose), 트리할로스(trehalose), 녹말(starch), 당원(glycogen) 등에 양성 또는 음성을 나타내며 arginine dihydrolase(기질: L-arginine), citrate utilization(기질: trisodium citrate), voges proskauer(기질: sodium pyruvate), gelatinase(기질: gelatin) 양성을 나타낸다.

표 9.1 바실러스 그룹 세균종의 생리, 생화학적 특성

	B. cereus	*B. thuringiensis*	*B. mycoides*	*B. anthracis*	*B. megaterium*
Gram reaction	+(a)	+	+	+	+
Catalase	+	+	+	+	+
Motility	+/−(b)	+/−	−(c)	−	+/−
Reduction of nitrate	+	+/−	+	+	−(d)
Tyrosine decomposed	+	+	+/−	−(d)	+/−
Lysozyme −resistant	+	+	+	+	+
Egg yolk reaction	+	+	+	+	+
Anaerobic utilization of glucose	+	+	+	+	+
VP reaction	+	+	+	+	+
Acid production from mannitol	−	−	−	−	+
Hemolysis	+	+	+	−(d)	−

a: 90~100% of strains are positive, b: 50~55% of strains are positive, c: 90~100% of strains are negative, d: most strains are negative

9.4 분포 및 원인식품

바실러스 세레우스는 토양, 쓰레기, 하천수, 공기(먼지), 식물 표면이나 곡류 등 자연계에서 아포 형태로 널리 분포하고 있다. 주로 토양 상재균이면서 전체 토양 미생물 집단 중 최대 10% 정도까지 차지한다고 하는 연구보고가 있었다. 이는 거의 모든 식품의 주요 원재료로 사용되는 농산물의 재배와 생산에 직접적으로 영향을 미칠 가능성이 가장 큰 생물이라고도 할 수 있다. 그래서 매우 다양한 식품들에 존재하는 것으로 알려져 있고, 특히 채소류와 곡류 및 그 가공품 같은 전분성 식품에서 바실러스 세레우스가 많이 검출될 가능성이 크다. 이 미생물에 의해 오염될 수 있는 주요 식품들은 주로 도시락, 김밥, 쌀밥, 죽, 볶음밥, 덮밥 등의 밥 종류와 스파게티, 파스타 등의 면류 같은 전분 함유 식품이 그 대상이 될 수 있다. 그 외 식육, 어패류가공품, 수프류, 우유나 치즈와 같은 낙농제품, 바닐라 소스, 소시지, 푸딩, 향신료 등 기타 여러 식품들이 바실러스 세레우스가 포자 발아로 인해 증식할 수 있는 조건이 충분한 오염 원인식품이 될 수 있다. 다른 균주의 포자에 비해 어느 표면이든 잘 들러붙어 세척과 소독이 어렵기 때문에 식품 원재료, 조리시설이나 작업자 개인 위생 등의 철저한 위생 관리가 필요하다.

바실러스 세레우스는 자연계 환경에서 포자 형태로 존재하고 있다가 영양분이 있는 상태가 되면 발아를 시작해서 영양 세포로 변형, 증식하기 때문에 바실러스 세레우스 포자가 오염된 상태의 음식이 조리되거나 조리 후 냉각과정 동안 수 시간 상온에 방치될 경우 음식에서 이들 균의 생육 조건이 맞게 되면 10^6 CFU/g 이상까지 증식하여 사람에게 식중독을 일으킬 수 있는 기회성 식중독균이다. 하지만 식품 중 10~1,000 CFU/g 이하 가량 존재하게 되면 질병을 일으키지는 않는다.

9.5 바실러스 세레우스 독소 특성 및 식중독 증상

바실러스 세레우스에 의한 식중독은 구토형과 설사형으로 구분되며 다른 식중독에 비해 증세가 약하지만 종종 심한 경우 심내막염, 패혈증, 화농성 질환 등을 야기할 수도 있기 때문에 매우 치명적일 수 있다. 식중독을 일으킬 수 있는 균의 양은 식품 1 g당 10^6 CFU 이상으로 보고되고 있으며 오염원에 따라서 10^2~10^4 CFU/g에서도 질병을 일으킬 수 있다. 구토형 식중독은 식품 중에 전분 분해능 음성인 바실러스 세레우스가 오염되어 이 미생물이 생장하면서 생성되는 세레우라이드(cereulide) 독소가 식품을 섭취한 사람에게 구토를 일으키게 된다. 구토형 독소(emetic toxin)인 cereulide는 열과 산에 안정한 1.2 kDa 크기의 저분자이며 포자가 형성되기 전 정지기에 도달하자마자 생성된다고 보고되어 있다. 독소는 4개의 아미노산 서열(D-Oxy-Leu, D-Ala, L-Oxy-Val, L-Val)이 연속적으로 3회 반복되어 12개의 아미노산이 입체 중심(stereogenic center) 구조를 가지는 락톤고리형 펩타이드(lactonic cyclic dodecadepsipeptide)이고 이는 *ces* 유전자에 의해 암호화된 비리보솜 펩타이드 합성효소(non ribosomal peptide synthetase)라는 효소에 의해 합성된다. 이 독소는 친지질성(lipophilic)이고 pH 2.0에서 안정하며 121℃, 60분 동안 가열해도 그 활성을 유지하기 때문에 가열로 미생물을 사멸시켜도 독소는 그대로 존재할 수 있다. 식중독 증상은 30분에서 6시간 정도의 잠복기 후 메스꺼움과 구토를 주로 일으키며 24시간 이내에 심한 복통과 설사를 동반하게 되는 경우도 있으나 발열은 없다. 증상은 황색포도상구균과 비슷하며 6~24시간 동안 지속된다. 구토형 식중독의 주요 원인식품은 쌀 가공식품이 주를 이루고 감자, 파스타와 같은 전분 함유 식품과 소스, 푸딩, 수프,

샐러드 등의 복합식품 등이 있다.

설사형 식중독은 실온에 오래 방치되어 있는 식품 중에 오염되어 있는 전분 분해능 양성인 바실러스 세레우스 균주 또는 이 미생물의 포자를 섭취한 후 체내 소장에서 균의 이상증식으로 발생된 이열성 독소가 adenylate cyclase-cAMP system을 자극하여 혈관의 수분 투과율을 상승시킴으로써 설사를 일으킨다. 설사형 독소(enterotoxin, diarrheal toxin)는 대수증식기 후반에 생성되며 저온에서는 생성되지 않고 최적 생성온도는 30°C라고 보고되어 있다. Enterotoxin은 비교적 분자량이 큰 고분자 단백질로 되어 있으며 hemolysin BL (Hbl), non-hemolysin enterotoxin (Nhe), cytotoxin K (CytK), BceT enterotoxin (BceT), enterotoxin FM (EntFM)이 있는 것으로 알려져 있으며 BceT와 EntFM의 기능은 아직 확인된 바 없다. Hbl은 바실러스 세레우스 모든 균주들에서 발견되며 binding protein B와 함께 lytic protein L2와 L1으로 구성되어 있고 *hblC*, *hblD*, *hblA*의 3개 유전자에 의해 각각 암호화된다. Non-hemolytic enterotoxin은 NheA, NheB, NheC 단백질들로 구성되어 있고 *nheA*, *nheB*, *nheC* 유전자에 의해 암호화된다. 식중독 증상은 6~16시간의 잠복기를 거쳐 수인성 설사, 어지러움, 복통이 24시간 정도 지속적으로 일어나며 메스꺼움이 동반되기도 하지만 구토는 거의 없다. 보통 12~24시간 정도 되면 회복 가능하고 *Clostridium perfringens*의 β-toxin에 의한 식중독 증상과 비슷하다. 주로 고기를 기본으로 하는 식사를 포함하여 식육, 우유, 채소류, 수산물을 포함한 다양한 식품이 설사형 식중독의 원인이 될 수 있다.

9.6 국내 식품의 바실러스 세레우스 규격(부록 참조)

식품공전 제5의 식품별 기준 및 규격에서 식중독균에 대한 규격이 정해진 식품에는 해당 식품의 규격을 적용하며, 그 외의 가공식품 중 바실러스 세레우스는 다음과 같이 적용한다.

- 장류(메주 제외) 및 소스류, 복합조미식품, 절임식품, 조림식품: g당 10,000 이하(단, 멸균제품은 음성이어야 한다)
- 위의 식품 이외의 식품 및 개별 규격이 정해지지 아니한 식품 중 더 이상의 가공, 가열조리를 하지 않고 그대로 섭취하는 가공식품: g당 1,000 이하(단, 멸균제품은 음성이어야 한다)
- 즉석섭취 · 편의식품류: g당 1,000 이하(즉석섭취식품, 신선편의식품에 한한다)
- 영아용 조제식: g당 100 이하(다만, 액상제품은 제외한다)
- 성장기용 조제식: g당 100 이하(다만, 액상제품은 제외한다)
- 영 · 유아용 곡류조제식: g당 100 이하
- 기타 영 · 유아식: g당 100 이하
- 특수의료용도 식품(환자용 균형영양식, 당뇨환자용 식품, 신장질환자용 식품, 장질환자용 가수분해식품, 열량 및 영양공급용 의료용도 식품, 선천성 대사질환 환자용 식품, 영 · 유아용 특수

조제식품, 연하곤란 환자용 점도증진 식품): g당 100 이하
- 체중조절용 조제식품: g당 100 이하
- 생식류: g당 1,000 이하
- 식품접객업소(집단 급식소 포함)에서 조리된 식품: g당 1,000 이하

9.7 검출 한계

현재 바실러스 세레우스 검출을 위한 시험 방법들은 식품으로부터 일정한 일련의 검사를 위해 사용되는 방법들이다. 먼저 MYP 배지에서 lecithinase 활성을 가지는 분홍색의 부정형 콜로니를 선별하고 여러 가지 생화학적 테스트를 거쳐서 전형적인 바실러스 세레우스를 동정하게 되는데, 바실러스 세레우스 그룹에서 *B. anthracis*는 비운동성과 비용혈능, *B. mycoides*는 고체배지에서 잔뿌리 모양의 생장, *B. weihenstephanensis*는 저온 생리 생장, *B. thuringiensis*는 crystal toxin 생성능과 같은 균주들의 고유 특성에 의해 바실러스 세레우스와 구분할 수 있다고 알려져 있다. 하지만 최근 바실러스 세레우스가 저온에서도 검출되었고 용혈능을 가지지 않는 특성도 가지고 있는 것으로 보고되었으며, 바실러스 세레우스 그룹에 속하는 균주들이 식중독을 일으킬 수 있는 여러 enterotoxin 중 적어도 하나를 보유하고 있어 바실러스 세레우스의 검출이 쉽지가 않다. 그래서 바실러스 세레우스 그룹을 하나의 균주로 분류하자는 의견도 제시되고 있으나 균주 고유의 특성 때문에 아직은 서로 분리되어 분류되고 있다. 현재 상용화되고 있는 미생물 검출용 선택배지들은 미국의 BD사와 Acumedia사, 인도의 Himedia사, 영국의 Oxoid사에서 주로 제조, 판매되고 있다. 바실러스 세레우스 검출용 배지로서는 Mannitol Egg Yolk Polymyxin agar (MYP), Polymyxin Egg Yolk Mannitol Bromothymol-blue agar (PEMBA 혹은 Bacillus cereus selective agar), Brilliance Bacillus cereus agar, HiCrome Bacillus agar, K.G agar 등 그 종류가 많지 않으며, 모두 바실러스 세레우스의 레시티나아제(lecithinase) 활성과 마니톨 비분해성, 폴리믹신 저항성을 이용하여 검출할 수 있는 배지 제품들이다. 하지만 이런 선택배지에서 레시티나아제 활성을 가지지 않는 바실러스 세레우스와 바실러스 서린지엔시스가 존재하고 폴리믹신 첨가배지에서 배양되지 않는 균주도 있으며 이 두 균주의 생화학적 특성이 유사하기 때문에 균주 감별에 한계가 있다.

9.8 식품공전의 바실러스 세레우스의 검출과정

정성시험

1) 분리배양

검체 25 g 또는 25 mL를 취하여 225 mL의 희석액을 가하여 균질화한 검액을 MYP 한천배지(배지 46)에 접종하여 30°C에서 24시간 배양한다. 배양 후 혼탁한 환을 갖는 분홍색 집락을 선별한다. 이때 명확하지 않을 경우 24시간 더 배양하여 관찰한다.

2) 확인시험

MYP 한천배지에서 전형적인 집락을 선별하여 보통한천배지(배지 8)에 접종하고 30°C에서 18~24시간 배양한다. 배양 후 그람염색을 실시하여 포자를 갖는 그람양성 간균을 확인하고, 확인된 균은 nitrate 환원능, VP, β-hemolysis, tyrosine 분해능, 혐기배양 시의 포도당 이용 등의 생화학시험을 실시하며, 추가로 24~48시간 배양하여 곤충독소단백질(Insecticidal crystal protein) 생성 확인시험[주)]도 실시한다.

정량시험

1) 균수 측정

검체 25 g 또는 25 mL를 취한 후, 225 mL의 희석액을 가하여 2분간 고속으로 균질화하여 시험용액으로 한다. 희석액을 사용하여 10배 단계 희석액을 만든다. MYP 한천평판배지(배지 46)에 단계별 희석용액 0.2 mL씩 5장을 도말하여 총 접종액이 1 mL이 되게 한 후 30°C에서 24±2시간 배양한 후 집락 주변에 lecithinase를 생성하는 혼탁한 환이 있는 분홍색 집락을 계수한다.

2) 확인시험

계수한 평판에서 5개 이상의 전형적인 집락을 선별하여 보통한천배지(배지 8)에 접종하고 30°C에서 18~24 배양한 후 정성시험 2) 확인시험에 따라 확인시험을 실시한다.

3) 균수계산

확인 동정된 균수에 희석배수를 곱하여 계산한다. 예로 10^{-1} 희석용액을 0.2 mL씩 5장 도말 배양하여 5장의 집락을 합한 결과 100개의 전형적인 집락이 계수되었고 5개의 집락을 확인한 결과 3개의 집락이 바실러스 세레우스로 확인되었을 경우 100 × (3/5) × 10 = 600으로 계산한다.

주) 이 시험법은 *Bacillus cereus*와 *Bacillus thuringiensis*를 구분하는 시험법으로, 보통한천배지에 30°C, 24~48시간 배양한 후 직접 또는 염색하여 현미경 관찰결과(× 1000배), 곤충독소단백질이 확인되면 *Bacillus thuringiensis*로 한다.

제10장 크로노박터 사카자키

10.1 일반 특성

크로노박터 사카자키(*Cronobacter sakazakii*)는 물, 토양, 동물과 사람의 장관 등에서 정상적으로 널리 분포하는 장내세균으로 그람음성 무포자성 직선형 간균이며 편모가 있어서 운동능력이 있다. 통성혐기성균으로 oxidase 음성, glucose와 lactose를 분해하여 산과 가스를 생성한다. H_2S 음성, indole 음성, VP 양성, citrate 양성, ornithine 양성의 생화학적 특성을 갖는다, 장내세균의 일종인 크로노박터 사카자키는 영유아 식품의 안전과 관련하여 관심이 집중되고 있다. 최근에 사카자키균이 주목을 받는 이유는 감염자가 주로 생후 1년 이하의 영아 및 유아라는 점과 세균의 주 매개체가 되는 식품이 조제분유(powdered infant formula)라는 것이다.

10.2 크로노박터 사카자키의 역사

크로노박터 사카자키는 Enterobacteriaceae계의 *Cronobacter*속에 포함되는 균으로 1980년대까지 "yellow pigmented *Enterobacter cloacae*"로 불려졌었다. 1961년 얼메니와 프랭클린이 신생아의 뇌수막염을 일으키는 원인균으로 이 균을 최초로 보고하였고 이후 전 세계적으로 이 균에 의한 뇌수막염, 폐혈증, 장괴사 등이 보고되었다. 1965년 조커 등도 덴마크에서 발병된 뇌수막염의 원인균을 yellow pigmented *Enterobacter cloacae*로 보고하였는데 1980년대에 이르러서야 DNA 상동성분석, 색소 생산, 바이오타이핑, 항생제 감수성 등의 시험법을 통해 이 균을 Enterobacteriaceae의 신종으로 분류하였다. 크로노박터 사카자키라는 균 이름은 일본인 미생물학자 리찌 사카자키의 이름을 따서 명명된 것으로 1977년 파머 등과 브래너 등에 의해 크로노박터 사카자키라는 이름이 처음으로 사용되었으며 현재는 크로노박터 사카자키가 크로노박터속(*Cronobacter* spp.)으로 재분류되고 있다.

10.3 크로노박터 사카자키의 생리 · 생화학적 특징

크로노박터 사카자키는 그람음성 직선형 간균으로 포자를 형성하지 않으며, 편모를 가지고 있어 운동성이 있는 통성 혐기성 세균이다. 이 균은 글루코스를 분해하여 산과 가스를 생성하며 동시에 락토오스를 분해하여 산을 생성한다. 또한 H_2S와 인돌은 생성하지 않는다.

크로노박터 사카자키가 다른 *Cronobacter*속의 세균과의 차이점은 이 균이 D-sorbitol을 분해하지 않으며 extracellular deoxyribonuclease를 합성하는 능력을 가지고 있다는 것이다. 그러나 최근에 일부 균에서 D-sorbitol을 분해하는 능력이 있음이 보고되었다. 이 균은 황색색소를 합성하는데 이 색소는 26℃ 정도에서 가장 진하며 *E. agglomerans*를 제외하고는 황색 색소를 합성하는 유일한 세균으로 알려져 있다.

크로노박터 사카자키는 장내세균과(Enterobacteriaceae)에 속하는 크로노박터균이다. 그람음성의 간균으로서 발생빈도는 낮지만 장염 또는 수막염을 유발하는 고위험균이며 주로 건강한 성인보다는 면역력이 약한 신생아 및 저체중아에 감염될 위험이 있다. 이 균은 특히 영유아에게서 뇌수막염 또는 장염을 일으키는 것으로 알려져 있다. 일부 발병에서는 이 질병에 걸린 영유아의 20~50%가 사망한 적도 있다고 보고되었다. 1961년 영국에서 최초로 사카자키균에 의해 2명의 유아가 사망한 이후 2003년까지 전 세계적으로 48건의 유아 사카자키 감염사고가 보고되었으며, 지금까지 보고된 사고 건수는 아주 적으나 사카자키균에 대한 관심의 증가와 검출기술의 발달로 인하여 사고 건수가 지속적으로 증가하는 추세이다.

유아의 사카자키균 감염은 조제분유가 주 원인으로 알려졌는데 유아 중에서 28일 이전의 영아가 가장 위험하며 그 중에서도 미숙아, 저체중아, 면역결핍아 등이 사카자키균 감염의 위험에 더 노출되어 있다고 알려져 있다. 사카자키균에 감염된 영아 및 유아에게는 수막염이나 장염 등이 생길 수 있으며, 회복되더라도 심각한 신경학적 장애를 겪을 수 있다. 사카자키균은 주위 환경 및 식품에서 다양하게 검출되는 것으로 알려져 있는데. 주로 분말 유아식으로 주로 건조 및 포장과정에서 오염되거나 수유 직전 양육자에 의해 조제분유가 오염된 경우이다.

국내 식품공전에서는 사카자키균에 대한 기준규격이 특수용도식품에 한해서 정해져 있으며 국제식품규격위원회(Codex Alirnentarius Cornrnission)를 비롯한 일본, 미국 등도 대장균군으로 분류하고 있고, EU는 6개월 이하 영유아 조제분유에 대한 사카자키균 불검출이 규격으로 설정되어 있다. 국내에서는 2005년 식품의약품안전청에서 시중에서 유통되는 조제분유 및 이유식 65개 제품을 수거하여 검사한 결과 11개 제품에서 100 g 당 2개 이하균의 낮은 수준에 해당하는 검출된 것으로 나타났다.

식품의약품안전청에 따르면 사카자키균에 오염되지 않기 위한 올바른 분유 및 이유식 조제방법은 70°C 이상의 물로 조제하고 조제 후에는 흐르는 물로 식힌 후 즉시 수유하며 수유 후 남은 분유나 이유식은 보관하지 말고 버리고 젖병과 젖꼭지는 깨끗이 씻어 살균하고 손과 스푼 등도 청결히 할 것을 권고하고 있다.

10.4 분포 및 원인식품

크로노박터 사카자키는 물, 토양, 동물, 사람의 장관을 비롯하여 자연환경 중에 널리 존재한다. 그래서 주요 식품 오염원이 될 수 있는 가능성이 크다. 사카자키균은 주로 오염된 분유를 섭취하여 감염되며 영유아의 경우 이 균이 혼입되어 있는 분유를 섭취했을 경우 뇌수막염, 신생아 괴사성 장염의 원인이 될 수 있다. 사카자키균이 분유에 혼입되는 원인은 분유 생산에 사용되는 원료 오염과 저온살균 후 첨가되는 재료 오염 등으로 예상된다. 오염 원인식품으로는 분유를 비롯하여 빵, 치즈, 두부, 육류 등 여러 가지 식품군이 될 수 있다.

10.5 증상

1958년 영국에서 사카자키균에 의한 최초 감염보고가 있었고 그 후 신생아와 영유아에 대한 사카자키균의 오염에 대해 널리 보고되기 시작했다. 일반적으로 괴사작은창자큰창자염이 신생아에 있어서 중요한 위장병 요인이 되고 있으며 모유 섭취보다 분유 섭취 유아에서 주로 발생되고 미숙아의 경우 5% 정도 발생하는 것으로 보고되고 있다. 이 균은 기회감염균으로 조산아, 저체중아, 미숙아를 주로 감염시키며 신생아의 뇌수막염을 일으킬 수 있다.

10.6 국내 식품의 크로노박터 사카자키 규격

식품공전 제5의 식품별 기준 및 규격에서 6개월 미만의 영유아가 섭취할 수 있도록 제조, 판매하는 식품에서는 크로노박터 사카자키(*Cronobacter sakazakii*)가 검출되어서는 안 되며 다음과 같은 특수용도식품에서 그 기준이 정해져 있으며 정량기준은 설정되어 있지 않다.

- 영아용 조제식: 음성이어야 한다(단, 생후 6개월 미만의 영아용 조제식 중 분말제품에 한한다).
- 영유아용 곡류조제식: 음성이어야 한다(단, 생후 6개월 미만의 영아용 곡류조제식 중 분말제품에 한한다).

- 기타 영유아용식: 음성이어야 한다(단, 생후 6개월 미만의 기타 영유아용식 중 분말제품에 한한다).
- 영유아용 특수조제식품: 음성이어야 한다(단, 생후 6개월 미만의 영유아용 특수조제식품 중 분말제품에 한한다).

10.7 식품공전의 크로노박터 사카자키의 검출과정

1) 증균배양

검체 3관에서 검체 각 100 g을 무균적으로 채취하여 900 mL의 멸균증류수에 가한 후 35~37°C에서 18~24시간 증균배양한다. 증균배양액 10 mL를 90 mL의 EE 배지(배지 59)에 첨가하여 35~37°C에서 18~24시간 2차 증균 배양한다.

2) 분리배양

증균배양액을 CESA 한천배지(배지 60) 또는 VRBG 한천배지(배지 61) 또는 *C. sakazakii* 한천배지(배지 62)에 도말하여 35~37°C에서 24±2시간 배양한다. 배양 후 CESA 한천배지에서 청록색, VRBG 한천배지에서 자주색 및 *C. sakazakii* 한천배지에서는 장파장의 자외선(366 nm) 조사 하에 형광을 나타내는 전형적인 집락들에 대하여 확인시험을 실시한다.

3) 확인시험

5개의 전형적인 집락을 취하여 tryptic soy 한천배지(배지 40)에 옮겨 25°C에서 48~72시간 배양한 후, 황색 집락을 선별하여 생화학적 시험을 실시한다. 해당 집락에 대한 생화학적 시험결과 oxidase(−), L-lysine decarboxylase(−), L-ornithine decarboxylase(+), L-arginine dihydrolase(+), sucrose(+), dulcitol(−), adonitol(−), raffinose(+), D-sorbitol(−), x-methyl-D-glucoside(+), D-arabitol(−)일 경우 *Enterobacter sakazakii* 양성으로 판정한다. 이 검사법은 미국 식품의약국(FDA)의 *C. sakazakii*의 MPN 검사법을 변경한 것이다.

제11장 여시니아

11.1 일반 특성

여시니아(*Yersinia*)속 균은 그람음성 간균으로 장내세균과(Enterobacteriaceae)에 속하는 인수공통 전염병 병원체로서 사람에게 감염증을 일으키는 대표적인 균주는 *Y. pestis*, *Y. pseudotuberculosis* 및 *Y. enterocolitica*의 3종이며, 특히 *Y. enterocolitica*가 사람에게 다양한 장관계 질환을 유발시키는 중요한 병원체이다. 일반적으로 *Y. enterocolitica*는 주로 상처, 대변, 가래, 장간 림프절의 임상 시료에서 검출되지만 사람의 장내세균총은 아니다.

*Y. enterocolitica*는 그람음성의 무포자 형성균으로서 직경 0.5~0.8 μm, 길이 1~3 μm인 구간형(Cocobacillus)의 모양을 가진 호기성 또는 통성 혐기성세균(facultative anaerobes)이다. 유당을 분해하지 않고 30°C 이하에서 배양하면 편모가 생겨 운동성이 있지만 37°C에서 배양하면 운동성이 없다. *Y. enterocolitica*의 생육가능 온도는 −1.3~42°C이며 이 중 25~37°C이 최적 생육온도이다. *Y. enterocolitica*의 생육가능 pH는 4.2~4.8에서 최대 9.6~10까지이며 이 중 7.2가 최적 생육 pH이다. 생육을 위한 수분 활성도(Aw)는 최소 0.96이며, 5% 염화나트륨에서는 생육이 가능하지만, 7%에서는 불가능하다. 100% 질소(N_2) 및 이산화탄소(CO_2)와 질소(N_2) 혼합기체에서 생육은 저해된다.

*Y. enterocolitica*는 특히 10°C 이하의 낮은 냉장온도와 같은 저온에서도 증식할 수 있는 특징을 가지고 있어 냉장식품을 통한 식중독 발생의 우려와 겨울철에도 환자가 생길 수 있는 점과 진공포장 식품에서도 검출되어 식중독을 야기시킬 수 있다는 점 때문에 식중독의 원인균으로도 주목받고 있다. 육류, 아이스크림, 우유 등의 저온 유통식품에서 검출되었고, 특히 유럽에서는 겨울철에 약수 및 지하

수를 음용한 사람에서 급성 위장염을 호소하는 예가 점차 증가하는 것으로 알려져 있다.

일반적으로 동물이 *Y. enterocolitica*에 감염되면 유산, 장염, 하리, 장간막 림프절염, 패혈증 등이 나타나며, 사람의 경우에 있어서는 하리, 가성충수염, 말단회장염, 장간막 림프절염, 패혈증, 관절염, 급성위장염, 식중독 등의 매우 다양한 임상적 증세가 나타나는 것으로 알려져 있다. *Y. enterocolitica*는 70여 종류의 혈청형이 존재하며 이 중 O3, O8, O9, O5, O27 등이 사람에게 병원성을 나타내는 것으로 알려져 있다.

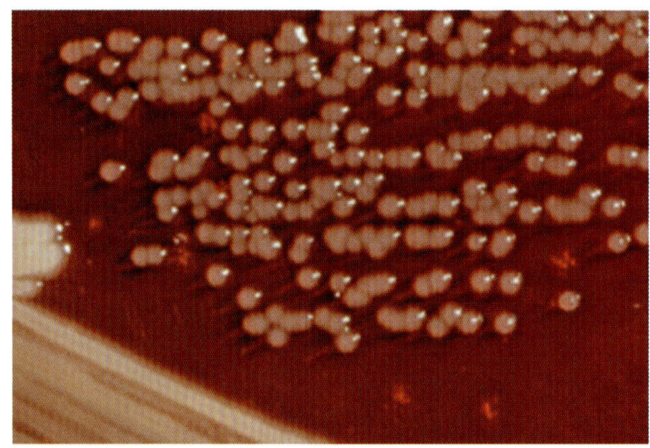

그림 11.1 Xylose lysine sodium deoxycholate상의 *Y. enterocolitica* 집락

11.2 오염원 및 오염식품

*Y. enterocolitica*에 의한 식중독의 대표적인 원인식품으로는 오물, 오염된 물, 돼지고기, 양고기, 쇠고기, 생우유, 아이스크림 등으로 알려져 있으며 감염경로는 보통은 살모넬라 식중독의 경우와 유사하며, 도살된 소, 돼지 등의 동물이 감염원이며, 쥐가 균을 매개하기도 하며, 동물의 분변과 함께 배출되어 식품과 물에 에 오염되는 것으로 추정된다.

*Y. pseudotuberculosis*는 돼지, 고양이, 개, 새 등의 다양한 동물에서 검출되었으며 식품과 물에 오염되어 사람에 감염된 사례가 일본에서 보고되었다.

11.3 식중독 발생

일반적으로 *Y. enterocolitica*는 위장관계 식중독 세균에 비하면 낮은 식중독 발생빈도를 보인다. 미국의 경우, 연간 10만 명당 1명이 이 균에 의한 식중독에 걸리는 것으로 추정되며 질병관리예방본부(Centers for Disease Control and Prevention)에 의하면 어린이와 겨울철에 감염률이 조금 더 높다고 보고하고 있다.

11.4 식중독 예방

*Y. enterocolitica*에 의한 식중독을 예방하기 위한 가장 알려진 방법으로는 일반식품 특히 돈육 취급 시 조리기구와 손을 깨끗이 세척 · 소독하며 냉장온도에서 생육이 억제되지 않으며 0°C에서도 증식이 가능한 점을 고려할 때 냉장 및 냉동육과 같은 저온 유통과정에도 세심한 주의가 필요하다.

11.5 식품공전의 여시니아 시험법

현재 *Y. enterocolitica*는 3. 미생물시험법 3.17 여시니아 엔테로콜리티카(*Yersinia enterocolitica*)에 시험법이 있다.

1) 증균배양

검체 25 g 또는 25 mL를 취하여 225 mL의 PSBB 배지에 가한 후 10°C에서 10일간 배양한다.

2) 분리배양

증균배양액 0.1 mL를 0.5% KOH가 함유된 0.5% 식염수 1 mL에 가하여 수 초간 섞는다. 이 용액은 MacConkey 한천배지와 CIN 한천배지에 각각 접종하여 30°C에서 24±2시간 배양한다.

3) 확인시험

MacConkey 한천배지에서 유당을 비분해하는 집락이나 CIN 한천배지에서 중심부가 짙은 적색을 보이는 집락을 골라 각각 TSI 사면배지의 사면과 고층부에 접종하여, 35~37°C에서 18~24시간 배양 후 고층부와 사면이 노랗고 가스와 황화수소가 발생하지 않은 균주를 선택하여 25°C, 37°C에서 운동성 시험 및 urea, citrate 시험 등을 한다. 이때 여시니아 엔테로콜리티카는 37°C에서는 운동성을 나타내지 않고 25°C에서 운동성을 가지는 특성이 있다. 또한 urea 시험 양성, citrate 시험 음성이며 그람 음성 간균일 때 양성으로 판정한다.

11.6 질병관리본부의 여시니아 시험법

1) 검체의 종류

대변, 혈액, 떼어낸 장간막 결절(mesenteric nodes) 수술 후 충수돌기, 객담, 소변, 농양, 피부궤양, 비장, 간, 뇌척수액과 결막세척액 등.

2) 검체 채취방법

검체의 채취와 취급은 장티푸스균과 세균성 이질균 검사방법에 준하면 된다.

3) 검사방법

가) 증균 배양

대변검체의 증균은 보통 설사환자에게는 필요하지 않지만 배설이 없는 말기 회장염 환자나 감염 후 관절염환자에서는 권고된다. 단순하고 효과적인 분리방법으로는 0.15 M 인산염완충 생리식염수(pH 7.4)를 이용한 저온 증균법이 있다. 배양은 4°C에서 21일간 배양하며 매주 한 번씩 계대 배양한다. 그러나 이러한 방법 또한 비병원성 *Yersiniae*를 증균시킬 수 있고 병원성균주보다 많이 자라나 균주동정에 어려움을 줄 수 있다. 저온 증균과정을 제외하곤 장내 *Yersiniae*종의 배양은 되도록이면 25~30°C로 배양하는 것이 35°C로 배양하는 것 보다 수율이 좋다.

나) 분리 배양

상기의 낮은 온도에서 증균시킨 후 여러 종류의 장내세균 배지나 blood agar에 선상도말하고 37°C 및 25°C에 1일간 배양한다. 25~37°C에서 blood agar 및 장내세균배지에서 배양된 *Yersinia* 균의 집락은 투명하거나 반투명의 smooth 집락이 0.1 mm 정도 크기로 점상(pinpoint)으로 나타난다. 25°C에서 더 배양하면 집락이 크기가 0.5~2 mm 정도로 커지며 관찰할 수 있다. 장내세균 분리용 배지 중 bismuth sulfate 평판배지나 brilliant green 평판배지는 억제성이 높아서 자라지 못한다. 흔히 사용하고 있는 MacConkey 평판배지에서는 lactose를 분해하지 못하므로 무색의 점상집락이 나타난다. 가검물이 대변일 경우 낮은 온도에서 phosphate buffered saline에 증균시킴과 동시에 직접 평판배지에 배양하여도 좋다. 운동성 시험은 두 개의 운동성 배지에 접종하여 각각 37°C와 25°C에 따로 배양하여 운동성을 관찰한다. *Y. enterocolitica*는 37°C에 배양했을 때는 운동성이 없으며, 25°C에 배양했을 때는 운동성을 갖는 특성을 보인다. 또한 urea 배지에서는 양성으로 붉은 색깔을 나타내나 citrate 배지에서는 음성을 나타낸다. 한편 그람염색하여 그람음성 간균임을 확인한다. 가장 좋은 선택배지로는 CIN 배지가 사용된다. 이 배지는 상품화되어 여러 가지 다른 cefsulodin 농도(4~15 μg/mL)를 사용할 수 있다. 낮은 농도에서 *Y. nterocolitica*와 *Y. pseudotuberculosis*는 더 잘 자라며 *Y. pestis*와 *Aeromonas*도 분리해낼 수 있다. *Y. enterocolitica*(*Aeromonas*)로 추정되는 집락은 25~30°C, 48시간 배양된 후 집락의 지름이 대략 2 mm정도 된다. *Y. enterocolitica*는 반투명한 형태에 집락의 중앙에 붉은 것으로 인식되며 *Y. pseudotuberculosis*는 중앙부위 적색 반점이 없다.

다) 독성확인 시험

invA, ail, yst, yadA, virF와 같은 염색체나 플라스미드에 위치하는 독성유전자는 PCR이나

DNA colony blot hybridization을 통해 병원성 *Y. enterocolitica*를 검출하는데 이용되어 왔다. 그러나 이러한 방법은 routine하게 실험실에서 수행할 필요는 없다. 그러나 만성감염환자의 경우에 *Yersiniae*는 수술로부터 얻어진 기관 조직, 림프절 같은 검체에서 분리하기가 어려울 수 있다. 그러한 상황에선 rRNA-targeted PCR, 간접면역형광항체법, fluorescence in situ hybridization (FISH) 법이 권장된다. 하지만 이러한 실험은 단지 특별한 실험실에서만 시행가능하다. *Y. enterocolitica*균의 70 kb의 독성 플라스미드의 존재, yadA 유전자의 발현은 자가 응집실험이 의해 확실하게 알 수 있다. 시험이 양성일 때 methyl red-Voges-Proskauer (MR-VP) 배지에 37°C와 실온에 배양한 것을 비교해보면 37°C에 24~48시간 동안 배양한 시험관은 밑바닥에 끈적끈적한 성장응집물이 있는 반면 실온에서 배양시킨 것은 일정한 탁도를 보인다. 한편 독성 플라스미드가 없는 균주들은 두 온도 모두에서 변함없는 탁도를 보인다. 35°C에 계대배양 시 독성 플라스미드를 쉽게 잃어버린다. 영양배지에서 25~30°C에 자란 독성균주들은 종종 크고 작은 집락으로 분류된다. 큰 집락은 플라스미드가 없는 집락이고 작은 집락은 플라스미드가 갖고 있는 집락이다. 병원성 균주를 알아보기 위한 표현형 시험은 옥살산마그네슘 배지에서 37°C에서 배양 시 칼슘의존도, 30°C 아래 온도에서 배양 시 Congo red의 섭취를 보는 것이다.

제12장 레지오넬라

12.1 일반 특성

레지오넬라(*Legionella*)속 균은 자연환경에 널리 분포하고 있으며 특히 병원, 호텔, 여관, 백화점 등의 중·대형빌딩과 온천, 대형 공중목욕탕 및 다중이용시설 내의 냉각탑수, 냉방장치 관련시설, 환경수 등에서 생육하면서 에어로졸의 형태로 공기 중에 떠다니다가 체내에 유입되어 산발적 또는 집단적으로 급성 호흡기 질병을 유발하는 것으로 널리 알려져 있다.

레지오넬라(*Legionella*)속 균은 그람음성균으로 직경 0.3~0.9 µm, 길이 2~20 µm인 막대기의 모양을 가진 호기성균으로서 20~40℃ 온도에서 생육하며, 최적 생육온도는 35~37℃이지만, 4℃ 이하 또는 65℃ 이상에서도 생육이 가능하고, pH 5.0~9.0에서도 생육이 가능하며 이 중 최적 pH는 6.5~7.3이다.

사람에게 병원성을 일으키는 균은 주로 *Legionella pneumoplila*이고 현재까지 총 15종이 발견되었고 이 균의 혈청형 중 1, 4, 6의 혈청형이 병원성을 일으키는 것으로 알려져 있다. 특히 *Legionella pneumoplila* 제 1 혈청형의 경우 인체 감염의 50% 이상을 일으키는 원인균으로 알려져 있고 기타 *L. bozemanii*, *L. dumoffii*, *L. feeleii*, 및 *L. gormanii* 등 20여 종의 레지오넬라균이 사람에게 감염을 일으키는 것으로 알려져 있다.

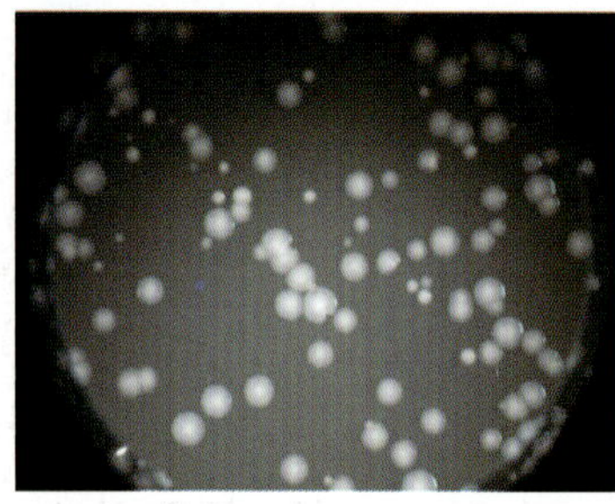
그림 12.1 배지상의 레지오넬라균 집락

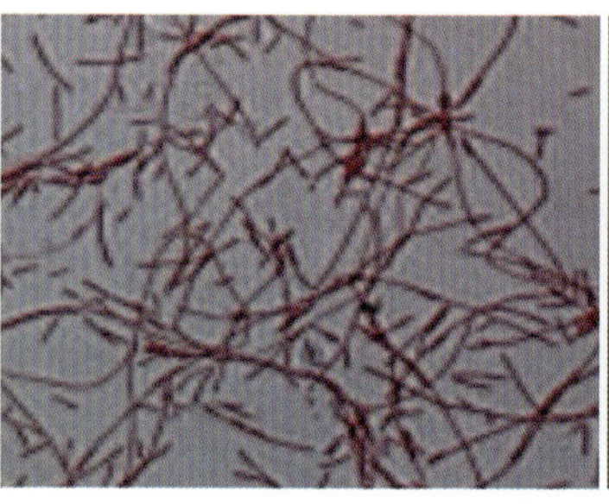
그림 12.2 0.05% Basic fuchsin으로 염색하여 1,000배 확대한 레지오넬라균

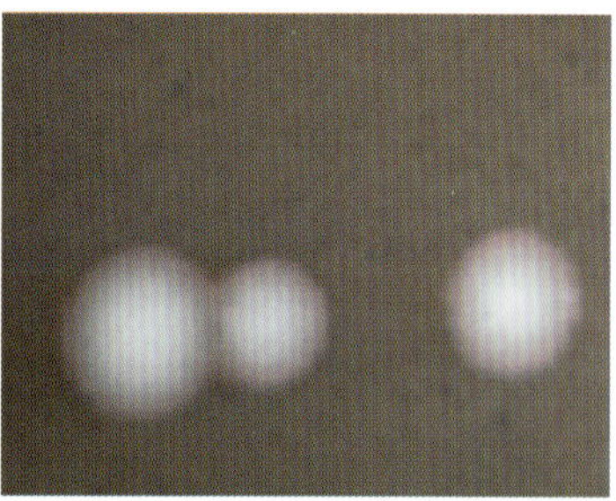
그림 12.3 해부현미경으로 100배 확대한 레지오넬라균 집락

12.2 레지오넬라증의 발견

레지오넬라증은 1947년 군인에게서 발생한 원인불명의 질병으로 수계환경이 레지오넬라에 오염되어 전파되어 발생한 것으로 훗날 알려졌고 이후 1957년 미국의 미네소타주에서 최초 집단 발생하였다. 1976년 미국 필라델피아 한 호텔에서 개최된 제58차 미국재향군인회에 참석한 사람들과 지역주민들에게 발생한 원인불명의 질환이 레지오넬라에 의한 것임이 밝혀졌으며 182명이 이 병에 걸렸으며, 이들 중 29명이 사망함으로써 처음으로 대중에게 알려지기 시작하였다. 1977년 사망자의 폐 조직에서 분리 검출된 원인균은 대부분의 감염환자가 재향군인(Legionella)이었으며, 폐에 감염(Pneumophila)을 일으킨다고 하여 "*Legionella pneumophila*"라고 명명되었다. 국내에서는 1984년 7월 서울의 K 종합병원의 중환자실에서 근무한 의료인에서 집단으로 폰티악열(Pontiac fever)이 발생하였다.

12.3 임상질환

레지오넬라균에 의해 유발되는 임상질환은 크게 재향군인병(Legionnaire disease)으로 불리는 폐렴형과 가벼운 감기 증상을 보이는 폰티악열로 알려진 독감형 두 가지로 구분한다. 이 중 재향군인병인 레지오넬라 폐렴은 2000년부터 제3군 법정전염병으로 지정되어 정부차원에서의 감시체계와 관리가 이루어지고 있다.

레지오넬라 폐렴은 식욕부진, 권태감, 두통과 같은 가벼운 증상으로 시작하여 낮에는 오한을 동반한 갑작스런 고열(39~40.5°C)이 나타나며 건성기침, 설사, 오심, 구토, 복통 등의 증세가 나타난다. 보통은 발병 3일째부터 흉부 X선상의 변화가 나타나기 시작하는데 처음에는 국소적 또는 반상 침윤이 생기고 이 침윤은 점차 양측 폐로 진행하게 되어 결국 호흡곤란으로 이어질 수 있으며 저혈압 역시 레지오넬라 폐렴의 17%에서 나타난다. 기타 폐렴 이외의 증상도 생겨서 심장 수술 후 심내막염, 심근염, 심외막염이나 부비동염, 봉소염, 복막염, 신우신염 등도 발병될 수 있다. 잠복기는 2일에서 10일 사이이다.

이에 반하여 폰티악열(독감형)은 30~40시간의 비교적 짧은 잠복기를 거쳐 전신 권태감, 근육통, 발열, 오한, 두통을 동반한 독감증세를 나타내기는 하나 보통은 2~5일 이내에 자연적으로 치료되며 사망한 예는 거의 없다. 발병률은 95% 정도이지만 흉부 X선 관찰 시 폐의 병적 양상을 볼 수 없다. 이점이 레지오넬라 폐렴과 가장 두드러진 차이이다.

12.4 독성 기작

레지오넬라의 독성 관련 기작은 아직까지 완벽하게 밝혀지지는 않았으나, 레지오넬라의 수용체가 숙주의 세포표면과 결합하여 활발한 식세포작용(phagocytosis)을 통해 숙주세포로 침입한 후, 세포 내 면역반응인 살균공격을 방어하여 복제액포(replicative vacuole)를 만들고 세포 내에서 증식하여 숙주를 사멸시키는 것으로 보고되고 있다. MIP (macrophage infectivity potentiator) 단백질, 프로티아제(protease), 철 요구시스템 등이 대표적인 독성인자이다.

12.5 전파양식

레지오넬라는 수돗물이나 증류수에서 수 개월간 생존이 가능하며 물 주위의 환경에서도 서식하고 있다. 온수기, 에어컨의 냉각 탑, 가습기, 온천, 의료 흡입 장치, 분수 등이 원인 매체물로 알려져 있다. 이외에도 호수나, 연못, 진흙 등에서도 발견된다. 오염된 물이 에어로졸의 형태로 변환되어 인체에 감염을 일으킨다.

레지오넬라증은 사람에서 사람으로의 전파에 대한 증거는 없으며 비교적 면역이 강한 건강한 사람은 잘 감염되지 않으나 병원의 환자나 어린이, 노약자 등 면역기능이 약한 사람에게는 치명적인 증상을 일으킬 수도 있다. 또한 흡연자, 당뇨, 만성폐질환자, 신장 질환자, 면역억제제 사용자 또는 장기 이식 환자 등에서 발생률이 높으며 병원 내 집단발생 예도 있다.

여름철은 레지오넬라의 서식에 좋은 환경을 제공하여 이 균의 증식이 가장 활발한 시기이다. 감염 경로는 토양 중에 서식하는 레지오넬라가 흙, 먼지 등의 환경 중의 오염물질과 함께 냉각탑의 냉각탑 수나 공원 분수대에 혼입되어 증식하다가 에어로졸 형태로 사람에게 감염을 일으키게 된다.

12.6 감염원

냉각탑수, 냉방장치 관련시설, 샤워기, 수도꼭지 등의 건물의 각종 수계시설 및 가습기, 호흡기 치료기, 온천 등과 같은 에어로졸 발생 시설 등이 주요 감염원으로 알려져 있으며 이외에도 가정용 배관시설, 식료품점의 분무기 등도 잠재 감염원으로 간주된다.

12.7 레지오넬라증 고위험군 및 의심환자 검사

만성폐질환자, 흡연자, 면역저하환자(스테로이드 사용자, 장기이식환자, 암, 신부전, 당뇨병, AIDS 환자) 등은 레지오넬라 고위험군으로 분류하고 있으며, 의심환자에 대하여 레지오넬라증 감염 여부의 검사를 실시하도록 하며 검사결과 균의 수(CFU/100 mL)에 따른 조치는 다음 표와 같다.

표 12.1 검사결과 균의 수(CFU/100 mL)에 따른 조치

구분	균의 수	조치 내용
바람직한 범위	10^2 미만	특별한 조치 불필요
요관찰 범위	10^2~10^3 미만	살균소독을 적극 권고
요주의 범위	10^3~10^5 미만	살균소독 및 세정 등의 대책 강구
긴급처치 범위	10^5 이상	즉시 세정 및 소독을 실시하고 즉시 재검사 실시

제13장 칸디다 알비칸스

13.1 칸디다의 역사

칸디다균은 진균 감염증의 가장 흔한 원인균으로 동물, 식물, 토양 및 해양 등 거의 모든 자연계에 산재하며, 현재 약 190여 종 이상이 알려져 있다. 칸디다 감염증에 대한 역사적 기술은 히프크라테스 시대에 있었던 아구창(thrush)이 최초라 할 수 있는데, 병원균으로는 Langenbeck이 1839년에 최초로 장티푸스를 앓고 있는 환자의 아구창에서 칸디다 알비칸스(*Candida albicans*)를 발견하였다. 또한 1841년 Berg가 건강한 유아에게 막성 물질을 접종하여 아구창을 발생시킴으로써 아구창의 원인이 진균임을 밝혔다. 사람에게서 분리되는 칸디다균종은 약 20여 종이며, 칸디다 감염증의 주요 원인균은 *Candida albicans*, *Candida tropicalis*, *Candida stellatoidae*, *Candida glabrata*, *Candida krusei*, *Candida parapsilosis*, *Candida pseudotropicalis* 및 *Candida guilliermondii* 등이다. 이 중에서 칸디다 알비칸스가 가장 흔히 분리되는 병인체이다.

항생제가 널리 사용되기 시작한 1940년대 이후 칸디다 감염증은 이전에 기술되지 않았던 다양한 임상 양상들이 발생하기 시작하였고, 실제 모든 형태의 칸디다 감염증이 급격히 증가하였다. 칸디다균은 단순한 점막피부 감염증부터 모든 장기를 침범하는 침습적인 경우까지 다양한 감염증을 일으킨다. 고령환자와 만성 소모성 환자의 증가, 악성종양 치료와 장기이식 후 면역억제제 투여환자, 후천성 면역결핍환자 등 면역저하자의 증가, 인공기구 삽입시술의 증가 등이 칸디다 감염증의 발생 증가와 관련이 있으며, 광범위 항생제 혹은 항생제의 복합투여요법의 증가 역시 칸디다 감염증 발생의 위험 요인으로 작용하고 있다. 이러한 숙주 방어체계의 변화와 함께 칸디다 알비칸스의 생물학적 특성도 칸디다 감염증 발생에 영향을 주는 요인으로 작용한다. 칸디다 알비칸스의 병원성 결정인자로는 숙주 상피세포 부착 능력과 부착소들, 조직의 단백질이나 인지질을 가수분해하는 세포외 분비 효소들, 균사 형성과 형태 변환 능력 등이 알려져 있다.

13.2 일반 특성

칸디다증(candidiasis)의 주요 병원균으로 알려져 있는 칸디다 알비칸스는 병을 유발하는 칸디다속의 60%를 차지하는 균종으로 사람을 비롯한 온혈동물에 상주균으로 기생하며 숙주의 면역상태가 나빠지면 병원성으로 전환하여 병을 일으키는 기회성 병원체이다. 칸디다속의 균종으로서 병원성을 나타내는 균들은 평상시에는 상주균(normal flora)으로 건강한 인간의 구강 점막이나 여성의 질, 식도, 장 등에서 효모형(yeast form)으로 존재하며 그 분포도를 살펴보면 칸디다속 중 칸디다 알비칸스 종이 구강에 약 70%, 장에는 약 50~60%, 질 점막에는 약 70%를 차지하여 주 병원균으로 나타나며, 그 외에 *C. tropicalis* (6.7%), *C. glabrata* (6.6%), *C. parapsilosis* (1.9%), *C. krusei* (1.7%), 그리고 *C. kyfer* (1%), *C. guilliermondi* (0.4%) 등이 발견된다. 이들은 숙주의 면역체계가 약화되어 중성구나 T림프구(T lymphocyte) 등의 면역세포의 기능이 저하되면 균사체형(hyphae from)으로 형태가 바뀌며, 점막을 침투하면서 병을 일으킨다.

백혈병이나 약물치료, 당뇨병 또는 AIDS 등에 감염되어 면역체계가 약화된 환자에게서 나타나는 칸디다증은 주로 이 칸디다 알비칸스에 의해서 일어나는데 이러한 질환은 피부에서 일어나는 superficial candidiasis와 내부에서 발병되는 deep candidiasis로 나뉜다. Superficial candidiasis는 피부나 질, 구강, 인두, 후두 등에서 급, 만성적 질환으로 나타나는 것으로써 일반적으로 아구창(thrush)이라고 불리는 피부조직의 상해를 말한다. Deep candidiasis의 경우는 식도나 장, 요도 등의 기관에서 발병되는 경우와 순환기관에 감염되어 혈액을 타고 온몸에 퍼져 발병되는 경우를 말하며, 이러한 경우에는 신장이나 간, 눈, 심장 등의 신체 기관이나 신경 등에 균들이 침입해 기관을 파괴하고 심지어 죽음에까지 이르게 된다.

칸디다속은 불완전균강(불완전균류)에 속하며 생식단계가 없거나 두드러진 표현형이 없는 효모로 분류학적으로 분류되고 있다. 생물학적으로는 자낭균류(*ascomycetes*)와 담자균류(*basidomycetes*)와 관계있는 효모군에 속한다. 최근까지 63개의 속이 있으며 150~200종이 있다고 알려져 있다.

칸디다속은 가성균사(pseudohyphae)를 만드는 무포자 효모로 콜로니 형태, 탄소원 이용성, 발효 유무 등으로 그 종의 특징을 기본적으로 분류한다. 이 중에 인간에 질병을 유발하는 의학적으로 주요한 6개의 칸디다종으로 *C. tropicalis*, *C. glabrata*, *C. parapsilosis*, *C. stellatoidea*, *C. krusei*, 그리고 *C. kyfer*가 있다. 칸디다 알비칸스는 이 중 *C. stellatoidea*과는 DNA homology가 매우 유사하며 *C. stellatoidea*의 type I과 II는 칸디다 알비칸스로 간주되고 있다. 보다 상세한 생화학적 연구에 따르면 type II는 칸디다 알비칸스의 수크로오스 음성 돌연변이체이고 type I은 칸디다 알비칸스와 거의 차이가 없는 것으로 분석되었다. 생물학적, 유전학적으로 칸디다 알비칸스는 감수분열을 수행하는 능력을 잃어 단상체 효모를 형성을 위한 이배체를 가지므로 생식단계 없는 불완전 효모이다.

13.3 칸디다의 감염

칸디다 알비칸스의 유전적 특징을 간략히 보면, 칸디다 알비칸스는 접합이나 포자형성 등의 유성생식 과정이 없고, 다만 무성생식인 이분법에 의해서 번식하는 것으로 알려져 있다. 숙주세포 내에서 pH나 화학조성, 온도 등의 환경변화에 따라 blastospore, pesudohyphae, hyphae, chlamydospore 등의 여러 형태로 나타난다. 또한 칸디다 알비칸스는 온혈동물에서만 발견되지만 그 외의 여러 종들은 토양이나 해수 등의 자연 상태에서도 발견되며 온혈동물에 감염될 경우 병원균으로 전환될 수도 있다는 연구가 있어 칸디다속의 대부분의 종들은 병원성을 가지는 것으로 판단된다.

대부분 사람들은 오랫동안 다른 신체 부위에 한 종 이상의 칸디다균을 보유하고 있어 병원 환자와 면역력이 약한 환자에게 이를 쉽게 옮길 수 있다. 구강에 존재하는 칸디다는 전체의 50% 이상을 차지하며 보다 충분한 분석을 한다면 90% 이상이 건강한 사람들의 구강에게도 존재할 것으로 판단된다. 위장 역시 칸디다균의 좋은 서식처로 다양한 변종들이 위장 점막에 존재하는 것으로 알려져 있다. 따라서 진균혈증의 원인균인 칸디다 알비칸스는 극단적인 환경인 인간 위장에도 분포할 수 있다. 홍반증 칸디다증을 앓는 환자와 틀니를 사용하는 환자에게서 보다 칸디다 알비칸스가 널리 퍼져 발견되는 것을 볼 때 틀니가 칸디다 알비칸스의 성장에 좋은 환경을 제공하는 것으로 보인다. 그러나 최근 연구에서 건강한 사람들과 비교해서 그렇다는 것이지 같은 칸디다증 환자에게서는 큰 차이점은 발견되지 않았다. 구강 칸디다증 환자는 급성 가막성(acute pseudomembranous), 급성 위축성(acute atrophic), 만성 위축성(chronic atrophic)과 만성 과형성(chronic hyperplastic)의 4가지로 분류하고 있다. 구각 구순염(angular cheilitis)을 유발하는 칸디다는 특정 병변과 감염 원인에 상관관계를 결정할 때 다른 분류로 포함된다.

칸디다 알비칸스의 병독성 인자는 성공적으로 균체를 형성하고 숙주조직에 침투를 촉진시킨다. 이때 발견된 병독성 인자는 대부분 세포벽, 접착, 세포외 단백질분해효소 생산과 관여되어 있다. 이는 생체의 세포벽은 삼투압에 대해 방어하고 성장하기 위해, 또한 다른 생체와 다른 환경과 접촉하는 곳이다. 따라서 이 인자가 관여하는 세포표면의 다양한 리간드와 수용체는 숙주세표와 조직에 균체의 형성을 촉진하기 위한 것과 관련되어 있다. 세포외 단백질분해효소는 조직 내로의 침투와 관련된 것이다.

현재까지 연구된 바에 의하면 칸디다 알비칸스의 병원성 기전에는 크게 세 가지 요인이 관여된다. 첫 번째, 산성 프로테아제의 분비이다. 산성 프로테아제는 분자량 40~45 kD 정도의 단백질로 pH 3~6.5 사이에서 작용하며 현재까지 세 종류의 동위효소(isozyme)가 밝혀져 있다. 이 산성 단백질의 기능에 대해서는 아직 명확히 밝혀지지 않았으나, 숙주세포의 점막을 분해하여 균사체의 침투를 가능하게 하며 숙주의 방어 기전으로부터 보호해 주는 역할을 하는 것으로 추정되고 있다. 둘째, 형태의 변화이다. 칸디다 알비칸스는 효모형으로부터 균사체 형태로 전환되어 deep candidiasis를 일으키며 숙주세포의 여러 감염 부위에서 균사체형이 발견되나 이들의 전환 기전에 대해서는 아직 밝혀져 있지 않다. 셋째, 칸디다와 숙주세포 간의 상호작용 또는 숙주세포에의 부착에 관계되는 adhesin으로 작용하는 mannoprotein의 발현이다. 칸디다 알비칸스와 숙주세포와의 인지관계는 단백질과 단백질 또는 단백질과 렉틴(lectin) 같은 올리고당류에 의해서 일어나는 것으로 밝혀져 있다. 세포벽의 한 성분인 mannan과 mannoprotein이 이러한 상호작용에 관여하며 이는 크게 두 가지로 나뉜다. 첫째는 렉틴 등의 부착 물질의 발현에 의한 것이고 둘째는 포유동물의 면역체계에 관여하는 보체 수용체(complement receptor)와 유사한 단백질의 발현에 의한 것으로, 이 단백질은 효모형에서는 발현되지 않지만 균사체에서는 발현되어, 포유동물 조직의 수용체를 친화성 리간드로 하여 칸디다 알비칸스로부터 분리되었다. 이러한 단백질의 필요성에 대해서는 아직 명확히 밝혀지지 않았으나, 숙주세포의 방어체계로서 중성구에 의한 식균작용에는 보체가 필요하며 이러한 보체의 희석에 균에서 발현되는 이러한 단백질이 관여되어 있을 것으로 추정하고 있다.

13.4 치료

버팔로 대학의 구강생물학자들은 히스타틴(타액 중에 함유된 천연 항진균물질)이 구강 병원체인 칸디다 알비칸스를 제거한다는 사실을 최초로 밝혀냈다. 칸디다 알비칸스는 대부분의 HIV관련 구강 감염을 일으키는 주범이다. Edgerton 박사가 이끄는 연구진에 의하면 히스타틴이 칸디다 알비칸스의 특정 막단백질(TRK1p)에 결합한다는 것을 발견했다. TRK1p는 칼륨이온의 세포막 통과를 제어하고 세포로 하여금 자신의 볼륨을 통제하게 하는 역할을 한다. 히스타틴은 세포막의 이온통로에 "발굽"(foot of the door)처럼 결합하여 통로를 개방시키는데, 이로 인하여 칼륨 및 기타 필수분자들이 세포막을 자유로이 드나들게 된다. 구강 칸디다증은 아구창(thrush)으로도 알려져 있는데, 구강과 혀, 목구멍의 점막에 흰 점과 궤양이 나타나는 것이 특징이다. 아구창은 항생제, 화합요법, ADIDS 등에 의해 면역력이 약화된 환자에게 주로 발생한다. 아구창은 틀니 사용자들에게 발생하기도 한다. 아구창은 정상인의 경우 항진균제로 치료될 수도 있지만 면역력이 결핍된 환자의 경우 치료가 어려우며 칸디다균이 주요 장기를 감염시킬 경우 치명적일 수도 있다. 타액이 충분하고 면역력이 왕성한 사람의 경우 히스타틴이 칸디다균을 억제한다는 사실은 이미 알려져 있었지만, 히스타틴이 이같은 역할을 하는 정확한 기전은 알려져 있지 않았다. 뱀독과 같은 천연 단백질들은 세균의 세포막에 구멍을 냄으로써 세포에 치명적인 역할을 한다. 이와 같이 히스타틴의 경우는 효모에는 작용하지만 다른 종류의 세포에는 작용하지 않는 것으로 밝혀졌다. 일련의 연구를 통해 연구진은 칸디다 알비칸스의 리간드

(표적-결합 단백질)를 밝혀냈다. 즉 특정 단백질이 결여된 변종 진균을 만들어내 히스타틴에 노출시켰을 때, 히스타틴의 활성이 감소하는 것을 밝혀낸 것이다. 연구를 계속한 결과, 표적 단백질에 결합한 히스타틴은 진균의 이온 조절능력을 상실시키고, 이로 인하여 음전하와 양전하로 대전된 분자들이 세포막을 자유로이 드나들게 되어, 진균이 죽게 되는 것으로 밝혀졌다. 이온은 세포 안팎의 전압을 조절하고, 이는 세포의 볼륨과 수분함량에 영향을 미친다. Edgerton 박사에 의하면, 수분을 재흡수하지 못하고 상실하는 세포는 신속히 사멸한다고 한다. 이제 히스타틴의 표적이 밝혀진 만큼 이온채널을 개방시키는 보다 효과적인 단백질을 설계할 수 있는 계기가 마련되었다. 이는 진균을 보다 신속하게 살해할 수 있는 방법을 개발하는 데 도움이 될 것이다. 더욱이 노인이나 AIDS 환자들을 감염시키는 다른 종류의 진균을 없애는 신약을 개발하는 것도 가능할 것이다

13.5 칸디다 알비칸스의 배양 및 검출

칸디다 알비칸스의 배양

Sabouraud's dextrose agar에 배양하면 그 균체는 크림색의 하얀색을 띠고 부드러운 반들반들한 효모 같은 모양의 집락을 보인다. 현미경상의 모양을 보면 구형이나 subspherical budding yeast-like cells or blastoconidia의 형태로 나타난다.

세포 표면에 캡슐이 존재하지 않으므로 인디아 잉크(Inida ink) 처리시 음성으로 나타나며 Cornmeal-Tween 80 한천배지를 이용한 dalmau plate 배양에서 분아포자(blastoconidia)와 소낭말단(chlamydoconidia)을 갖는 가균사(pseudohyphae) 형태로 나타나는 것을 관찰할 수 있다.

생리학적 검사로는 germ tube test에 의해 3시간 내에 양성으로 나타나며 요소의 가수분해에서는 음성으로 cycloheximide medium에서 37°C의 성장은 양성으로 나타나 칸디다 알비칸스의 유무를 판단할 수 있다. 또한 가스발생과 pH 변화를 통한 발효반응을 이용한 생리학적 검사를 수행한다. 탄소원으로 글루코스와 말토스 이용성에 대해서는 양성으로 나오며 글루코스와 트리할로스의 이용도 가능한 것으로 알려져 있다. 그러나 수크로스(몇몇 균주는 양성으로 나오기도 함)와 락토스는 이용하지 못하는 것으로 알려져 있다.

칸디다 알비칸스는 불완전 균강류로서 피부, 입, 장, 여성의 질 등에서 자라는 곰팡이의 일종이다. 80%는 건강한 인간에서는 해로운 영향을 주지는 않지만 칸디다증이라 불리는 비정상적인 성장 상태에서는 많은 문제를 불러온다. AIDS 환자나 암환자, 백혈병 환자와 같이 면역력이 현저하게 떨어진 사람들에게는 매우 커다란 위험을 줄 수 있다. 또한 임신이나 비만 또는 자주 습기가 많은 상태에 노출될 경우에도 큰 위험을 줄 수 있는 미생물이다.

13.6 칸디다 알비칸스와 질병

칸디다 알비칸스는 많은 질병의 원인이 될 수 있는데 가벼운 피부감염에서부터 심각한 목, 식도, 장과 심지어 심장으로의 감염의 주 원인균으로 나타날 수 있다. 이러한 감염의 주요 원인은 항생제의 오남용으로 인한 칸디다 알비칸스의 비정상적 성장 때문인 것으로 보인다. 칸디다 감염은 감염된 부위에 따라서 다른 용어로도 불린다. 예를 들면 입에 감염된 경우 아구창(oral thrush)라고 불리는 반면 여성의 질에 감염된 경우 질염(vaginitis)이라고 불린다. 칸디다 알비칸스는 손발톱에 심각한 피부손상(scaly skin rash)과 손발톱곰팡이증을 유발하기도 한다. 무엇보다 혈액을 따라 다양한 장기에 심각한 손상을 초래하기도 한다.

13.7 칸디다 알비칸스의 증상

칸디다 알비칸스의 증상은 감염 정도와 위치에 따라서 다른데 주요한 증상은 다음과 같다.

피부에서는 염증, 붉은 발진, 피부가 거칠어지고 비늘 껍질처럼 벗겨지고 일어나는 증상을 보인다. 여성의 질에서는 염증과 함께 질벽에 가려움증을 유발하고 희거나 노란 분비물이 동반된다. 손발톱곰팡이증의 경우 손발톱 주위에 고름이 형성되는 고통을 동반한다.

신장에 칸디다 알비칸스가 감염이 진행되면 피오줌이 나오게 되며 폐의 경우에는 각혈을 하게 된다. 눈의 경우는 고통과 함께 시야가 흐려지는 증상을 보인다. 칸디다 알비칸스의 심각한 감염 중 하나인 뇌의 감염된 경우 발작과 뇌종양을 유발한다. 또한 환자는 심각한 행동장애와 기억장애, 감정적 붕괴 상태로 고통을 받게 된다.

13.8 칸디다 알비칸스의 치료

증상과 검사 그리고 환자의 병력에 따른 칸디다 알비칸스의 진단을 받게 된 경우, 의사는 반드시 생체조직검사, 피검사와 배양검사 등을 수행하여야 한다. 그 후에 정확한 진단을 하고 그에 따른 치료를 하게 된다. 감염부위와 특성에 따라 먼저 항진균크림, 항진균제나 항진균주사를 통해 치료를 시작한다. 이때 효과적인 치료를 위해서 정제당을 먹지 말아야 한다. 이는 정제당이 칸디다 알비칸스와 같은 진균의 성장을 촉진하기 때문이다. 또한 식초나 다른 발효식품 또한 피해야 한다. 이와 관련된 사항은 의사의 충분한 처방에 따른 상담이 필요하다.

칸디다 알비칸스의 감염을 막기 위해서는 대중위생과 청결한 생활이 필요하며, 피부를 청결하고 습기가 많지 않은 상태로 유지하는 것이 중요하며 칸디다 알비칸스의 감염에 민감한 피부를 가진 사람의 경우에는 감염 증상이 나타나면 즉시 의사의 처방을 받아야 한다.

곰팡이란 무엇인가?

곰팡이는 인간의 활동영역인 표면, 흙과 공기 중에 매우 풍부하게 존재한다. 지구의 표면이 곰팡이에 의해 완전히 덮여 있다는 표현이 크게 과장된 것은 아니다. 인간과 곰팡이의 활동영역이 동일함으로 해서 곰팡이가 인간의 삶에 미치는 영향은 당연히 매우 클 것이다.

곰팡이병은 사람을 포함한 동물에게서 발견된다. 곰팡이가 농작물에 입히는 피해와 비교한다면, 곰팡이가 사람에게 입히는 피해는 매우 미미한 것이라고 볼 수도 있다. 발생빈도는 매우 높지만 사람에게 심각한 피해를 주는 경우는 드물었기 때문에 이들 병은 단지 귀찮은 것으로만 여겨져 왔다. 그러나 최근에 면역능력이 매우 약한 환자들이 급격하게 증가하면서 곰팡이에 의한 감염이 생명을 위협하는 경우가 점점 늘어나고 있다.

가. 곰팡이의 일반적인 특성

곰팡이는 박테리아보다 훨씬 크기 때문에 박테리아보다 먼저 병원균으로 인식되기 시작했다. 지구상에는 수십만 종의 곰팡이가 존재한다고 알려져 있지만 사람에게 병을 일으킨다고 알려진 종류는 약 100여 종에 불과하다. 칸디다 알비칸스는 구강이나 소화기관에 항상 존재하는, 효모이지만 대부분의 병원성 곰팡이들은 흙이나 죽은 식물체에서 살아간다. 동물의 표피에서 절대적으로 기생하는 곰팡이들도 많이 있다.

과거에 곰팡이에 의한 감염은 결코 심각하지 않은 단지 귀찮은 것으로만 여겨져 왔었다. 1980년대 중반에 버지니아 대학의 Wenzel에 의해 행해진 연구에 따르면 병원 안에서 감염된 질병에 의해 사망하는 사람들의 약 40%가 곰팡이에 의한 질병 때문이라고 한다. 또 이 치명적인 질병의 대부분은 칸디다에 의해 야기되었다고 한다. 곰팡이에 의해 사망하는 환자들의 대부분은 AIDS에 의해 감염되었거나 장기이식을 위하여 면역억제제를 투여하였거나 항암제를 두여한 사람들이있다. 이러한 이유로 해서 최근에 곰팡이에 의힌 질병은 병원은 물론 아니라 제약회사나 많은 실험실의 관심대상이 되었다.

곰팡이에 의한 감염이 전에 비해 훨씬 심각하게 받아들여지고 있기는 하지만 아직 곰팡이에 의한 감염을 치료할 뚜렷한 방법을 찾지 못하고 있다. 그 첫째 이유로써 효과적인 항곰팡이제가 없다는 것을 들 수 있다. Amphotericin B 등이 가장 중요한 치료제로 알려져 있지만 이들은 부작용이 매우 크다. 지금까지는 항곰팡이제의 부가가치가 크지 않았기 때문에 제약회사들도 큰 투자를 해오지 않았기 때문에 좋은 항곰팡이제의 개발이 늦어졌다고 볼 수 있다. 또한 곰팡이는 사람과 같은 진핵생물이기 때문에 효과적인 항곰팡이제의 개발은 근원적으로 어려운 문제이다. 두 번째 이유로 곰팡이들이 기존의 항곰팡이제에 대해 쉽게 저항성을 갖는다는 점을 들 수 있다. 셋째로, 지금까지는 병원성이 아닌 것으로 알려져 왔던 곰팡이들이 면역능력이 결핍된 환자들에게 치명적인 병을 일으키기도 하는 경우가 점차 늘고 있다. 넷째로, 병원성 곰팡이의 연구 자체가 어렵다는 점이다. 이들은 배양하기도 어려우며 이들의 생리나 유전적인 연구도 다른 곰팡이에 비해 크게 뒤떨어져 있다.

나. 곰팡이 감병성 질병의 형태

곰팡이에 의한 질병은 감염된 조직의 위치에 따라 네 가지로 구분된다. 1) 전신성 진균증(systemic mycoses)은 감염부위가 몸의 내부기관이다. 종종, 몸의 내부에 널리 퍼져서 여러 다른 조직이 감염된다. 2) 피하 진균증(subcutaneous mycoses)은 skin, subcutaneous tissue, fascia, bone 등의 감염을 수반한다. 3) 피부 진균증(cutaneous mycoses)은 표피세포, 머리털, 손발톱 등의 감염을 수반한다. 이러한 감염을 야기하는 곰팡이는 특별히 피부진균(dermatophyte)이라고 불린다. 정상인들에게서 흔히 발견되는 곰팡이 질병은 대부분이 피부 진균증에 속한다.

전신성 진균증은 흙에서 사는 곰팡이에 의해 야기되며 공기 중에 날아다니는 홀씨를 들이마심으로써 감염이 시작된다. 초기 감염은 주로 폐에서 시작되며 폐렴 등을 야기할 수 있다. 곰팡이가 주변조직으로 직접 전파되기도 하지만 피를 통해서 몸의 여러 내부기관에 퍼지기도 한다. 이 질병은 전염되지 않는다. 건강한 사람에게는 전혀 질병을 일으키지 않는 곰팡이 중에서 면역능력이 약한 사람들에게 심각한 전신성 진균증을 일으키는 곰팡이가 있다. 이들은 특별히 기회 감염성 병원균이라고 불린다. 진균증은 흙이나 죽은 식물체에서 사는 곰팡이에 의해 감염된다. 곰팡이의 홀씨나 팡이실 조각이 상처를 통해서 피하조직으로 들어가면서 감염이 시작된다. 피하조직에 지역적으로 제한된 종양이 형성되며 종양이 직접 커져간다. 종종 피부표면으로 종양이 터져 나와서 만성적인 궤양성의 손상부위를 형성한다.

피부 진균증을 야기하는 곰팡이들은 표피조직만을 선호한다. 일부의 병원성 곰팡이들은 흙에서 발견되었지만 피부 진균증을 야기하는 대부분의 곰팡이들은 항상 동물의 표피조직에서 기생하며 살아간다. 기생곰팡이에 의한 감염은 직접접촉에 의해 야기된다. 피부진균(dermatophyte)에 의해 야기되는 질병은 거의 만성적이며, 이들에 의해 야기되는 염증은 감염된 표피에 제한되어 있어 심각한 피해를 주지는 않는다.

다. 진단

감염부위의 형태를 조사하거나 혈청학적인 방법으로 항체를 추적함으로써 질병의 원인이 곰팡이라는 것을 추정할 수 있다. 그러나 가장 확실한 진단 방법은 감염부위를 직접 현미경으로 관찰하여 곰팡이의 존재를 확인하거나 곰팡이를 감염부위로부터 분리하여 배양한 후 확인하는 것이다. 감염부위를 떼어내어 다른 실험동물에 감염시킴으로써 곰팡이의 분리 및 확인을 쉽게 할 수도 있다.

곰팡이의 존재를 확인하는 가장 단순한 방법은 손상부위의 일부를 떼어내거나 sputum, pus 등을 채취하여 유리 위에 놓고 직접 현미경으로 관찰하는 것이다. 곰팡이의 세포벽만을 두드러지게 하기 위하여 흔히 10% KOH 용액을 첨가하여 관찰한다. 이때 염색을 하여 곰팡이의 관찰을 수월하게 할 수도 있다. 곰팡이 특유의 팡이실을 찾거나 박테리아보다 훨씬 큰 구형의 세포(곰팡이의 홀씨나 효모), 또는 곰팡이 특유의 홀씨를 확인함으로써 곰팡이의 존재를 확인할 수 있다. 직접적인 현미경 관찰만으로 곰팡이의 존재를 쉽게 확인할 수는 있지만 확인된 곰팡이가 무슨 곰팡이인지 판별하는 것은 매우 어렵다. 또 실제로 곰팡이에 의해 감염된 부위라 하더라도 현미경 관찰에 의해 곰팡이를 찾기 어려운 경우도 매우 많다. 보다 정확한 곰팡이의 판별을 위하여 곰팡이가 존재할 것으로 추정되는 시료를 배지 위에서 키운다. 박테리아의 성장을 억제하기 위하여 흔히 항생제가 배지에 첨가된다. 곰팡이 중에도 항생제에 매우 약한 종들이 있으므로 항생제의 첨가는 신중을 기해야 한다.

일반적으로 곰팡이는 박테리아보다 낮은 온도(박테리아는 30~37℃, 곰팡이는 20~30℃)와 낮은 pH에서 잘 자란다. 곰팡이의 판별은 거의 형태적인 관찰에 의해 행해진다. 홀씨의 모양과 홀씨가 홀씨자루에 붙어 있는 모양이 일반 곰팡이의 판별에 가장 중요한 단서이다. 효모는 구형이나 달걀모양이나 막대모양을 하고 있다. 이들의 형태는 매우 단순하기 때문에 형태만으로 판별한다는 것이 거의 불가능하다. 박테리아처럼 효모의 판별도 대사능력과 같은 생리적인 특성의 조사에 의존한다. 이형성(dimorphism)의 존재 여부도 곰팡이의 판별에 매우 중요한 단서이다.

라. 치료제

1940년대에 실용화되기 시작한 항생제의 출현은 박테리아에 의한 감염을 치료하는데 있어서 획기적인 전환점을 마련하였다. 불행히도 항생제가 박테리아의 치료에 기여했던 만큼 곰팡이의 치료에 큰 기여를 한 항곰팡이제는 아직 발견되지 않았다. 곰팡이를 없애는 문제가 어려운 이유는 상당히 근원적인 것이다.

박테리아는 원핵생물이고 사람이나 곰팡이는 진핵생물이다. 박테리아와 사람은 워낙 다르기 때문에 사람에게는 거의 피해를 주지 않고 박테리아에게만 치명적인 약품을 찾는다는 것이 그리 어려운 문제가 아니다. 그러나 사람과 곰팡이는 매우 유사하기 때문에 곰팡이에게 치명적인 약품의 대부분은 사람에게도 상당한 피해를 입히게 마련이다. 곰팡이에게 치명적인 물질은 매우 많이 알려져 있지만 대부분이 인간에 미치는 부작용 때문에 사용되지 못하고 있다. 최근에 사람과 곰팡이의 다른 점을 공격하는 물질에 대한 연구가 많이 행해지고 있다. 한 예로 곰팡이의 세포벽(동물은 세포벽이 없음)의 형성을 억제하는 물질은 사람에게는 아무런 피해없이 곰팡이의 성장만을 억제할지도 모른다.

1) Griseofulvin

Griseofulvin은 몇 종류의 penicillium에 의해 합성된다. 이 물질은 곰팡이를 죽이는 효과(fungicidal effect)보다는 곰팡이의 감염을 억제하는 효과가 크다. 따라서 치료기간이 수주에서 수개월 동안 지속되어야 하나 griseofulvin의 부작용은 상대적으로 약한 편이다. Griseofulvin은 방추사의 발달과정을 방해한다고 생각된다.

2) Polyene

Amphotericin B, nystatin, pimaricin 등이 여기에 속하며 세포막에 존재하는 ergosterol의 합성을 억제한다. 사람의 세포막에는 ergosterol 대신에 cholesterol이 존재하므로 polyene 화합물들의 작용이 선택적일 수 있다. 이들은 systemic mycoses에 특히 효과적이다. 가장 널리 쓰이고 가장 강력한 물질인 amphotericin B는 전신성 진균증이나 피하 진균증에 가장 효과적으로 작용하는 약품으로 남아 있다. Amphotericin B는 수주일 농안 정맥주사에 의해 주입되어야 하며(0.5 mg/kg/day) 콩팥의 기능에 심각한 부작용을 야기한다.

3) Flucytosine

경구 투여되는 이 물질은 candidiasis, cryptococcosis 등의 치료에 효과적이다. 곰팡이는 이 물질에 대해 쉽게 저항성을 갖게 되기 때문에 흔히 amphotericin B와 함께 사용된다.

4) Imidazoles과 triazole

이 물질들은 피부진균, 효모, dimorphic fungi 등에 대해 작용한다. 이들을 ergosterol의 합성을 억제함으로써 곰팡이의 성장을 억제한다. 시판되고 있는 무좀약이나 비듬약의 대부분은 이 물질을 포함하고 있다.

마. 대표적인 곰팡이에 의한 질병

1) 전신성 진균증

가) *Cryptococcus neoformans* (*Cryptococcosis*)

인체에서나 대부분의 자연환경에서 *Cryptococcus*는 무성생식만을 하며 효모처럼 자란다. 감염부위에서 발견되는 효모는 매우 특정적인 캡슐에 둘러싸여 있다. 실험실의 특별한 조건 하에서 유성생식을 하게 하면 이들은 버섯류(basidiomycetes)처럼 자란다.

효모는 호흡을 통해 감염이 시작된다. 대부분의 경우에는 감염 자체가 아무런 변화도 야기하지 않지만 일부 면역능력이 결여된 환자의 경우에는 감염이 중추신경계까지 퍼질 수 있다. 척수에서 캡슐에 둘러싸인 효모를 발견하거나 척수 등을 배양하여 *Cryptococcus*의 존재를 확인할 수 있다. Anticryptococcal rabbit 항체로 효모의 항원을 추적할 수도 있다.

나) *Histoplasma capsulatum* (*Histoplasmosis*)

이 곰팡이는 감염된 조직에서 효모로서 자라며 보통 대식세포(macrophage) 안에서 발견된다. *Histoplasma*는 dimorphic fungi로 배양접시에서는 팡이실을 형성한다. *Histoplasma capsulatum*의 유성생식 단계는 ascomycetes에 속한다.

*Histoplasma capsulatum*는 흙에서 발견되는 곰팡이로 호흡에 의해 받아들여지는 홀씨가 폐에 감염을 일으킨다. 대부분의 경우는 감염부위가 극히 제한된 상태로 유지되지만 일부 환자의 경우에는 감염부위가 주변조직으로 퍼져 나가게 되고 miliary tuberculosis와 유사하게 진행된다.

혈청학적 시험이나 histoplasmin (histoplasma의 추출물)에 대한 피부반응 등을 통해 일차적으로 진단할 수 있다. 확실한 진단을 위해서는 histoplasma를 감염부위에서 확인해야만 한다. Macrophage 안에 존재하는 효묘의 확인은 좋은 진단방법이 될 수 있다.

다) 기회 감염성 곰팡이에 의한 진균증

자연상태에서(흙이나 공기 중) 흔히 발견되면서 건강한 사람에게는 전혀 피해를 입히지 않는 곰팡이들이 면역능력이 결여된 환자들에게 심각한 질병을 야기하는 경우가 있다. *Candida*, *Aspergillus*, *Rhizopus*, *Mucor* 등은 모든 사람들이 항상 접하게 되는 곰팡이들로 이들이 경우에 따라 심각한 질병을 야기할 수 있다. 물론 다른 병원성 곰팡이도 기회감염성 곰팡이로 작용할 수 있다.

라) 칸디다증(Candidiasis)

칸디다에 의한 감염은 다른 모든 기회감염성 곰팡이로에 의한 감염보다도 흔하게 발견된다. 칸디다 알비칸스는 dimorphic fungi로 감염부위에서는 팡이실의 형태와 효모의 형태가 둘 다 발견된다. 팡이실과 효모의 중간형태인 pseudohyphae도 발견된다. 배양접시에서 두꺼운 세포벽을 갖는 chlamydospore도 만들어진다.

칸디다는 많은 사람들의 구강, 여성생식기, 장관 등에서 발견된다. 환자의 면역능력이 감소하게 되면 칸디다는 몸의 여러 부위에 매우 다양한 질병을 야기한다. 칸디다는 건강한 사람들에게서 흔히 발견되는 곰팡이이므로 항체반응을 이용한 진단은 무의미하다. 감염부위에서 팡이실과 효모가 풍부하게 발견되면 칸디다에 의한 감염으로 추정할 수 있다. 칸디다는 어디에서나 매우 흔하게 발견되기 때문에 감염부위에서 분리된 칸디다가 실제로 병원균으로 작용했는지를 판별하는 것은 매우 어렵다.

마) 피하 진균증(Subcutaneous mycoses)

감염은 상처를 통해 곰팡이가 피부의 방어벽을 통과해 들어옴으로써 시작된다. 특히 나무가시에 찔리거나 흙에 접촉한 상태에서 상처를 입음으로써 감염이 시작된다. 감염이 시작되면 감염부위가 피하조직에 국한되며 감염이 매우 오래 지속된다. 이 질병은 sporotrichosis (Sporothrix에 의한 감염), chromomycosis (효모가 갈색을 띠는 몇 가지 dimorphic fungi, Cladosporium, Phialophora 등에 의한 감염), maduromycosis (*Madurella*, *Allescheria*, *Phalophora*, *Aspergillus* 등에 의한 감염)로 분류된다.

바) 피부 진균증(Cutaneous mycoses, *Dermatomycoses*)

피부진균은 표피와 손발톱 및 털, 즉 케라틴이 풍부한 곳만 감염시키는 곰팡이다. 감염부위가 보통 원형으로 퍼져나가기 때문에 피부진균은 고리를 만드는 벌레라는 뜻에서 ringworm이라고도 불린다. 피부진균은 효모로서는 자라지 않는 전형적인 팡이실을 만드는 곰팡이로 대부분 불완전 곰팡이에 속한다. 감염부위에서 채취된 곰팡이들을 직접 현미경으로 관찰하면 모든 피부진균들이 모두 매우 유사하게 보인다. 이들을 배양접시에서 키우면 곰팡이들 특유의 구조적인 차이를 관찰할 수 있다.

사람이 피부진균에 대해 갖고 있는 저항성은 매우 낮은 전염률로 알 수 있다. 피부진균에 대한 저항성은 항체형성과 같은 일반적인 면역반응에 의해서는 설명될 수 없다. 피부진균에 의한 감염이 사람들에게 널리 만연되어 있으면서도 인위적으로 감염을 유도하는 것이 극도로 어렵고 감염부위가 극히 제한되어 있음에도 불구하고 치료가 극히 어려운 이유에 대해 아직 적당한 해답을 찾지 못하고 있다.

대부분의 피부진균들은 3개의 속에 포함된다. Microsporium은 털과 피부를 감염시키고, trichophyton은 털과 피부와 손발톱을 감염시키며 epidermophyton은 주로 피부를 감염시킨다. 사람에 감염되는 종은 20~100종 정도 된다고 생각되고 있다.

치료기간은 케라틴 층의 두께와 조직의 재생 속도에 따라 다르다. 부드러운 피부의 감염은 수주 안에 치료될 수 있지만 발이나 발톱 등의 감염은 수개월의 치료를 필요로 한다. 이미다졸(imidazole) 유도체의 표면처리가 가장 흔히 사용되고 있다.

II부

미생물 배양배지의 제조

제14장 균주의 보관

균주(strain 또는 isolate)는 하나의 균을 순수배양해서 분리된 세균종을 말하는 것으로 세균분류에서는 가장 기본이 되는 개체의 단위를 말한다. 표준균주는 생물학적 또는 유전생화학적으로 확인된 후 국제적으로 인정되어 보존되고 있는 균주를 말한다. 각 국가마다 표준균주의 관리와 분양기관들이 있으며, 국제적인 대표기관으로 미국의 ATCC (American Type Culture Collection)와 영국의 NCTC (National Collection of Type Culture) 등이 있다. 우리나라의 경우는 KTCC (Korean Type Culture Collection) 등이 표준균주의 관리와 분양을 맡고 있다.

균주의 보관목적은 첫째, 정도관리를 위해서 표준균주 또는 참고균주를 보관하는 것이며 특히 임상분리주와 생물학적 성상을 비교하기 위해서 보관한다. 둘째로는 확인할 수 없는 균주에 나중에 동정할 목적으로 보관한다. 마지막으로 학생들의 실습, 특정한 배지의 품질관리 및 성능평가에 사용하기 위해서 보관한다.

균주를 보관할 때에는 다음과 같은 주위를 요한다. 첫째, 보관균주를 죽여서는 안 된다. 둘째, 보존균주에 대한 균주명, 분리 연월일, 균주번호, 계대배양 연월일 및 기타정보를 균주보존 기록부에 정확히 기재해야 한다. 셋째, 보존균주를 여러 번 계대 배양하여 유전적, 생리생화학적 특징이 변하지 않도록 주기적인 균주특성을 확인한다.

14.1 계대보관 방법

15% Glycerol-BHI 배지 사용법

- 배지제조: 작은 삼각플라스크에 상기 배지를 넣고 가압멸균한 후, 멸균 파스퇴르 피펫(pasteur pipette)을 사용하여 cryotube에 1 mL씩 무균적으로 분주하여 냉장고에 보관한다.
- 균주접종: 스트렙토코쿠스(*Stretococcus*)는 혈액한천배지에, 비브리오(*vibrio*) 균종을 포함한 장내세균, 포도상구균 등은 Muller-Hinton 한천배지에 골고루 도말하여 하룻밤 배양한 다음, 면봉 또는 니들(needle)을 이용해서 집락을 채취하여 냉장 보관된 1 mL의 15% glycerol-BHI에 넣고 −70℃에 보관한다.

Cystine trpyticase 한천배지(CTA)나 tryptic soy 한천배지 사용법

고무마개 시험관에 7 cm 높이의 멸균된 상기의 배지를 첨가한 후 건조한 다음에 세균을 접종하여 35℃에서 18시간 정도 배양하고 이후에는 실온에 보관한다. 포도상구균이나 장내세균은 6~9개월 정도 생존하나 2~3개월마다 계대배양하여 생존 여부 및 균주특성을 확인하는 것이 바람직하다.

젤라틴(Gelatin) 디스크 보관법

이 방법은 동결시키지 않는 건조법으로 특수한 장치를 필요로 하지 않는다. 비교적 간편하기 때문에 최근에 널리 보급되고 있다. 정도관리 균주는 균주 성상의 변화가 일어나지 않도록 지속적인 관찰이 필요하다. 장내세균은 5년, 포도상구균, 연쇄상구균, 혐기성균은 1년 이상 보존이 가능하다.

가. 재료

① A 용액
10% skim milk 용액에 0.1% 활성탄(activated charcoal)을 넣고 121℃에서 15분간 멸균한 후 실온에 보관한다.

② B 용액
2.5% sodium L-ascorbate(ascorbic acid) 용액을 사용하기 전에 0.22 ㎛ 여과지를 이용하여 필터 멸균한다.

③ C 용액
20% 젤라틴 용액을 121℃에서 15분간 멸균한 후 실온에 보관한다.

④ A, B, C 용액의 비율이 1:0.2:1로 되도록 희석하여 준비한다.

⑤ P_2O_5를 준비해 둔다.

⑥ 파라핀(paraffin)을 가열해서 녹이고 원형 여과지를 넣어서 2분간 적신 후 꺼내서 멸균된 페트리

접시에 넣고 식힌다.

나. 방법

① 2 mL의 A 용액에 새로 배양한 집락을 10^9~10^{10} 정도 되도록 현탁시킨다.

② 2 mL의 C 용액을 A 용액에 넣고 잘 섞은 다음에 0.4 mL의 C 용액을 첨가한다.

③ 상기 용액을 잘 혼합하여 파라핀 여과지 위에 파스퇴르 피펫(pasteur pipette)으로 한 방울 한 방울씩 떨어뜨린다.

④ P_2O_5을 몇 장의 페트리접시에 넣어 건조기(desiccator) 안에 놓고 그 위에 앞서 준비된 파라핀 여과지를 넣은 페트리접시를 올려놓는다. 건조기의 뚜껑을 닫고 진공펌프 등으로 내부의 공기를 제거한다. 건조기에 넣을 P_2O_5은 건조시킬 파라핀 여과지 3장당 한 개의 페트리접시에 가득 넣어 준비한다.

⑤ 건조기를 열고 P_2O_5의 표면에 녹은 부분을 걷어낸 다음 재흡입한다. 이후 매일 1회씩 진공흡입하여 실온에 4~5일 방치한다. 현탁액이 디스크 모양으로 약간 건조되어 보이는 형태가 이상적인 건조상태이다.

⑥ 건조가 끝나면 여과지를 건조기에서 꺼낸다. 건조된 현탁액은 디스크로 되어 가볍게 멸균 페트리 접시에 털어대면 떨어진다. 이를 다시 멸균 시험관에 넣어서 밀폐 보관한다. 시험관에 미리 건조시민 실리카 젤(silica gel)을 넣고 멸균 탈지면으로 차단시켜 놓으면 습기의 침투를 방지할 수 있다.

Sabouraud dextrose agar(SDA) 사면배지 보존법

진균 보존배지인 SDA 평판배지를 사면배지로 만들어 1~3개월마다 계대배양한다. 실온에서 보존하지만 4°C에 보관하면 계대간격을 늘릴 수 있다.

유동 파라핀 혹은 광유 중층법

진균 보존배지인 SDA 사면배지에 진균을 접종한 후 유동 파라핀이나 광유를 배지가 덮일 정도로 채워서 실온보관한다. 1~2년 정도 보존이 가능하다.

15% 탈지우유(Skim milk)법

플라스크에 증류수 100 mL과 탈지우유 15 g을 넣고 교반기로 잘 혼합하여 121°C에서 15분간 멸균한 후, 무균작업대 안에서 1 mL씩 시험관에 분주한 다음 냉장보관한다. 하룻밤 배양한 집락을 면봉 등을 이용하여 균체 모두를 채취한 후에 앞서 준비해서 냉장보관해 둔 탈지우유에 넣어 −70°C 냉동

고에 보관한다.

Modified salt water yeast extract agar 법

이 방법은 비브리오균의 보관에 유용하다. 1리터 기준으로 modified salt water yeast extract agar (proteose peptone 1 g, yeast extract 1 g, agar 15 g, KCl 0.75 g, $MgSO_4$ 7 g, NaCl 23.4 g/리터)를 준비한 다음에 고무마개 시험관에 8 cm 정도가 되도록 분주한 후, 가압멸균하여 위쪽만 약간의 사면이 되도록 만들어서 냉장고에 보관한다. 24시간 배양한 균주를 사면배지에 획선도말한 다음 35℃에서 하룻밤 동안 배양하고 이후 실온에 보관한다. 고무마개로 단단히 막아야 건조를 예방할 수 있다. 대부분의 세균은 이 방법으로 해서 1년 이상 장기 보존이 가능하다.

동결건조(Freeze-drying, lyophilization) 보존법

미생물을 가장 장기간 보존할 수 있는 방법으로 성상의 변화가 거의 없다. 세균은 10년 이상 보존할 수 있다. 세균과 바이러스는 이 방법으로 보존할 수 있으나 원충이나 동물세포는 보존할 수 없다. 특수한 장치와 기술이 필요하기 때문에 소규모의 사업장이나 실험실에서는 이 방법을 적용하기 어렵다.

제15장 멸균과 소독

15.1 멸균의 정의

멸균(sterilization)은 물리적 또는 화학적인 과정을 통해서 모든 미생물(세균, 진균 및 바이러스 등)을 완전하게 제거하거나 사멸시키는 것을 말한다. 한편, 소독(disinfection)은 무생물체로부터 세균의 아포를 제외한 대부분 또는 모든 병원성 미생물을 제거하는 과정이다. 또한 세척은 대상물로부터 눈에 보이는 이물질(토양, 유기물)을 제거하는 것이다. 따라서 멸균은 무기물제에 묻어 있는 감염체를 파괴하는 것뿐만 아니라 모든 세균의 아포까지 제거한다는 점에서 소독 및 세척과는 분명히 다르다. 멸균 상태에서는 어떤 형태의 살아 있는 미생물도 생존할 수 없기 때문에 멸균은 절대적인 개념이라 하겠다. 고압증기, 건열, 에틸렌가스(ethylene oxide gas), 과산화수소 가스 플라즈마 멸균(hydrogen peroxide gas plasma sterilization), 액체 화학제 등이 멸균방법으로 흔히 사용된다.

15.2 멸균의 기준

멸균과정을 확인하기 위한 다양한 기준이 적용된다.

F 값(F value)

121°C의 온도에서 용매에 있는 모든 아포를 사멸시키는 데 요구되는 시간

열 사멸시간(thermal death time)

특정온도에서 모든 아포를 사멸시키는 데 필요한 시간

D 값(D value)

미생물의 수를 90% 또는 1로그 감소시키는데 필요한 시간, 다양한 온도에서의 D 값을 측정하여 미생물의 열에 대한 내성 비교 시 사용된다.

15.3 멸균의 원칙

멸균의 효과는 수많은 요인에 의해서 달라진다. 멸균과정을 선택할 때나 그 효과를 확인하고자 할 때는 각각의 요인에 대해 면밀히 살펴보아야 한다.

자연내성

멸균은 미생물이 분열하거나 파괴된 세포물질이 회복하는 속도보다 미생물을 불활성화시키는 속도가 빠를 때 일어난다. 미생물의 사멸곡선은 로그분포를 따르는 것으로 알려져 있는데 로그 사멸곡선의 다양한 변이(차이)는 미생물의 특성이 다양하기 때문이다. 멸균과정은 정의상 모든 미생물을 사멸시키기 때문에 멸균과정이 미생물의 내성을 유발하지는 않는다. 미생물의 유전적 특성에 따라서 멸균의 조건을 달리해야 한다. 일부 미생물은 저온살균 온도에서 정상적으로 증식하기 때문에 더 높은 온도로 처리되어야 하며 반면에 어떤 미생물은 방사선의 농도와 조사기간을 더 늘려야만 사멸한다. 또한 일부는 필터 멸균이 필요한 경우도 있다. 이러한 것들은 멸균상태에 이르게 하지 못한다는 것을 의미하는 것이 아니라 멸균방법을 신중히 결정하고 바라던 결과를 보이는지 세심한 예찰이 필요하다는 것을 말하는 것이다.

미생물의 양과 유기물질

멸균의 최종결과는 멸균이 필요한 물품에 멸균 전에 묻어 있었던 미생물의 수에 따라 달라지며 멸균과정을 정의하는 D 값과 F 값도 초기의 미생물의 수에 의하여 결정된다. 일반적으로 초기의 미생물의 수가 많을수록 더 오랫동안 또는 더 높은 온도에서 처리를 해야 멸균상태에 도달할 수 있다. 한편, 물품에 묻어 있는 초기 미생물의 수 외에도 유기물이 얼마나 오염되어 있는가도 멸균결과에 영향을 끼친다. 미생물과 함께 과도한 유기물질은 멸균에 필요한 시간을 늘리고 멸균과정에 필요한 요구사항을 변화시킨다. 유기물질은 특정 멸균과정의 효과를 저하시켜 미생물이 사멸되지 못하도록 방해하여 멸균이 실패하게 되는 요인 중의 하나이다.

15.4 멸균에 필요한 조건

세균의 아포가 갖는 자연내성 외에 다음의 요인들이 멸균 효과에 영향을 끼친다.

시간

모든 멸균과정은 종료 시까지 시간이 소요된다. 소요시간은 일차적으로 멸균방법에 따라 달라진다. 이외에 앞서 언급한 유기물의 유무와 정도 그리고 오염 미생물의 양에도 영향을 받는다. 멸균에 필요한 적절한 시간은 표지 미생물을 이용하여 결정하는데 이 미생물은 보통 해당 멸균과정에 특별히 저항력이 높은 종류를 선택하는 것이 일반적이다. 멸균과정은 존재하는 모든 아포를 사멸시키는데 필요한 시간 또는 특정 온도에서 미생물의 수를 90% 이상 감소시키는 데 필요한 시간으로 정의한다. 미생물의 사멸곡선은 지수함수 분포를 보이는데 외삽법(extrapolation)으로 존재 가능한 미생물의 사멸에 필요한 적절한 시간을 확인할 수 있다.

온도

미생물마다 생육하기 적합한 온도가 있기 때문에 이들 온도 이상에서는 미생물의 성장이 더디거나 사멸한다. 따라서 멸균온도를 존재 가능성이 있는 미생물의 최적 성장온도 이상으로 증가시키는 것은 멸균에 중요한 요소가된다.

상대습도

고열멸균이나 화학가스 멸균은 상대습도가 영향을 끼친다. 상대습도는 동일한 온도에서 어떤 시스템의 포화수증기압에 대한 실제 수증기압의 비로 정의된다. 이것은 대기 중의 수분상태를 나타내며 미생물 또는 아포의 수분상태를 나타내기도 한다. 물의 활성도(water activity)는 세포나 아포 내에서의 상대적인 물 가용성(water availability)을 나타내는데 이는 상대습도에 따라서 달라진다. 대부분의 경우 증식형 세균이나 아포에 대한 물 가용도가 클수록 열에 의한 불활성화 과정은 더욱 빨라진다.

15.5 멸균방법

고압증기멸균

고압증기멸균기(autoclave)는 가장 흔하게 사용되는 효과적인 방법이다. 이 방법의 가장 큰 이점은 멸균방법 중에서 멸균하고자 하는 대상에 열이 효과적으로 투과된다는 것이다. 단점으로는 카본 스틸 기구와 같은 경우에는 부식의 위험이 있으며 고무와 플라스틱 기구는 변형 또는 손상의 위험이 그리고 포장을 하지 않은 기구는 멸균 후 재오염의 가능성이 높은 단점이 있다. 또한 종이 재질의 물질은 멸균 마지막 단계에 젖게 되어 이후의 건조과정을 거쳐야 하는 번거로움이 있다. 멸균기의 저수통에 증류수를 채운 후에 작동되는 이 멸균법은 멸균기 바닥에 있는 열코일이 멸균기 안의 바닥에 있는 물을 고압력하에서 끓여 미리 정해 놓은 멸균온도(115 kpa에서는 121°C, 216 kpa에서는 135°C)까지 짧은 시간 안에 도달하도록 해준다. 멸균온도에 도달하게 되면 보통 15분 정도의 온도를 유지한 후 스팀 압력이 0으로 떨어지면 도어를 열거나 건조단계로 들어간다.

건열멸균

건조열 또는 건열(dry heat)은 세포성분을 산화시킴으로써 미생물을 사멸시킨다. 건열멸균기는 표준 오븐형과 가열된 공기를 물리적으로 순화시켜주는 급속열 전달형으로 나눌 수 있다. 후자는 더 높은 온도에서 작동하며 소요되는 멸균시간이 짧다. 고압증기멸균에 비해서 건열면균의 장점은 카본 스틸 기구라도 부식하지 않으며 멸균과정이 종료되면 기구가 건조상태라는 것이다. 용기에 밀봉된 상태로 멸균할 때에는 증기나 화학 증기멸균보다 건열멸균이 더욱 효과적이다. 그러나 건열멸균법은 멸균과정과 'come up time(온도가 올라가는 시간)' 이 길고 특히 오븐형의 경우 고온에서 작동하기 때문에 기구 손상의 위험과 멸균과정 중간에 도어를 열 수 있으므로 전체적으로 멸균과정에 필요한 고온유지가 방해되는 것이 단점이다.

순간멸균(flash sterilization)

순간멸균은 포장하지 않은 약 11~12 kg의 물품을 132°C에서 3분간 중력치환형 증기로 멸균하는 방법이다. 수술시 사용하는 톱이나 받침과 같은 멸균 포장이 어려운 물품이나 사용 전 보관이 불가능한 물품에 주료 적용되는 멸균방법이다. 순간멸균은 생물학적 모니터링이 어렵고 물품보호를 위한 포장이 필요없고 사용 장소까지 운반하는데 오염의 가능성이 있기 때문에 일반적인 멸균방법으로는 사용되지 않으며 특히 인체 내 삽입 이식물의 경우에는 권장하지 않는다.

EO(ethylene oxide) 가스 멸균

EO 가스는 가연성과 폭발성이 있는 무색의 가스이다. 이 멸균법에는 4가지 요소가 필수적인데 가스 농도, 온도, 습도, 노출시간이며 이들이 EO 멸균과정에 영향을 끼친다. 이 4가지 조건은 각각 450~1,200 mg/L, 37~63°C, 40~80%, 1~6시간이다. 특별한 조건에서 가스 농도와 온도가 높아지면 멸균까지 이르는 시간이 빨라질 수도 있다. EO는 단백질, DNA, RNA의 알킬화 또는 수소원자를 알킬 그룹으로 대치하여 정상세포의 세포대사와 복제를 방해하여 미생물을 사멸시키는 것으로 알려져 있다. EO 가스의 단점은 멸균시간이 길고 고가이며 작업자에 대한 잠재적인 위험성이 있다는 것이다.

가장 큰 장점은 열이나 습기에 민감한 의료기구를 손상없이 멸균할 수 있다는 점이다. EO에 의한 멸균 소요시간은 환기시간을 제외하고 약 2.5시간이다. 멸균 대상체의 잔류 EO를 제거하기 위해서 기계적 환기 시에는 50~60℃에서 8~12시간이 필요하다. 최근의 EO 멸균기는 멸균 챔버 내에서 환기가 동시에 이루어지도록 하여 물품 이동 시 노출을 최소화한다. 대기 중에서 환기시키는 경우에는 20℃에서 7일 정도가 소요된다.

과산화수소 가스 플라즈마 멸균

플라즈마는 물질의 4번째 상태이다. 밀폐된 진공상태의 챔버 내의 활동성 가스입자에 고주파나 전자파를 조사하게 되면 대부분이 자유라디칼 형태인 전하 입자가 발생된다. 이 자유라디칼이 세포의 효소나 핵산 등과 같은 생체분자와 반응하여 미생물의 대사를 방해한다. 이 방법의 부산물인 수증기와 산소는 독성이 없어서 공기정화가 필요없으므로 멸균물품을 안전하게 다룰 수 있으며 멸균 소요시간은 37~44℃에서 75분 정도이다. 물품에 습기가 남아 있으면 진공상태에 도달되지 못해 멸균과정이 진행되지 않는다. 과산화수소의 확산과 플라즈마 멸균의 두 사이클로 구성된 새로운 형태의 멸균기는 소요시간을 53분 정도로 단축시켰다. 미생물은 과산화수소 가스와 자유라디칼에 의한 두 가지 기전으로 사멸된다. 고온과 습도에 약한 일부 플라스틱, 전자기구, 부식에 약한 합금의 멸균에 사용되며 대부분의 시험대상 물품에 사용이 가능하다.

제16장 배지의 조제

미생물이 혼재한 시료에서 미생물을 분리하거나 계수할 때 사용되는 배지의 특성은 실험결과에 영향을 미치는 주요 원인이다. 그러므로 사용하는 배지가 어떤 특성의 미생물을 검출하는지에 대한 충분한 정보를 갖고 있어야 한다. 여기에서는 일반적인 배지의 조제법에 대해서 설명할 것이다. 시판되는 각종 배지는 분말 또는 입자상으로 적절한 농도가 되도록 증류수를 사용하여 교반하면 쉽게 미생물 배지를 만들 수 있다. 더욱이 품질이 보증되므로 동일 배지를 연속해서 사용할 때에는 더욱 편리하다. 배지를 제조할 때에는 적어도 1차 증류수 이상의 물로 배지분말을 잘 혼합한 다음에 15분 정도 방치해서 배지 성분의 수화를 최대화시키고 이후 가온 용해해서 멸균한다. 일반적으로 Difco사, BD사, BBL사, 옥소이드사, 하이메디아사 등의 제품들이 일반적으로 사용된다.

16.1 칭량과 용해

성분을 칭량하는데 있어서 일반적으로 천칭을 사용해도 무방하다. 배지에 포함되어 있는 각 성분의 양은 경험적으로 정해져 있는 경우가 대부분이며, 또한 영양물의 성격상 농도는 그리 엄밀한 것이 아니기 때문이다. 용해에는 보통 가온한 증류수를 사용하는 것이 편리하다. 일반적으로는 실온의 1차 증류수 이상의 물을 사용한다. 모든 성분이 포함된 조제배지가 아닌 경우는 한 가지 성분이 완전히 용해되고 나서 다른 성분을 넣도록 한다. 이렇게 해야 성분간의 반응으로 침전물 생성을 막을 수가 있다. 특히 인산염은 칼슘, 철 등과 침전이 쉽게 일어난다. 배지의 용해는 자석 교반기를 이용하면 편리하다. 또한 미량 성분은 미리 100배의 고농도 용액을 조제하여 사용하면 편리하다. 인산염의 침전은 멸균을 하게 되면 잘 생긴다. 일반적으로 배지 성분의 침전이 생기더라도 미생물의 배양에는 지장이 없지만 액체배양과 희석평판에 의한 균수 측정에는 지장이 있다. 침전을 막기 위해서는 그 원인이 되는 성분을 따로 멸균한 후 냉각한 다음에 혼합하는 것이 좋다.

16.2 pH 조정

pH 조정에는 통상적으로 1 M의 염산과 수산화나트륨 용액을 사용한다. 배지의 조성에 따라서 다르지만 pH는 멸균에 의해서 약간 저하되는 경향이 있다. 배지의 pH 조정은 pH 미터와 BTB 등의 pH 시험지를 사용한다. 시험지의 색조는 pH 미터의 값과 대비시켜서 보정하여 기억해 두면 편리하다.

16.3 배지의 고형화

배지를 경화시키는 한천은 통상 1.2~1.5% 농도로 배지에 첨가한다. 하지만 산성의 배지는 경화가 어려워 한천의 농도를 1.8% 정도까지 높여야 하며 미생물의 운동성을 시험하는 경우나 미호기성 세균의 검출에는 0.3~0.5%의 반유동 한천이 되도록 첨가하는 등 경우에 따라 다르게 조정해야 한다. 한천은 배지와 함께 직접 멸균하거나 혹은 끓는 물에 가열, 용해해서 시험관이나 페트리접시에 분주한다.

16.4 사면배지와 고층배지

순수 배양한 균주의 보존이나 간단한 미생물의 특성을 조사하기 위해서는 사면배지나 고층배지를 사용한다. 16.5 cm의 시험관은 7 mL, 18 cm의 시험관은 10 mL 정도가 적당하다. 배지의 분주는 분주기나 자동 피펫을 사용하면 편리하다. 배지의 분주는 가능한 신속하게 하고 거품이 생기거나 시험관 입구에 배지가 묻지 않도록 주의한다. 분주한 시험관은 면전을 이용해서 밀봉한다. 그리고 나면 한천이 아직 굳지 않은 상태이기 때문에 조심해서 적당한 높이의 받침에 기대 놓고 경화시킨다. 이렇게 준비된 배지를 사면배지라 한다. 혹은 시험관대 등에 세운채로 경화시키면 이것을 고층배지라 한다. 살균 조작할 때에는 면전이 젖은 것은 폐기한다. 면전은 충분히 건조하지 않으면 면을 통해서 미생물이 혼입될 우려가 있기 때문이다. 최근에는 면전 대신 플라스틱 등의 새로운 소재가 시판되고 있으며 단기간의 배양에는 면전보다 편리한 알루미늄 캡도 사용할 수 있다.

제17장 미생물의 배양

대부분의 미생물 실험에 있어서 배양은 생략할 수 없는 중요한 과정이다. 많은 경우에 미생물은 배양하지 않으면 그 특성을 밝힐 수가 없기 때문이다. 미생물의 배양방법으로는 진탕배양, 정치배양 등이 있으며 실험대상 미생물이나 실험 목적에 의해서 적당한 배양방법을 선택해야 한다. 여기서는 호기성 미생물의 배양방법에 대해 설명할 것이다.

17.1 진탕배양

일반적으로 액체배양을 해야 하는 호기성 미생물은 진탕에 의해서 배양이 촉진된다. 분리된 균의 배양과정을 추적하거나 대사산물을 조사할 때 혹은 다량의 균체를 확보하고자 할 때에는 진탕배양법이 유용하다. 진탕배양기는 진탕기를 항온기 안에 넣은 것으로 진탕 플라스크에 적합한 것, 시험관에 적합한 것 등이 시판되고 있다.

17.2 정치배양

페트리접시의 한천배지에 도말한 미생물의 배양에 주로 사용되는 배양법으로 삼각플라스크 내의 액체배지에 접종한 미생물의 배양에는 주로 사용되지 않는다. 배양에는 보통 항온기를 주로 사용한다.

제18장 세균배양에 필요한 영양소와 배지의 종류

모든 미생물은 증식하기 위해 균체의 성분을 합성해야 하며 이에 필요한 핵산(nucleotide), 아미노산, 당 등의 기본 성분은 외부에서 공급받든지 혹은 균 자체에서 합성해야 한다. 이러한 물질들의 생합성 과정에는 에너지가 필요하다. 세균 중에는 대기 중의 이산화탄소를 탄소원으로 사용하면서 태양에너지를 이용하여 증식하는 것이 있지만 대부분의 모든 병원성 세균은 유기물질을 필요로 한다. 하지만 유기물질을 필요로 하는 정도가 세균마다 큰 차이가 존재한다. 포도당과 몇 종류의 무기염류만으로 증식할 수 있는 균종도 있지만 다른 병원균은 거의 사람처럼 비타민, 아미노산 등을 외부에서 공급받아야 한다. 세균의 병원성과 세균이 필요로 하는 영양소, 증식에 필요한 물리적 환경과 신진(물질)대사는 밀접한 관련성이 있다.

세균의 성장을 위해서 필요한 영양소를 종류별로 설명하기 위하여 미생물실험실에서 일반적으로 자주 사용하는 "포도당 최소배지(glucose minimal medium)"로 알려져 있는 대장균의 배지를 예를 들면 이 배지에는 탄소원(carbon source), 질소원(nitrogen source), 무기염류(mineral) 및 물(H_2O) 등이 포함되어 있다.

표. 18.1 포도당 최소배지(glucose minimal medium)의 조성

	함량(g/L)	영양소
Glucose	2.0	C, 에너지
Na_2HPO_4	6.0	P, 완충제
KH_2PO_4	3.0	P, 완충제
NH_4Cl	1.0	N
$CaCl_2$	0.01	Ca
$MgSO_4$	0.012	Mg, S

탄소원

생물체를 구성하는 거의 대부분의 거대분자 또는 생체고분자에는 탄소와 질소가 포함되어 있다. 따라서 세균의 증식을 위해서는 반드시 탄소원과 질소원이 공급되어야 한다. 탄소원은 에너지원으로도 이용된다. 쇠고기 액즙을 끓여서 만든 nutrient broth는 많은 종류의 세균을 키울 수 있는 아주 좋은 배지가 되는데 이 배지에 포함된 아미노산이 탄소원과 에너지원이 된다.

임상미생물검사실에서 임상검체를 접종한 혈액한천배지를 5~10%의 이산화탄소가 포함된 세균배양 항온기에서 배양하는 것은 병원성 세균, 특히 임균, 수막염균 등이 이산화탄소가 있어야 만 잘 자라는 세균이기 때문이다.

질소원

대장균은 무기질소원에서 아미노산과 단백질을 합성할 수 있지만 대부분의 병원성 세균은 아미노산 등의 유기질소원이 공급되어야만 한다.

무기염류

세균은 여러 종류의 무기염류를 필요로 한다. 인(P)은 핵산, ATP 등의 성분으로, 황(S)은 단백질의 성분으로, 마그네슘(Mg)과 칼륨(K)은 여러 효소의 활성화를 위해 외부에서 필수적으로 공급되어야 한다. 하지만 이러한 무기염류의 필요량은 배지제조에 사용하는 증류수에 오염된 무기염류만으로도 그 필요량을 충당할 수가 있어 세균배양 시 이들 무기염류 공급은 큰 문제가 아니다.

물

물은 모든 생명체의 대사에 필수적이다.

발육인자

발육인자(growth factor)란 미생물이 자체적으로 합성을 못하고 외부로부터 반드시 공급받아야 하는 영양소(유기화합물)를 말한다. 대장균은 발육인자가 없는 glucose minimal medium에서도 잘 증식하지만 그 외 대부분의 병원성 세균은 아미노산, 비타민 등의 발육인자가 함유된 배지에서만 증식한다. 임상검체를 배양하는 경우에 동물의 혈액, 효모추출물(yeast extract) 등을 배지에 첨가하는 이유가 바로 이들 성분에 발육인자가 있기 때문이다. 유아기에 뇌수막염을 일으키는 인플루엔자(*Haemophilus influenzae*)는 X인자인 hemin과 V인자인 NAD(nicotinamide adenine dinucleotide)를 발육인자로 요구하기 때문에 이와 같은 특성을 세균 동정에 이용한다.

18.1 배지의 종류

미생물을 순수하게 배양하기 위해서 미생물의 영양적 요구성을 충족시킬 수 있는 적합한 영양 구성체가 필요하며 이를 배지(medium)라고 한다. 배지는 배지성분, 사용목적, 배지물성 등에 의해 구분할 수 있다.

배지성분에 의한 분류

1) 천연(자연)배지(natural medium)

배지의 주요 성분이 천연물에서 얻어진 것으로 화학적 조성이 분명하지 않다. 곰팡이나 효모의 분리에 주로 사용되는 천연배지로서 Koji로부터 만든 Koji extract와 맥아로부터 추출한 malt extract가 있다. 세균의 분리에는 쇠고기로부터 추출한 육즙배지, 우유배지 등이 있다.

2) 합성배지(synthetic medium)

합성배지는 첨가된 영양분의 성분, 농도 등이 완전히 규명된 배지를 지칭한다(chemically defined medium). 이와는 반대로 화학적 성분이 완전히 규명되지 않은 배지를 복합배지(complex medium)라고 하는데 일반적으로 사용되고 있는 배지는 beef extract, peptone, yeast extract를 포함하는 복합배지이다.

배지의 물성에 따른 분류

1) 액체배지(liquid medium)

고형화 성분이 첨가되지 않은 액체상태의 배지로써 미생물의 증균, 미생물로부터의 대사산물을 얻기 위해서 주로 사용되는 배지이다.

2) 고체배지(solid medium)

액체배지에 한천(agar), 감자(potato), 젤라틴(gelatin) 등의 고형화 성분(solidyfying agent)이 일정량으로 포함된 것을 말한다. 미생물의 분리 및 보존을 위해 주로 사용된다. 한천이 가장 많이 사용되는 고형화 성분인데 일반적으로 42℃ 이하에서 고형화되는 특성이 있다. 통상 1.5~20% 정도로 배지에 첨가된다.

사용목적에 따른 분류

식품 중에서 식중독과 관련된 미생물을 동정하는 것이 필요한데 이를 위해서 선택배지와 감별배지가 사용된다. 선택배지(selective medium)는 특정한 미생물의 증식을 촉진하고 다른 미생물의 증식을 억제하여 원하는 미생물만을 선택적으로 분리, 배양하기 위해 사용되는 배지이다. 일반적으로는 식품 시료 및 임상시료로부터 병원성 미생물의 분리에 주로 사용된다. 감별배지(differential medium)는 배지에 특수한 생화학적 시약을 첨가해서 한 종의 미생물을 다른 미생물들과 구별, 감별할 수 있게 해 주는 배지이다. MacConkey agar, eosin-methylene blue (EMB) agar, desoxycholate-citrate (DCA) agar 등이 있다. 미생물을 순수 분리배양하면 특수한 배지에서 검출이 가능하다. 예를 들면 맥콩키 한천배지(MacConkey agar)는 식품 중의 식중독 미생물의 검출을 위해 사용되는 선택배지이면서 감별배지이다. 맥콩키 한천배지는 그람양성균의 성장을 억제하는 담즙(bile salt)과 크리스탈 바이올렛(crystal violet), 그람음성균을 성장을 촉진하는 젖당(lactose)을 함유하고 있다. 혈액 한천배지(blood agar)는 주로 임상검체로부터 병원성 미생물을 검출하는데 주로 사용되는 선택배지이다. 혈액 한천배지는 적혈구를 파괴하는 미생물을 확인하기 위한 배지로 적혈구를 포함하고 있는 암적갈색 배지이다. 적혈구를 파괴하는 미생물로는 *Streptococcus pyrogenes*가 있는데 이 세균은 패혈성인 두염(strep throat)을 일으키는 원인균이다. 한편, 증균배지(enrichment medium)는 보통 액체상태의 배지로 특정 미생물은 잘 자라게 하고 그 외의 미생물은 자라지 못하게 하는 영양소와 환경조건을 제공한다.

제19장 세균증식에 영향을 미치는 환경 조건

세균의 발육은 영양소 이외에 온도, 수소이온농도(pH), 습도, 삼투압 등에 의하여 영향을 받지만 가장 중요한 환경 조건은 산소(O_2)이다. 산소에 대한 세균의 반응은 균종에 따라서 다양하며 다음의 4가지로 구분할 수 있다.

1) 통성혐기성균(facultative anaerobes)

산소 농도에 상관없이 증식할 수 있는 세균으로 *E. coli*, *S. aureus* 등이 이에 속한다.

2) 미호기성균(microaerophilic bacteria)

5% 정도의 산소가 있는 조건에서 잘 자라는 세균으로 혐기성 조건에서는 증식하지 못한다. 예로 *Helicobacter* 균종 등이 여기에 속한다.

3) 절대호기성균(obligate or strict aerobes)

산소를 절대적으로 필요로 하는 세균으로 *Mycobacterium tuberculosis*, *Pseudomonas aeruginosa* 등이 이에 속한다.

4) 절대혐기성균(obligate or strict anaerobes)

산소가 있으면 증식할 수 없을 뿐만 아니라 산소가 유독하게 작용하며 균이 사멸하는 부류로서 *Clostridium perfringes* 등이 이에 속한다. 혐기성 미생물은 산소에 노출되면 사멸하기 때문에 환원

배지(reducing medium)라는 특수한 배지에서 배양해야만 한다. 환원배지는 배지에 포함된 산소를 제거하는 역할을 하는 sodium thioglycolate와 같은 첨가제를 포함하고 있다.

대부분의 병원성 세균은 통성혐기성으로 산소의 존재 여부에 상관없이 증식이 가능하지만 산소가 있을 때 훨씬 증식이 잘된다. 그 이유는 산소가 있을 때 에너지 생산이 더욱 효과적으로 이뤄지기 때문이다. 한편, 미생물도 다른 생물과 같이 생명의 유지와 생장을 위해서 필요로 하는 영양분의 획득방법에 따라 구분할 수 있다. 즉, 미생물을 포함한 모든 생물들은 에너지와 탄소원을 어떻게 얻느냐에 따라서 다음과 같이 분류할 수 있다.

1) 종속영양생물(heterotrophs)
탄소원으로 유기화합물을 이용하는 (미)생물

2) 독립영양생물(autotrophs)
탄소원으로 이산화탄소를 이용하는 (미)생물

3) 광영양생물(phototrophs)
에너지원으로 광에너지를 이용하는 (미)생물

4) 화학영양생물(chemotrophs)
에너지원으로 화학반응(산화-환원반응)에서 얻어지는 에너지를 이용하는 (미)생물

이와 같은 분류를 통해서 모든 생물은 아래 4가지 분류 중 하나로 구분될 수 있다.

1) 광독립영양생물(photoautotrophs)
태양광을 에너지원으로 그리고 이산화탄소를 탄소원으로 이용하는 생물로서 고등식물, 조류 그리고 광합성 세균이 포함된다.

2) 광종속영양생물(photoheterotrophs)
태양광을 에너지원으로 그리고 유기물을 탄소원으로 이용하는 생물로 purple/green 박테리아 등이 있다.

3) 화학무기영양생물(chemoautotrophs)
이산화탄소를 탄소원으로 사용하고 에너지원은 산화환원반응에 의존하며 여기에 무기전자공여체를 이용하는 미생물로서 무색황세균, 철세균, 질산화세균 등이 포함된다.

4) 화학종속영양생물(chemoheterotrophs)
유기물을 탄소원으로 사용하고 에너지원으로서 산화환원반응에 의존하며 전자공여체로서 유기물을 이용하는 생물로서 동물, 대부분의 세균, 곰팡이 그리고 원생동물이 포함된다.

제20장 세균의 증식

세균은 알균과 막대균 등의 균형을 유지하면서 하나가 둘로 분열하는 이분법(binary fission)에 의해서 증식한다. 한 개의 세균이 둘이 되는데 걸리는 시간을 세대시간(generation time) 혹은 배가시간(doubling time)이라 한다. 균종별로 다르지만 대장균은 최적 생장조건에서 세대시간이 20분 정도로 짧은 반면에 결핵균은 24시간으로 상대적으로 긴 특성이 있다.

세균 중에서는 배양배지에서 증식하지 못하는 균종이 있다. *Chlamydia trachomatis*와 *Rickettsia*는 세포배양에서만 자란다. 이는 이들 세균이 바이러스와 같이 절대세포 내 기생(obligatory intracelluar parasite)을 하기 때문이다. 하지만 *Mycobacterium leprae*(나균)과 *Treponema pallidum*(매독균)은 세균배지와 세포배양에서 모두 잘 잘라지 않는다.

20.1 증식곡선

세균을 용액에 희석한 다음에 소량을 평판 한천배지 표면에 도말하여 적절한 조건에서 배양하면 대개 하룻밤 사이에 육안으로 식별 가능한 세균덩어리를 볼 수 있다. 이것을 집락(colony)이라 한다. 한 개의 집락은 하나의 세균세포가 증식한 것으로 만일 10개의 집락이 배양되었다면 이는 최초 10개의 세균이 존재하고 있음을 말하는 것이다.

세대시간이란 미생물이 분열하는데 필요한 시간을 지칭하는 것으로 이는 미생물마다 다르며 이들이 증식하는 환경과 온도에 좌우된다. 대부분의 미생물의 세대시간이 1~3시간인데 반해서 일부 특정한 미생물은 24시간 정도가 되는 것도 있다. 미생물은 엄청난 속도로 증식하는데, 예를 들어 이분법으로 분열하는 미생물은 매 20분마다 2배로 증식해서 30세대(10시간 정도) 이내에 이들 미생물의 수는 10억 가까이 된다. 이런 급속한 미생물의 증식을 산술적 그래프로 나타내는 것이 어렵기 때문에 미생물의 증식을 표현하기 위해서는 대수척도(log scale)를 사용한다.

세균의 증식과정을 좀 더 자세히 살펴보기 위해서 액체배지에 세균을 접종한 후 균수가 늘어가는 것을 그림 20.1과 같은 증식곡선으로 얻을 수 있다. 일반적으로 증식곡선은 4개의 단계로 나눌 수 있다.

1) 지체기(유도기)

미생물을 처음에 배지에 접종하면 곧바로 세포분열이 일어나지 않고 지체기(lag phase) 또는 유도기라고 하는 일정한 시간이 필요하고 이 시간이 지난 후에 비로소 세포분열이 시작된다. 지체기는 미생물이 새로운 환경에서 증식에 필요한 새로운 구성요소와 성분 그리고 각종 효소를 합성하는 시기로써 미생물의 상태나 배양조건 등에 따라서 길어질 수 있고 짧아질 수도 있다. 다시 말하면 지체기는 새로운 환경에 대한 세포의 적응기이다.

새로운 배지에 접종된 미생물은 주로 ATP, 리보솜 등이 부족해서 증식을 개시하려면 이러한 성분을 먼저 생합성해야 한다. 또한 배지성분이 다를 경우에 미생물은 다른 영양분을 사용하기 위하여 필요한 새로운 효소를 합성해야 한다. 만일 지수기의 미생물을 영양환경이 동일한 배지로 옮기면 지체기가 아주 짧거나 유도기가 없이 바로 지수적 증식이 가능함을 볼 수 있다. 미생물 배양 시 지체기가 나타나는 경우는 첫째, 정체기의 세포를 동일한 배지에 접종하면 대개 지체기가 나타난다. 둘째, 영양성분이 풍부한 배지에서 배양된 세포를 영양성분이 부족한 배지로 접종한 경우와 같이 배지의 화학적 조성이 달라진 경우에 지체기가 나타난다. 셋째, 냉장 보관된 접종체를 사용할 경우에도 지체기가 나타나며 마지막으로 열, 자외선 조사, 독성 화합물 등에 의해 손상을 입은 세포를 접종할 경우에도 손상으로부터 회복시간이 필요하기 때문에 유도기가 나타난다.

2) 지수기(대수기)

지체기에서 새로운 환경에 대해 적응하게 되면 증식속도가 가속화되어 미생물은 지수적으로 증식하기 시작하며 이 시기를 지수기(exponential phase)라 부른다. 지수기 동안 증식속도는 일정하게 나타나서 일정한 시간 간격으로 미생물의 수가 두 배로 증가한다. 지수적인 증식기간 동안 미생물은 최적 조건 하에서 분열할 수 있는 최대의 속도로 성장하고 분열한다. 지수기의 미생물들은 생화학적, 생리학적 특성이 가장 균일하고 영양상태가 풍부한 상태에 있게 된다. 미생물의 지수생장의 속도를 지배하는 인자(요인)에는 종의 유전적인 특성뿐만 아니라 온도, 산소분압, pH, 배지조성 등과 같은 환경인자들도 포함된다.

일반적으로 원핵성 미생물은 진핵성 미생물보다 생장속도가 더 빠르고, 크기가 작은 진핵 미생물은 큰 것보다 더 빨리 증식한다. 이와 같이 작은 미생물들이 큰 미생물보다 생장속도가 빠른 이유는 부피에 대한 표면적이 커서 영양분을 더 빨리 섭취할 수 있고 배설물을 더 빨리 내보낼 수 있는 대사특성을 보유하고 있기 때문이다.

3) 정지기(정체기)

플라스크나 시험관에서 회분배양(batch culture)을 통한 미생물의 지수생장은 제한적으로 일어난다. 다시 말해 배양액 안의 미생물수가 최대에 도달하면 영양분의 고갈, 독성 대사산물의 축적, 산소공급의 제한, pH의 변화 등으로 미생물의 성장이 제한된다. 이 결과로 미생물의 성장속도는 감소하게 되고 마침내는 생장이 정지상태로 된다. 미생물의 증식이 멈추면 생장곡선은 일정한 상태에 이루는데 이 시기를 정지기(stationary phase)라고 부른다.

정지기는 일반 세균의 경우 1 mL 당 10^9 세포가 되면 나타나지만 대부분의 미생물들은 세균처럼 고 밀도의 집단에 이르지 않는다. 조류나 원생동물은 1 mL 당 10^6 정도의 세포가 되면 정지기에 이른다. 정지기에서 총 미생물의 수는 영양분이나 배양방식 등 여러 가지 요인에 따라 다르게 나타나지만 총 생균수는 일정하다. 정지기의 생균수가 일정한 것은 미생물이 휴지상태, 즉 세포가 대사활성을 유지한 채로 단순히 분열을 멈춘 경우와 세포분열과 세포사멸이 평형을 이뤄 두 가지의 세포수가 동일한 상태일 경우, 즉 생장 세포수 = 사멸 세포수에 나타난다. 전자의 경우는 총 균수(total cell count)와 생균수(viable cell count)가 일치하며, 후자의 경우는 생균수는 일정하지만 총 균수는 증가한다.

정지기의 미생물들은 지수기의 미생물들과 화학적 조성이 다르며 불리한 화학적 요인과 물리적 요인에 대해 보다 저항력이 강한 특성을 갖는다. 내생포자(endospore)를 형성하는 미생물들은 일반적으로 정지기에 포자를 형성한다.

4) 사멸기

증식하지 않는 미생물은 결국에 사멸기(death phase)라는 과정으로 들어가는데 이러한 단계에서 미생물 집단은 생균수가 급격히 감소한다. 사멸의 원인과 사멸속도는 균의 종류와 배양조건에 따라서 다르다. 장내세균의 사멸속도는 서서히 사멸하는데 반해서 일부 바실러스속 세균의 경우에는 빨리 사멸한다.

미생물의 사멸원인은 세포 내에 저장된 에너지의 고갈, 각종 효소에 의한 세포구조의 손상과 파괴, 효소의 변성에 의한 효소기능 손실 등이다. 증식에서와 같이 사멸도 지수적으로 일어나기 때문에 사멸기의 생균수는 시간이 지남에 따라서 직선적으로 감소한다. 그러므로 생장주기에서 사멸기 역시 지수함수 곡선으로 나타난다. 하지만 전형적인 미생물의 사멸속도는 지수생장속도에 비해 훨씬 느리다.

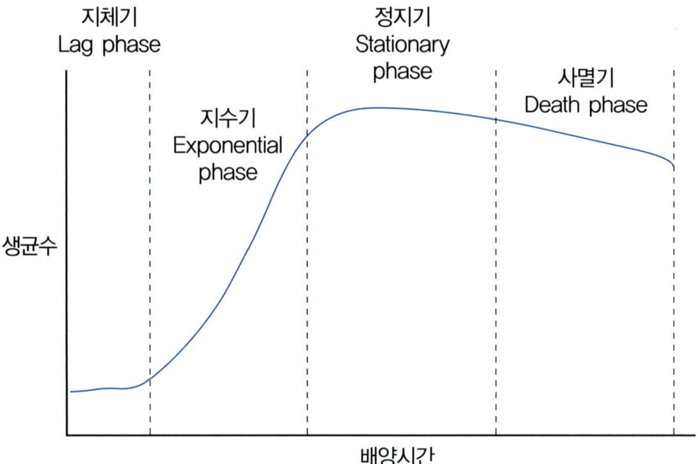

그림 20.1 미생물의 생장곡선 생장곡선은 4단계로 구분된다.

III부

식품공전
미생물 배양배지

식품공전 1번 배지

표준한천배지 (Plate Count Agar)

표준한천배지는 식품 및 음용수로부터 표준평판계수법(standard plate count method)에 의해서 일반세균의 정량 혹은 정성 분석에 권장되는 한천배지이다.

배지 조성

성분명	1,000 mL 제조시 필요한 양
Tryptone	5.0 g
Yeast extract	2.5 g
Dextrose	1.0 g
Agar	15.0 g
합계	23.5 g

배지 조제

각 배지 성분별 필요량을 1,000 mL의 멸균 증류수에 넣고 잘 혼합하거나 완전한 용해를 위해서 끓인다. 121℃, 고압(15 psi)에서 15분간 멸균한 다음 50~55℃ 정도로 배지를 식힌 후 페트리접시에 분주하고 1시간 정도 건조시켜 사용한다.

배지 특성

Tryptone은 아미노산과 여러 가지 복합 질소원을 제공하며 yeast extract는 비타민 B 복합체를 제공한다. APHA는 pour plate를 위한 배지로서 표준한천배지의 사용을 권장한다. 이 방법은 적당히 희석한 샘플을 페트리접시에 넣은 후 멸균된 50~55°C로 미리 식힌 표준한천배지를 분주하고 샘플이 잘 혼합되도록 페트리접시를 돌려가면서 잘 흔들어 굳혀서 미생물의 정량과 정성분석에 사용되는 방법이다. 또한 표준한천배지는 무균실 내에 존재하는 미생물을 모니터링하는데 적합한 배지이다.

균주 반응성

35~37°C에서 18~24시간 후 주요 표준균주의 배양 특성은 아래와 같다.

표준균주	생장 정도
Bacillus subtilis ATCC 6633	아주 잘 자람
Escherichia coli ATCC 25922	아주 잘 자람
Listeria casei ATCC 9595	아주 잘 자람
Staphylococcus. aureus ATCC 25923	아주 잘 자람
Enterococcus faecalis ATCC 25912	아주 잘 자람
Streptococcus pyogenes ATCC 19615	아주 잘 자람

배양 결과

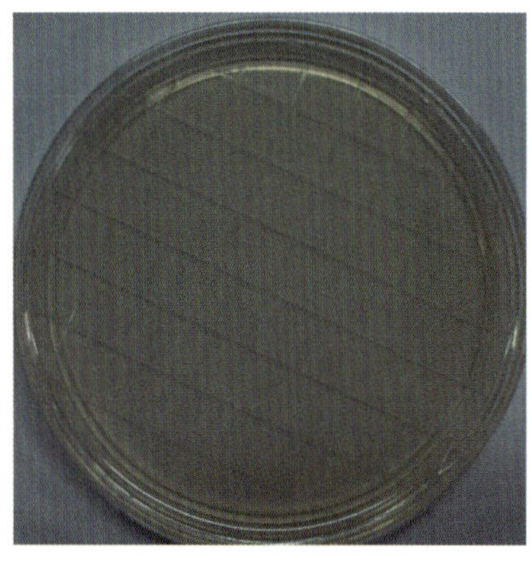

세균배양 전

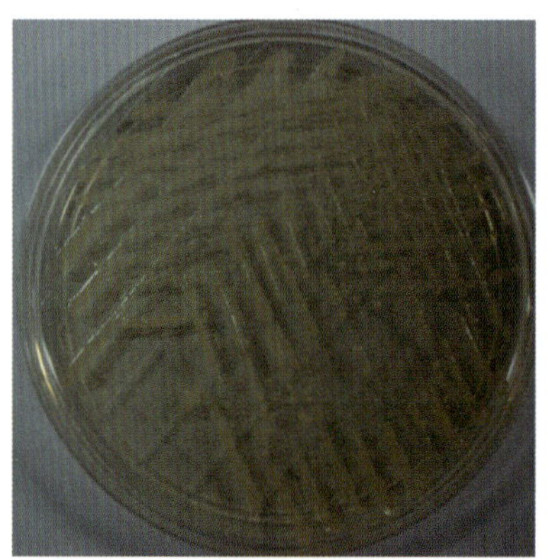

세균배양 후
(*E. coli* ATCC 25922)

출처: (주)나래바이오테크(www.naraebio.com)

식품공전 2번 배지

유당배지 (Lactose Broth)

유당배지는 음용수, 식품 및 유제품에서 대장균군의 정성검사에 사용된다.

 배지조성

성분명	1,000 mL 제조시 필요한 양
Peptone	5.0 g
Beef extract	3.0 g
Lactose	5.0 g
합계	13.0 g

배지 조제

각 배지 성분별 필요량을 1,000 mL의 멸균 증류수에 넣고 잘 혼합하거나 완전한 용해를 위해 필요하다면 끓여서 용해한다. pH를 6.9±0.2로 조정한 후에 시험관에 발효관(durham tube)을 거꾸로 넣고 적당한 양의 잘 혼합된 유당배지를 분주한 다음 121°C 고압(15 psi)에서 15분간 멸균한다. 35°C 정도로 배지를 식힌 후 사용한다.

 배지 특성

배지 성분 중에서 peptone과 beef extract는 미생물의 생장에 필요한 필수 영양분을 제공한다. 유당은 대장균군을 위한 발효성 탄수화물이다. 발효관이 있는 유당배지 시험관에 음용수 또는 우유 등의 희석액을 첨가한 후, 35°C에서 24~48시간 동안 배양하면 가스 생성 여부를 확인할 수 있다. 대장균군에 속하는 세균은 호기성 또는 통성 혐기성의 그람음성 세균이며 또한 비포자 형성 간균들로서 통상적으로 35℃에서 배양할 때 48시간 안에 유당을 발효하여 가스를 만든다. 시료의 부피가 클 때에는 최종 부피를 최소화하기 위해서 2배로 농축된 유당배지를 사용하는 것이 편리하다.

균주 반응성

35~37℃에서 18~24시간 후 표준균주의 배양 특성은 아래와 같다.

표준균주	생장 정도	가스 생성
Enterobacter aerogenes ATCC 13048	아주 잘 자람	양성
Enterococcus faecalis ATCC 29212	아주 잘 자람	음성
Escherichia coli ATCC 25922	아주 잘 자람	양성
Pseudomonas aeruginosa ATCC 27853	아주 잘 자람	음성
Pseudomonas aeruginosa ATCC 9027	아주 잘 자람	음성
Escherichia coli ATCC 8739	아주 잘 자람	양성
Escherichia coli ATCC 9002	아주 잘 자람	양성

배양 결과

세균배양 전

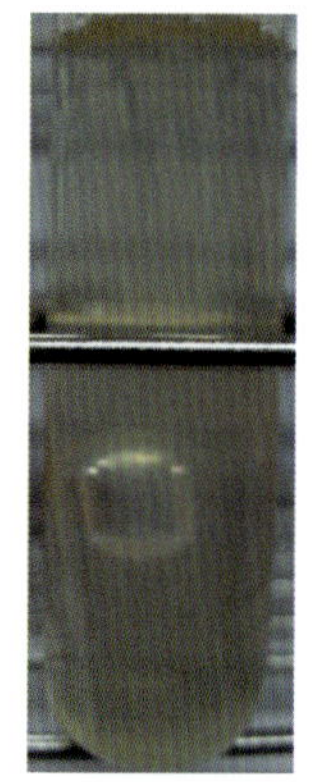

세균배양 후
(*E. coli* ATCC 25922)

출처: (주)나래바이오테크(www.naraebio.com)

식품공전 3번 배지

BGLB 배지 (Brilliant Green Lactose Bile Broth)

BGLB 배지는 주로 음용수, 우유 및 유제품으로부터 대장균군의 검출을 위한 정량시험용 배지로 사용된다.

배지 조성

성분명	1,000 mL 제조시 필요한 양
Peptone	10.0 g
Lactose	10.0 g
Oxgall	20.0 g
Brilliant green	0.0133 g
합계	40.0133 g

배지 조제

배지 성분별 필요량을 1,000 mL의 멸균 증류수에 넣고 잘 혼합하거나 완전한 용해를 위해 필요하다면 끓여서 용해한다. pH를 7.2±0.2로 조정한 후에 시험관에 발효관(durham tube)을 거꾸로 넣고 적당한 양의 BGLB 배지를 분주한다. 121℃ 고압(15 psi)에서 15분간 멸균한 후 35℃ 정도로 배지를 식혀서 사용한다.

배지 특성

Peptone은 필수 영양분으로 첨가되며, 유당은 발효성 탄수화물로 제공된다. 유당의 발효는 산을 생성시켜 brilliant green 염색시약에 의해서 녹색에서 노란색으로 변하게 한다. 발효과정 중에서 생성된 가스는 시험관을 거꾸로 넣은 발효관(durham tube)에 포집되며 이것으로 시료에 대장균군이 존재한다는 것을 확인할 수 있다.

분변성 대장균군의 경우는 EC 배지에서 가스 생성으로 확인할 수 있다. 만일 시료에 의해서 bile 또는 brilliant green 억제 효과가 약해지면 그람양성의 포자 형성균이 가스를 생산하기도 한다. Oxgall은 그람양성 세균의 생장을 억제하는 반면에 brilliant green은 그람음성 세균들의 생장을 억제한다.

균주 반응성

35~37°C에서 18~48시간 후 표준균주의 배양 특성은 아래와 같다.

표준균주	생장 정도	가스 생성
Bacillus cereus ATCC 10876	억제됨	–
Escherichia coli ATCC 25922	아주 잘 자람	양성
Enterobacter aerogenes ATCC 13048	아주 잘 자람	양성
Enterococcus faecalis ATCC 19433	거의 자라지 않음	음성
Staphylococcus aureus ATCC 25923	억제됨	–

배양 결과

세균배양 전

세균배양 후
(*Escherichia coli* ATCC 25922)

출처: (주)나래바이오테크(www.naraebio.com)

식품공전 4번 배지

두 배 농도 BGLB 배지 (Brilliant Green Lactose Bile Broth)

두 배 농도 BGLB 배지는 공전배지 #3의 BGLB 배지 조성을 2배로 농축한 것으로 음용수, 우유 및 유제품으로부터 대장균군의 검출을 위한 정성검사에 주로 사용되는 배지이다.

배지 조성

성분명	1,000 mL 제조시 필요한 양
Peptone	20.0 g
Lactose	20.0 g
Oxgall	40.0 g
Brilliant green	0.0266 g
합계	80.0266 g

배지 조제

두 배 농도 BGLB 액체배지를 1,000 mL의 증류수에 녹인 다음에 pH를 7.2±0.1로 조정한다. 여기에 0.0266 g brilliant green을 첨가하여 완전히 용해시킨 후에 탈지면 등을 사용하여 여과한다. 시험관에 발효관(durham tube)을 거꾸로 넣고 여기에 10 mL씩 분주한 후 121°C에서 15분간 고압(15 psi) 조건에서 멸균한 후 35°C 정도로 배지를 식혀서 사용한다.

배지 특성

두 배 농도 BGLB 배지는 빛에 대단히 민감하기 때문에 햇빛이 직접 배지에 조사되지 않도록 한다. 만일 배지에 햇빛이 조사되면 배지의 색이 짙은 청색에서 보라색 또는 빨간색으로 변하게 되고 배지의 증균력과 선택성이 떨어지게 된다. 따라서 두 배 농도 BGLB 배지는 사용하기 바로 직전에 제조하는 것이 가장 좋으며 반드시 암실에 보관한다.

균주 반응성

35~37°C에서 18~48시간 후 표준균주의 배양 특성은 아래와 같다.

표준균주	생장 정도	가스 생성
Bacillus cereus ATCC 10876	억제됨	–
Escherichia coli ATCC 25922	아주 잘 자람	양성
Enterobacter aerogenes ATCC 13048	아주 잘 자람	양성
Enterococcus faecalis ATCC 19433	거의 자라지 않음	음성
Staphylococcus aureus ATCC 25923	억제됨	–

배양 결과

세균배양 전

세균배양 후
(*E. coli* ATCC 25922)

출처: (주)나래바이오테크(www.naraebio.com)

식품공전 5번 배지

Endo 한천배지 (Endo Agar)

Endo 한천배지는 임상 및 비임상 시료로부터 그람음성 세균의 분리, 배양 및 감별을 위해서 권장되는 한천배지이다.

 배지 조성

성분명	1,000 ml 제조시 필요한 양
Peptone	10.0 g
Lactose	10.0 g
Dipotassium phosphate	3.5 g
Sodium sulfite	2.5 g
Basic fuchsin	0.5 g
Agar	15.0 g
합계	41.5

배지 조제

각 배지 성분별 필요량을 1,000 mL의 멸균 증류수에 넣고 잘 혼합하거나 완전히 용해시키기 위해서 끓인 후에 121°C 고압(15 psi) 조건에서 멸균한 다음, 55~50°C 정도로 배지를 식힌 후 페트리접시에 분주하고 1시간 정도 건조시킨 후에 사용한다.

배지 특성

이 배지는 Endo라는 사람에 의해서 처음으로 고안된 것으로 그람양성 세균의 증식은 억제시키고 유당 발효 원리를 기초로 하여 그람음성 세균을 감별하는데 사용된다. 그람양성 세균의 억제는 일반적으로 사용되는 bile salt를 첨가하지 않아도 가능한데 이것은 배지에 첨가된 sodium sulfate와 basic fuchsin 때문이다. Endo 배지는 음용수, 유제품 및 식품의 미생물학적 조사 시 이용되는 중요한 배지로 APHA에 의해 권고되는 배지이다. 또한 Endo 배지는 음용수의 추정시험 후 대장균군의 계수와 검출을 위한 확정배지로서 사용될 수 있다. 또한 이 배지는 우유, 유제품 및 기타 식품으로부터 대장균군과 분변성 대장균의 분리 및 검출에도 유용하게 이용된다.

배지 성분 중에서 peptone은 세균의 생장에 필요한 질소원, 탄소원 그리고 비타민과 무기질을 제공하며 sodium sulphite와 basic fuchsin은 그람양성 세균의 생장을 억제하는 기능을 한다. 대장균군은 유당 발효를 하여 보라색 집락으로 자라는 반면에 유당 비발효 세균은 이 배지에서 무색의 집락으로 증식한다. 대장균의 경우에는 fuchsin의 첨가로 녹색의 금속성 광택을 내는 집락으로 자란다. Endo 배지는 빛에 의한 광산화가 빠르게 진행되는 배지로서 배지의 품질을 유지하기 위해서는 암냉소 보관이 필요하며 가급적이면 제조 후 바로 사용하는 것이 좋다.

균주 반응성

35~37°C에서 18~48시간 후 표준균주의 배양 특성은 아래와 같다.

표준균주	생장 정도	집락의 색깔
Bacillus. subtilis ATCC 6638	억제됨	–
Enterobacter aerogenes ATCC 13048	아주 잘 자람	분홍색
Enterococcus faecalis ATCC 29212	거의 자라지 않음	분홍색
Escherichia coli ATCC 25922	아주 잘 자람	금속성 광택이 있는 분홍 또는 장미색
Klebsiella pneumoniae ATCC 13883	아주 잘 자람	점액성 분홍색
Proteus vulgaris ATCC 13315	아주 잘 자람	무색 또는 분홍색
Pseudomonas aeruginosa ATCC 27853	아주 잘 자람	무색
Salmonella typhi ATCC 6539	아주 잘 자람	무색 또는 분홍색
Shigella sonnei ATCC 25931	아주 잘 자람	무색
Staphylococcus aureus ATCC 25923	억제됨	–
Enterobacter cloacae ATCC 13047	잘 자람	분홍색
Salmonella typhimurium ATCC 14028	아주 잘 자람	무색
Salmonella enteritidis ATCC 13076	아주 잘 자람	무색
Shigella flexneri ATCC 12022	아주 잘 자람	무색

배양 사진

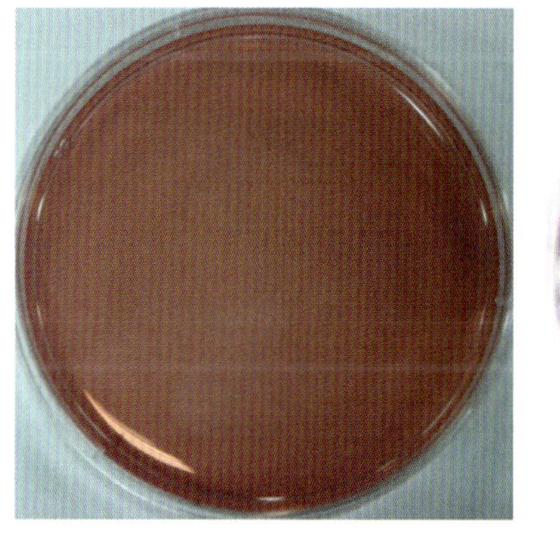

세균배양 전

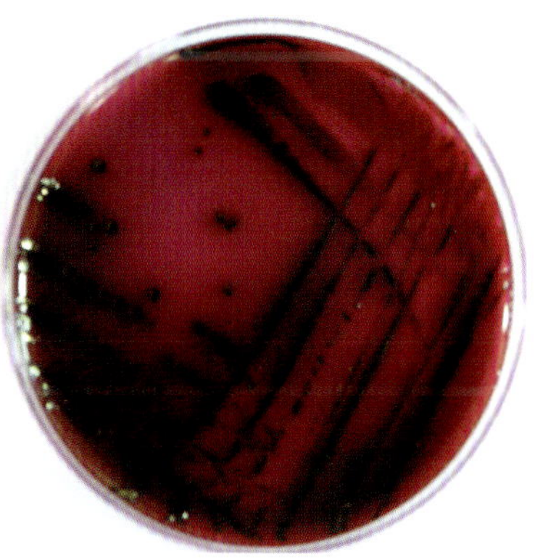

세균배양 후
(*E. coli* ATCC 25922)

출처: (주)나래바이오테크(www.naraebio.com)

식품공전 6번 배지

EMB 한천배지 (Eosine Methylene Blue Agar)

EMB 한천배지는 다양한 식품 내에 존재하는 그람음성 장내세균의 감별과 분리에 적합하다.

배지 조성

성분명	1,000 mL 제조시 필요한 양
Peptone	10.0 g
Lactose	5.0 g
Sucrose	5.0 g
Dipotassium phosphate	2.0 g
Eosin Y	0.4 g
Methylene blue	0.065 g
Agar	15.0 g
합계	37.465 g

배지 조제

각 배지 성분별 필요량을 멸균 증류수 1,000 mL에 넣고 잘 혼합한 다음 pH 6.8±0.2로 조정한다. 121℃, 고압(15 psi)에서 15분간 멸균한 다음 50~55℃ 정도로 배지를 식힌 후 페트리접시에 분주하고 1시간 정도 건조시켜 사용한다.

배지 특성

EMB 한천배지는 Holt-Harris와 Teague에 의해 처음으로 개발되었고 Levine에 의해서 일부 변형되었다. Eosin Y와 metylene blue는 그람양성 세균을 선택적으로 억제한다. 이 두 가지 염료는 세균의 탄수화물 발효능 보유 여부를 알려주는 감별 지시약이며 eosin Y와 metylene blue의 각 비율은 6:1 정도이다.

Sucrose는 lactose를 발효하지 못하거나 lactose가 함유된 배지에서 천천히 자라는 간균을 위한 대체 탄수화물로 첨가되기도 한다. 대장균군은 pH가 낮아지면서 생성되는 methylene blue-eosin 염료 복합체에 의해서 purplish black의 집락으로 자란다. 염료 복합체가 집락으로 흡수될 때 비발효성 미생물들은 단백질의 산화적 탈아미노반응으로 배지 주변의 pH가 상승하여 결과적으로 methylene blue-eosin 복합체를 용해시켜 무색의 집락을 띠게 된다.

균주 반응성

35°C에서 18~24시간 배양한 표준균주의 배양 특성은 아래와 같다.

표준균주	생장 정도	집락 색
Escherichia coli ATCC 25922	아주 잘 자람	초록색의 금속성 광택을 가지며, 집락의 중앙은 검은 보라색임
Proteus mirabilis(25933)	아주 잘 자람	무색
Salmonella typhimurium(14028)	아주 잘 자람	무색
Enterbacter aerogenes(13048)	잘 자람	분홍색
Klebsiella pneumoniae(13883)	잘 자람	분홍(점액성)
Staphylcoccus aureus(25923)	억제됨	–

배양 결과

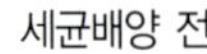
세균배양 전

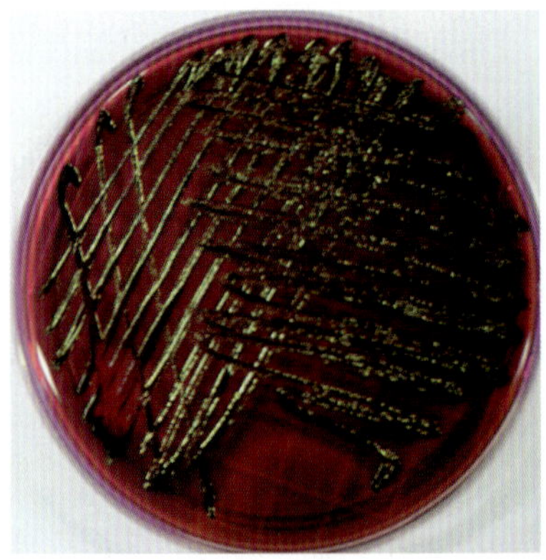

세균배양 후
(*E. coli* ATCC 25922)

출처: (주)나래바이오테크(www.naraebio.com)

식품공전 7번 배지

보통배지 (Nutrient Broth)

보통배지는 일반적인 세균 배양에 사용되는 배지이다.

배지 조성

성분명	1,000 mL 제조시 필요한 양
Peptone	5.0 g
Beef extract	3.0 g
합계	8.0 g

배지 조제

각 배지 성분별 필요량을 멸균 증류수 1,000 mL에 녹여 pH 7.0~7.4로 조정한다. 완전히 용해시키기 위해서 배지를 끓인 후에 121℃ 고압(15 psi) 조건에서 15분간 멸균한 후 35℃ 정도로 배지를 식혀서 사용한다.

배지 특성

보통배지는 배양조건이 까다롭지 않은 세균 배양에 주로 이용되는 배지이다. 초기에는 물과 오염수의 조사를 위해서 고안되었다. 보통배지는 beef extract와 peptone으로 구성된 매우 단순한 조성으로 6.5% NaCl를 포함한 보통배지는 대부분의 미생물의 막 투과성과 삼투평형을 간섭하게 되어 감별 및 선택배지로서의 특징을 가지게 되는데 bile esculin 양성의 *Streptococci*의 염분 내성을 결정할 수 있어 *Enterococci*를 감별하는데 유용하게 사용된다.

균주 반응성

35~37°C에서 18~48시간 후 표준균주의 배양 특성은 아래와 같다.

표준균주	생장 정도
Enterobacter aerogenes ATCC 13048	아주 잘 자람
Escherichia coli ATCC 25922	아주 잘 자람
Salmonella typhi ATCC 6539	아주 잘 자람
Staphylococcus aureus ATCC 25923	아주 잘 자람
Staphylococcus peidermis ATCC 12228	아주 잘 자람
Enterobacter feacalis ATCC 29212	아주 잘 자람

배양 결과

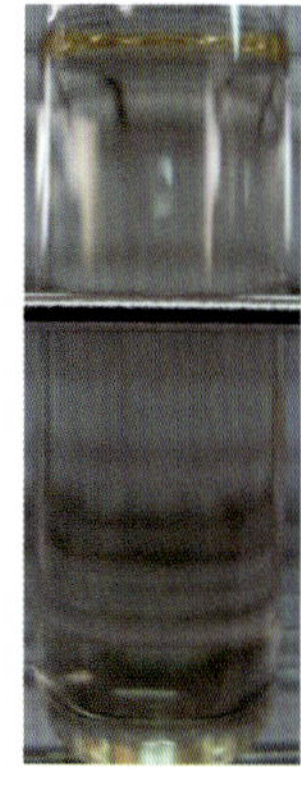

세균배양 전

세균배양 후
(*E. coli* ATCC 25922)

출처: (주)나래바이오테크(www.naraebio.com)

식품공전 8번 배지

보통한천배지 (Nutrient Agar)

보통한천배지는 물, 오염물, 분변 및 기타 시료에 있는 미생물의 계수 및 배양에 이용된다.

배지 조성

성분명	1,000 mL 제조시 필요한 양
Peptone	5.0 g
Beef extract	3.0 g
Agar	15.0 g
합계	23.0 g

배지 조제

각 배지 성분별 필요량을 멸균 증류수 1,000 mL에 녹여 pH 7.0~7.4로 조정한다. 완전히 용해시키기 위해서 배지를 끓인 후에 121°C 고압(15 psi) 조건에서 15분간 멸균하여 사용한다. 50~55°C로 배지를 식힌 후, 페트리접시에 분주하고 1시간 정도 건조시킨 후에 사용한다.

배지 특성

보통한천배지는 음용수와 유제품 등으로부터 생화학 및 혈청학적 테스트에 앞서 주로 배양액의 순도 확인 및 계대 유지에 사용된다. 최근 ISO 위원회는 *Salmonella*의 계수를 위해서는 pH 7.0으로 조정된 보통한천배지의 사용을 권장하고 있다. 이 배지는 배양이 까다롭지 않은 대부분의 미생물의 증식을 위해 필수 영양분을 제공하는 간단한 조성물로 구성되어 있어서 평판 또는 사면 배지로 이용된다.

배지성분 중 beef extract는 비타민, 유기질소 성분, 염 및 소량의 탄수화물을 제공하며, peptone은 주로 아미노산 공급원 역할을 한다. Wetmore와 Gochenour는 *Malleomyces*와 *Pseudomonas*의 계대배양에 글리세롤을 첨가한 보통한천배지를 사용했으며 Greenberg와 Cooper는 백신과 항원의 준비를 목적으로 *Staphylococci*의 배양에 이 배지를 적용했다.

균주 반응성

37°C에서 18~24시간 후 세균의 배양 반응성은 아래와 같다.

표준균주	생장 정도
Escherichia coli ATCC 25922	아주 잘 자람
Salmonella typhi ATCC 6539	아주 잘 자람
Salmonella enteritidis ATCC 13076	아주 잘 자람
Salmonella typhimurium ATCC 14028	아주 잘 자람
Salmnella flexneri ATCC 12022	아주 잘 자람
Staphylococcus aureus ATCC 25923	아주 잘 자람
Staphylococcus peidermis ATCC 12228	아주 잘 자람
Enterobacter feacalis ATCC 29212	아주 잘 자람

배양 결과

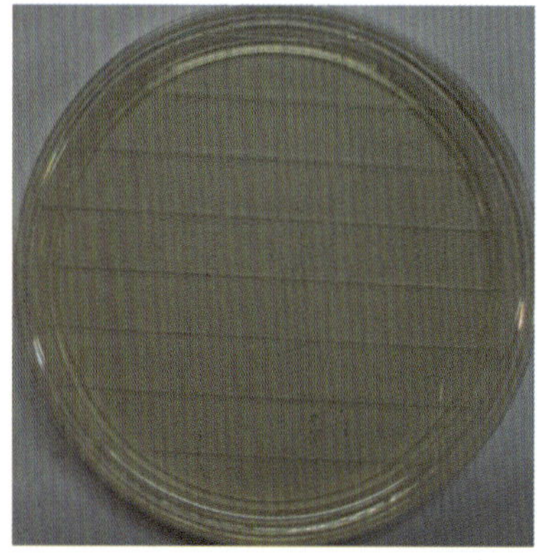

세균배양 전

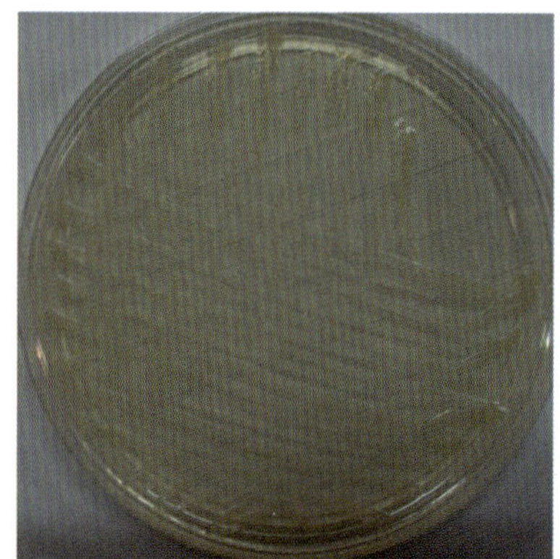

세균배양 후
(*E. coli* ATCC 25922)

출처: (주)나래바이오테크(www.naraebio.com)

식품공전 9번 배지

디옥시콜레이트 유당 한천배지 (Deoxycholate Lactose Agar)

디옥시콜레이트 유당 한천배지는 물, 음용수, 우유 및 유제품 내의 대장균군 계수와 분리에 주로 이용되는 선택, 감별 배지이다. 일반적으로 DCLA 한천배지라고 한다.

배지 조성

성분명	1,000 mL 제조시 필요한 양
Peptone	10.0 g
Lactose	10.0 g
Sodium chloride	5.0 g
Sodium citrate	2.0 g
Sodium deoxycholate	0.5 g
Neutral red	0.03 g
Agar	15.0 g
합계	42.53 g

배지 조제

각 배지 성분별 필요량을 멸균 증류수 1,000 mL에 녹여 pH 7.3~7.5로 조정한 후 끓여서 사용한다. 50~55°C 정도로 배지를 충분히 식힌 후 페트리접시에 분주하고 1시간 정도 건조시킨 다음에 사용한다. 일부 회사의 경우 고압증기멸균하여 사용하는 것으로 표기되어 있지만 통상적으로 이 배지는 고압증기멸균을 하지 않고 끓여서 제조해야 한다.

배지 특성

DCLA 배지는 Leifson에 의해서 개발된 배지를 변형한 것으로 유제품, 물, 오염수 및 기타 식품 내의 대장균군 검출에 주로 사용되는 배지이다. 이 배지에 포함된 sodium deoxycholate와 sodium citrate의 최적 농도에서 그람양성 세균의 증식을 억제하며 이 배지의 선택성은 비발효성 장내 간균과 lactose 발효 장내 간균을 감별하는데 도움을 준다. Lactose를 이용하는 lactose 발효 세균들은 산을 생성하여 지시약인 neutral red에 의해서 분홍색을 띠게 된다. Bile salts는 집락주변에 침전물로서 나타나며 lactose 비발효성 세균은 무색의 집락으로 자란다.

균주 반응성

35°C에서 18~24시간 후 세균의 배양 반응성은 아래와 같다.

표준균주	생장 정도	집락 색
Enterobacter aerogenes ATCC 13048	아주 잘 자람	Bile 침전물이 있는 분홍색
Escherichia coli ATCC 25922	아주 잘 자람	Bile 침전물이 있는 분홍색
Salmonella tphimurium ATCC 14028	아주 잘 자람	무색
Bacillus subtilis ATCC 6633	억제됨	–
Enterococcus faecalis ATCC 29212	억제됨	–

배양 결과

세균배양 전

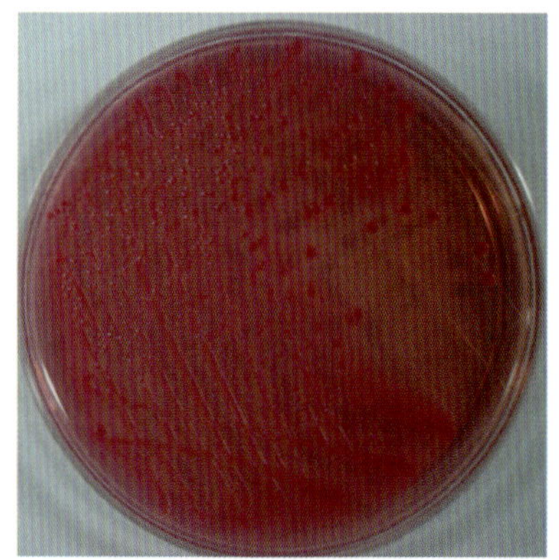

세균배양 후
(*E. coli* ATCC 25922)

출처: (주)나래바이오테크(www.naraebio.com)

식품공전 10번 배지

EC 배지 (EC Broth)

EC 배지는 MPN법 검사로 선택적인 대장균의 추정 계수(정량)에 주로 이용된다.

배지 조성

성분명	1,000 mL 제조시 필요한 양
Peptone	20.0 g
Lactose	5.0 g
Bile salt mixture	1.5 g
Dipotassium phosphate	4.0 g
Monopotassium phosphate	1.5 g
Sodium chloride	5.0 g
합계	37.0 g

배지 조제

각 배지 성분별 필요량을 멸균 증류수 1,000 mL에 녹여 pH 6.9±0.2로 조정한 후 발효관(Durham tube)을 넣은 시험관에 10 mL씩 분주하여 121°C에서 15분간 멸균한 후 35°C 정도로 배지를 식혀서 사용한다.

배지 특성

EC 배지는 Hajna와 Perry에 의해서 처음으로 개발되었다. Tennant 등은 바닷물과 어패류로부터 대장균을 증균하여 계수하는데 적합하다고 하였으며 Fishbein과 Surkiewicz는 냉동식품과 nut meat으로부터 대장균의 확정시험을 위해서 EC 배지를 이용하기도 하였다. 이 배지는 오염수 및 기타 식품으로부터 대장균을 검사하기 위한 MPN 시험법에 일반적으로 사용된다.

Peptone은 증식에 필요한 필수 영양분으로 제공되며 lactose는 발효를 위한 탄수화물로 사용된다. Bile salts mixture는 그람양성 세균 중에서 특히 간균 및 분변성 *Streptococci*를 효과적으로 억제시키는 역할을 한다. Potassium phosphate는 lactose 발효과정 중에서 pH를 조절하는 역할을 한다. 24시간 이내에 발효관에서 가스가 생성되면 대장균군이 존재한다는 추정 증거가 된다. 이 배지는 대장균군의 검출을 위해서 37℃에서 사용할 수 있으며 물과 어패류로부터 대장균을 분리할 때에는 45℃에서도 사용이 가능하다. 식품의 경우는 45.5℃에서도 사용할 수 있다.

균주 반응성

44.5℃에서 24시간 후 세균의 배양 반응성은 아래와 같다.

표준균주	생장 정도	가스 생성
E. coli ATCC 25922	아주 잘 자람	+
K. pneumoniae ATCC 13883	아주 잘 자람	+
P. pneumniae ATCC 27853	잘 자람	−
E. aerogenes ATCC 13048	아주 잘 자람	−
B. subtilis ATCC 6633	아주 잘 자람	−
E. feacalis ATCC 29212	아주 잘 자람	−

배양 결과

세균배양 전

세균배양 후
(*E. coli* ATCC 25922, 세균의 농도가 높으면 듀람관의 기포 생성 확인이 어려운 경우도 있음)

출처: (주)나래바이오테크(www.naraebio.com)

식품공전 11번 배지

BCP첨가 평판측정용 한천배지
(Plate Count Agar with Bromocresol Purple)

BCP첨가 평판측정용 한천배지는 발효유, 유산균음료, 유산균 혼합 아이스크림 중의 유산균 계수 측정에 주로 사용된다.

배지 조성

성분명	1,000 mL 제조시 필요한 양
Peptone	5.0 g
Yeast extract	2.5 g
Dextrose	1.0 g
Tween 80	1.0 g
L-Cysteine	0.1 g
Bromocresol purple	0.05 g
Agar	15.0 g
합계	24.65 g

배지 조제

각 배지 성분별 필요량을 멸균 증류수 1,000 mL에 녹여 pH 6.8±0.2로 조정한 후 121°C에서 15분간 멸균한다. 시료를 미리 페트리접시에 넣어 멸균한 후 배지를 50~55°C 정도로 식힌 후 첨가, 혼합하여 37°C에서 48~72시간 가량 배양한다.

배지 특성

BCP 첨가 평판측정용 한천배지를 사용하여 35~37℃에서 72±3시간 배양한 후 발생한 황색 집락을 유산균 집락으로 추정한다. 하지만 이 배지는 유산균 성장이 매우 더딜 뿐만 아니라 여러 유산균 종이 동시에 존재할 경우 균종간 구별이 거의 불가능하므로 다른 유산균의 오염을 알아내지 못한다는 점과 유산균이라도 산의 생성이 적을 때에는 황색으로 변하지 않는 단점이 있다.

식품공전 12번 배지

포테이토 덱스트로즈 한천배지 (Potato Dextrose Agar)

포테이토 덱스트로즈 한천배지는 유가공 제품 및 기타 식품으로부터 효모와 곰팡이의 분리 및 계수에 주로 사용된다.

배지 조성

성분명	1,000 mL 제조시 필요한 양
Potato infusion	4.0 g
Dextrose	20.0 g
Agar	15.0 g
합계	39.0 g

배지 조제

각 배지 성분별 필요량을 멸균 증류수 1,000 mL에 용해하여 pH 5.6±0.2로 조정한 후 121℃ 고압(15 psi)에서 15분간 멸균하여 50~55℃ 식히고 멸균된 10% 주석산(tartaic acid)을 무균적으로 첨가한 다음에 pH를 3.5±0.1로 맞춘다. 35℃ 정도로 배지를 식힌 후 페트리접시에 분주하고 1시간 정도 건조시켜 사용한다.

배지 특성

포테이토 덱스트로즈 한천배지는 APHA와 FDA에서 유가공 제품 및 기타 식품의 효모와 곰팡이 계수시 권장되는 배지이다. 또한 이 배지는 USP의 미생물한도시험을 위한 배지로 권장되고 있으며 진균의 발아를 촉진하기 위해서 배지의 보관 및 계대 배양 배지로 그리고 색소 형성을 기초로 한 피부 사상균(dermatophyta)의 형태적 변이를 감별하는 배지로 사용된다. Potato infusion과 dextrose는 곰팡이의 증식을 촉진시키는 역할을 한다. 주석산을 이용해서 배지의 pH를 5.6±0.2로 맞추는 것은 세균의 성장을 억제하기 위한 것이다. 배지를 산성화시킨 후에 배지를 끓이게 되면 한천이 가수분해되어 배지의 고형화에 문제가 생길 수 있어 주의를 요한다.

균주 반응성

22~25℃에서 4~5일 배양한 후 진균의 배양 반응성은 아래와 같다.

표준균주	생장 정도	자낭포자(ascospore) 형성
Aspergillus nigar ATCC 16404	아주 잘 자람	−
Candida albicans ATCC 10231	아주 잘 자람	−
Saccharomyces cerevisiae ATCC 9763	증식이 잘 됨	+

배양 결과

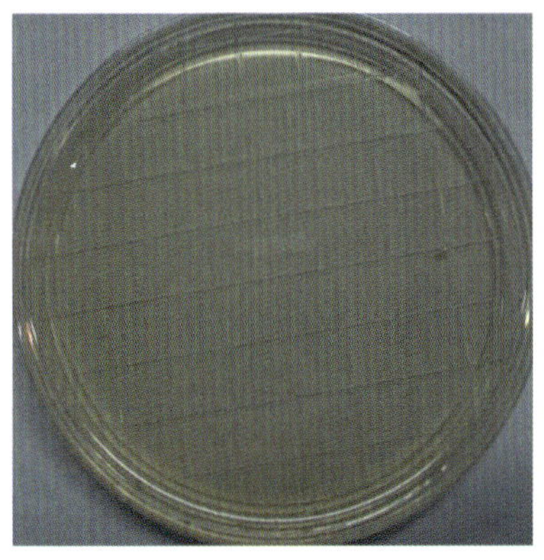

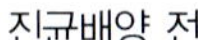
진균배양 전

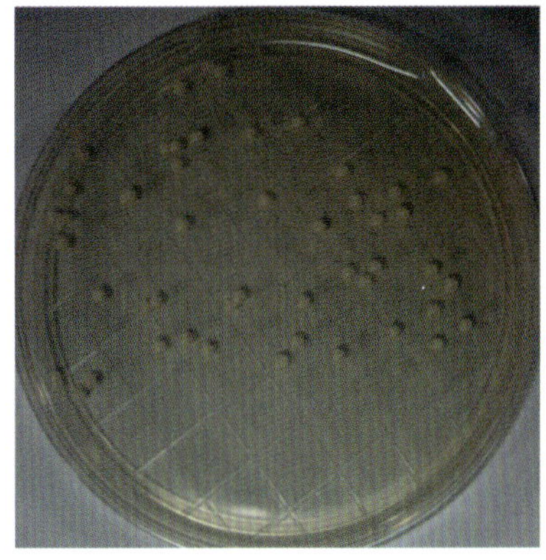

진균배양 후
(*C. albicans* ATCC 10231)

출처: (주)나래바이오테크(www.naraebio.com)

식품공전 13번 배지

티오글리콜린산염배지
(Fluid Thioglycollate Medium)

티오글리콜린산염배지는 호기성 및 비호기성 미생물의 배양과 생물학적 멸균 시험에 주로 이용된다.

배지 조성

성분명	1,000 mL 제조시 필요한 양
Yeast extract	5.0 g
Casitone	15.0 g
Dextrose	5.0 g
Sodium chloride	2.5 g
L-Cystine	0.75 g
Thioglycollic acid	0.5 g
Agar	0.75 g
Resazurin	0.001 g
합계	29.501 g

배지 조제

각 배지 성분별 필요량을 멸균 증류수 1,000 mL에 녹여 pH를 7.1±0.2로 조정하고 121°C 고압(15 psi)에서 15분간 멸균한다. 그 다음에 찬물에 급랭하여 레자즈린(resazurin)층이 나타나게 한 후 사용한다.

배지 특성

Brewer는 소량의 한천과 환원제를 첨가함으로써 호기성과 혐기성 세균의 신속한 배양을 위한 티오글리콜린산염배지를 개발하였다. USP와 AOAC는 페놀 계수와 수용성 물질로 만들어진 살균제 효과를 결정하기 위해서 그리고 식용 항세균제의 멸균 성능시험을 위한 배지로 티오글리콜린산염배지의 사용을 권고하고 있다.

Dextrose, casitone, yeast extract, L-cystine은 세균 증식을 위한 성장인자로 제공되며 티오글리콜린산(thioglycollic acid)은 환원제 기능과 수은계 보존제 및 미생물시험 시 보존제에 포함된 미생물의 증식을 저지하는 중금속 성분에 대한 항생제 효과를 중화시키는 역할을 한다. 이 배지에서 산소의 양이 많아지게 되면 환원 지시약인 레자즈린이 빨간색으로 변하게 된다. 소량의 한천을 첨가하는 것은 배지의 안정화를 위한 낮은 환원력을 유지하는데 도움을 준다.

균주 반응성

35°C에서 48~72시간 배양한 후 배양 반응성은 아래와 같다.

표준균주	생장 정도
**Bacillus subtilis* ATCC 6633	아주 잘 자람
**Candida albicans* ATCC 10231	아주 잘 자람
**Clostridium sporogenes* ATCC 11437	아주 잘 자람
**Micrococcus luteus* ATCC 9341	아주 잘 자람
Neisseria meningitidis ATCC 13090	아주 잘 자람
Streptococcus pyogenes ATCC 19615	아주 잘 자람
**Bacteroides vulgatus* ATCC 8482	아주 잘 자람

* 25~30℃에서 2~7일간 배양하여 세균 성장 여부를 확인한다.

배양 결과

세균배양 전

세균배양 후
(*E. coli* ATCC 25922)

출처: (주)나래바이오테크(www.naraebio.com)

식품공전 14번 배지

난황첨가 만니톨 식염한천배지 (Mannitol Salt Agar with Egg Yolk)

난황첨가 만니톨 식염한천배지는 식중독성 *Staphylococci* 균의 분리를 위한 선택배지로 사용된다.

 배지 조성

성분명	1,000 mL 제조시 필요한 양
Beef extract	2.5 g
Peptone	10 g
Mannitol	10 g
Sodium chloride	75 g
Phenol red	0.025 g
Agar	15 g
합계	112.525 g

배지 조제

각 배지 성분별 필요량을 멸균 증류수 1,000 mL에 녹여 가열 용해한 후 pH 7.2~7.6으로 조정한다. 121°C 고압(15 psi)에서 15분간 멸균하고 50~55°C 정도로 식힌 다음에 난황액을 최종농도가 10%가 되도록 무균적으로 가해 잘 혼합한 후에 사용한다.

배지 특성

난황첨가 만니톨 식염한천배지는 Chapman에 의해서 처음으로 제안된 것으로 식중독 세균인 *Staphylococci*의 선택적 분리에 주로 이용된다. 또한 이 배지는 우유 및 기타 시료로부터 coagulase 양성 *Staphylococci*의 계수와 검출에 권장되고 있으며 USP에서는 미생물 한도시험평가에 사용이 권고되는 배지이다.

이 배지는 beef extract와 peptone을 포함하고 있어 미생물의 증식에 필요한 필수 영양분과 미량 원소를 제공한다. *Staphylococci*를 제외한 대부분의 세균들은 7.5%의 sodium chloride에서 성장이 저해된다. Manitol은 발효성 탄수화물이며 이 배지의 특징은 이 manitol에서 찾을 수 있다. *Staphylococcus aureus*는 이 배지에서 잘 배양되며 manitol을 발효시켜 노란색 집락을 형성한다. 대부분의 coagulase 음성의 *Staphylococci*와 *Micrococci*는 manitol을 발효하지 못하므로 보라색 또는 붉은색 영역을 갖는 작은 집락으로 자란다. 집락과 배지 색상은 배지의 pH에 대한 phenol red의 반응성에 기인하는데 pH 8.4에서는 빨간색이며 6.8에서는 노란색으로 나타난다. 이때 노란색 집락은 coagulase 양성 집락으로 추정되므로 coagulase 생산하는 세균에 대한 추가적인 생화학 시험이 필요하다. 이 배지에 최종 농도가 5%가 되도록 난황을 첨가하게 되면 manitol을 발효하면서 lipase 활성을 갖는 *Staphylococci*를 검출할 수 있다.

균주 반응성

35~37°C에서 18~48시간 배양한 후 표준균주에 대한 배양 반응성은 아래와 같다.

표준균주	생장 정도	집락의 색깔
Staphylococcus aureus ATCC 25923	아주 잘 자람	노란색
Staphylococcus epidermis ATCC 12228	잘 자람	빨간색
Escherichia coli ATCC 25922	억제됨	–

배양 결과

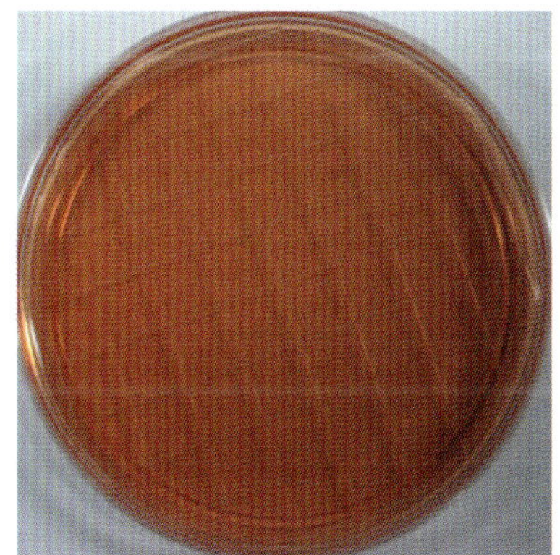

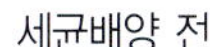
세균배양 전

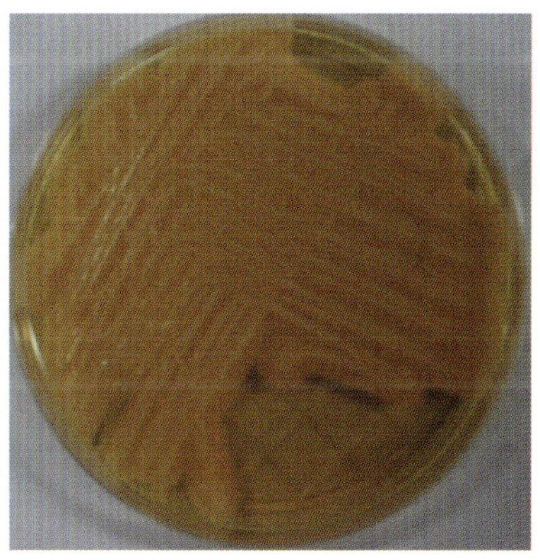

세균배양 후
(*S. aureus* ATCC 25923 접종)

출처: (주)나래바이오테크(www.naraebio.com)

식품공전 15번 배지

BL 한천배지 (BL Agar)

BL 한천배지는 *Bifidobacterium* 세균종의 유지와 배양에 주로 이용된다.

배지 조성

성분명	1,000 mL 제조시 필요한 양
Beef extract	3 g
Liver extract	5 g
Yeast extract	5 g
Proteose peptone	10 g
Tryptone	5 g
Soypeptone	3 g
Soluble starch	0.5 g
Glucose	10 g
Dipotassium phosphate	1 g
Monopotassium phosphate	1 g
Magnesium sulfate	0.2 g
Sodium chloride	0.01 g
Manganese sulfate	0.0067 g
L-Cysteine · HCl · H_2O	0.5 g
Ferrous sulfate	0.01 g
Polysorbate 80 (Tween 80)	1 g
Agar	15 g
합계	60.2267

배지 조제

각 배지 성분별 필요량을 약 60 g 칭량해서 멸균 증류수 1,000 mL에 녹여 pH 7.2로 조정한다. 121℃ 고압(15 psi)에서 15분간 멸균하고, 50~55℃로 식힌 후 소, 말, 양 등의 탈섬유소 혈액을 5% 되도록 첨가한다.

배지 특성

*Bifidobacterium*속은 *Bacteriodes*와 *Eubacterium*속과 함께 사람의 장 안에서 발견되는 가장 흔한 세균이다. 이 균은 혐기성이며 장내의 미생물상을 주로 구성한다. 이 균이 중요한 이유 중 하나는 사람의 장에 상주하면서 건강에 도움을 주기 때문이다.

Soypeptone, tryptone, proteose peptone, beef extract, liver extract 및 yeast extracts는 세균의 증식에 필요한 필수 영양소를 제공한다. Soluble starch는 protective colloid와 배지에 존재하는 해로운 물질로부터 미생물을 보호하는 기능을 하며 glucose는 에너지원 sodium chloride는 등장액 조건을 유지하는 역할을 한다. 또한 L-cystein hidrochloride는 *Bifidobacteria*의 생장에 필요한 환원상태를 만드는데 도움을 주며 polysorbate 80 (Tween 80)은 *Bifidobacteria*의 대사활성을 위해 요구되는 지방산을 제공한다.

균주 반응성

35~37℃에서 24~48시간 혐기적 조건에서 배양한 표준균주에 대한 배양 반응성은 아래와 같다.

표준균주	생장 정도
Bifidobacterium infants ATCC 25962	아주 잘 자람
Bifidobacterium bifidum ATCC 15696	아주 잘 자람
Bifidobacterium breve ATCC 15698	아주 잘 자람

배양 결과

Bifidobacterium logum

출처: www.kisanbiotech.com

식품공전 16번 배지

Alkaline 펩톤수 (Alkaline Peptone Water)

Alkaline 펩톤수(APW)는 비브리오균의 배양에 이용된다.

배지 조성

성분명	1,000 mL 제조시 필요한 양
Peptone	10.0 g
Sodium chloride	20.0 g
합계	30.0 g

배지 조제

각 배지 성분별 필요량을 멸균 증류수 1,000 mL에 녹여 pH 8.6(당을 포함한 제품의 경우에는 pH 9.2)으로 조정한 후 121℃ 고압(15 psi)에서 15분간 멸균한 다음에 사용한다.

배지 특성

APW는 APHA에 의해서 분변과 같이 임상 검체, 감염성 물질 및 수산물로부터 비브리오균의 배양을 위한 배지로 권장되고 있다. 일부 변형된 조성을 갖는 배지들이 ISO에 의해서 비브리오균의 검출용 배지로 승인되고 있다. 90 mL의 APW에 10 g의 수산 식품을 넣고 37℃에서 18~24시간 배양하는데 보다 긴 배양은 비브리오균의 생육을 억제할 수도 있으니 주의가 필요하다.

균주 반응성

35°C에서 18~24시간 배양한 후 표준균주에 대한 배양 반응성은 아래와 같다.

표준균주	생장 정도
Vibrio parahemolyticus ATCC 17802	아주 잘 자람
Vibrio cholerae ATCC 15748	아주 잘 자람

배양 결과

세균배양 전

세균배양 후
(*V. parahemolyticus* ATCC 17802)

출처: (주)나래바이오테크(www.naraebio.com)

식품공전 17번 배지

TCBS 한천배지 (Thiosulfate Citrate Bile Salt Sucrose Agar)

TCBS 한천배지는 식중독 및 콜레라를 유발하는 비브리오균의 배양과 선택적 분리에 사용된다.

 배지 조성

성분명	1,000 mL 제조시 필요한 양
Yeast extract	5 g
Peptone	10 g
Sodium citrate	10 g
Sodium thiosulfate	10 g
Oxgall	5 g
Sodium cholate	3 g
Sucrose	20 g
Sodium chloride	10 g
Ferrous citrate	1 g
Brom thymol blue	0.04 g
Thymol blue	0.04 g
Agar	15 g
합계	89.08 g

 배지 조제

각 배지 성분별 필요량을 멸균 증류수 1,000 mL에 녹여 pH 8.6으로 조정한 후 가열하여 35℃로 충분히 식힌 다음에 사용한다. 이 배지는 절대로 고압증기멸균을 해서는 안 된다.

배지 특성

TCBS 배지는 Nakanishi에 의해서 처음으로 개발되었고 이후 Kobayashi 등에 의해서 개량되었다. 이 배지는 감염성 비브리오균의 신속한 증식을 촉진하여 37℃에서 24시간 정도이면 균의 존재 여부를 확인할 수 있으며 기타 오염된 세균들의 증식은 효과적으로 억제할 수 있다.

Peptone, yeast extract는 질소원과 비타민 B 복합체 그리고 필수 영양성분을 제공하며 bile salt의 유도체인 oxgall과 sodium citrate는 그람양성 세균의 증식을 억제하는 역할을 한다. Sodium thiosulfate는 미네랄 성분인 황(S)을 공급하며 ferric citrate와 복합체를 형성하여 황화수소 생성을 검출하는 기능한다. 비브리오균의 물질대사를 위해서 sucrose가 발효성 탄수화물로 첨가된다. Bromo thymol blue와 thymol blue는 pH 지시약으로 첨가되며 배지의 알칼리성 pH는 비브리오균의 증식 회복을 개선시킨다. *Vibrio cholerae*와 *Vibrio alginolyticus*는 sucrose 발효를 하기 때문에 TCBS 한천배지에서는 노란색 집락으로 자라는 반면에 *Vibrio hemolyticus*와 *vulnificus*는 sucrose 비발효성 세균이기 때문에 blue-green색의 집락을 형성한다. 몇몇 경우에 *Pseudomonas*와 *Acromonas* 균종들 일부가 blue-green 색의 집락을 형성하기 하기도 하지만 전체적으로 보면 TCBS 한천배지는 *vibrio* 균종들에 대한 매우 우수한 선택성을 보인다. 이 배지에서 *vibrio* 균종들은 sucrose 발효 및 이에 의한 산의 축적으로 쉽게 죽는 현상이 나타나기 때문에 시료가 분변일 경우에는 가능한 많은 양을 사용하는 것이 좋다.

균주 반응성

35℃에서 18~24시간 배양한 후 표준균주에 대한 배양 반응성은 아래와 같다.

표준균주	생장 정도	가스 생성
Vibrio cholerae ATCC 15748	아주 잘 자람	노란색
Vibrio parahemolyticus ATCC 17802	아주 잘 자람	파란색
Vibrio vulnificus	잘 자람	연노란색
Escherichia coli ATCC 25922	억제됨	–
Proteus vulgaris ATCC 13316	억제됨	–
Streptococcus feacalis ATCC 29212	억제됨	–
Shigella flexneri ATCC 12022	억제됨	–

배양 결과

세균배양 전

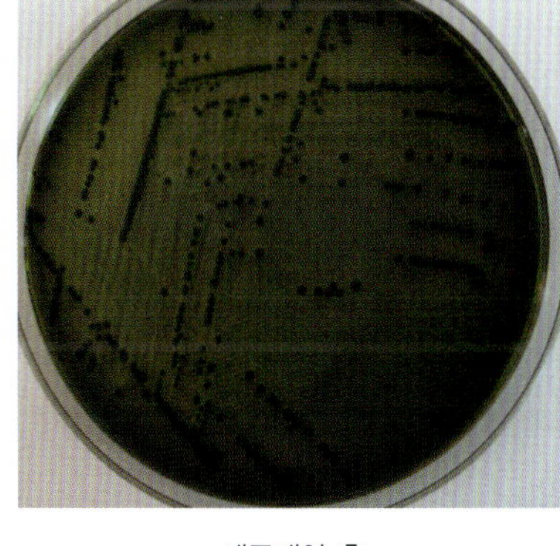

세균배양 후
(*V. parahemolyticus* ATCC 17802)

출처: (주)나래바이오테크(www.naraebio.com)

식품공전 18번 배지

LIM 반유동배지 (Lysine Indole Motility Medium)

LIM 반유동배지는 장내세균의 감별을 위해서 H_2S 생성, indole 생성, 운동성을 확인하는데 사용된다.

배지 조성

성분명	1,000 mL 제조시 필요한 양
Peptone	10 g
Yeast extract	3 g
Dextrose	3 g
Bromocresol purple	0.02 g
L-Lysine hydrochloride	10 g
L-Tryptophan	0.5 g
Agar	3 g
합계	29.52 g

배지 조제

각 배지 성분별 필요량을 멸균 증류수 1,000 mL에 녹여 pH 6.7로 조정한 다음에 시험관에 분주하여 121°C 고압(15 psi)에서 15분간 멸균한 후 사용한다.

배지 특성

배지의 조성 중 peptone, yeast extract는 아미노산, 기타 질소성 영양분 및 비타민 B 복합체를 공급하기 위해서 첨가된다. Dextrose는 에너지원이며 소량의 agar가 첨가되는 것은 접종선으로부터 운동성을 확인하기 위한 것이다. 운동성이 있는 미생물이 증식하게 되면 접종선 주변이 확장, 확대되며 그렇지 않은 세균의 경우는 단지 접종선만이 남게 된다.

지시약인 bromocresol purple은 탈카르복실화 효소의 활성을 검출하기 위해 첨가되는데 dextrose를 발효하는 세균을 접종하게 되면 산이 생성되면서 pH를 낮추고 이때 배지의 색을 보라색에서 노란색으로 변하게 한다. 산성 pH는 효소의 활성을 자극시키는데 아미노산을 특이적으로 분해하는 탈카르복실화 효소를 가지고 있는 세균은 배지에 아민을 생성한다. 이 배지에 첨가된 L-lysine이 lysine 탈카르복실화 효소에 의해서 cadaverine이 생성된다. 이들 아민의 생성은 pH를 높여서 시험관 밑부분의 배지가 보라색으로 변하게 만든다. 하지만 시험관의 상층 부위의 배지는 높은 산소압으로 인해 산성을 띠게 된다. 만일 접종된 미생물이 탈카르복실화 효소를 만들지 못하면 배지는 상층부가 보라색 또는 빨간색이면서, 전체적으로는 노란색을 띠게 된다.

균주 반응성

35±2℃에서 18~24시간 배양한 후 표준균주에 대한 배양 반응성은 아래와 같다.

표준균주	Lysine decaboxylase	Motility	Lysine deaminase	Indole production
Escherichia coli 25922	+	+	–	I
Providencia alcalifaciens 9886	–	+	+	–
Shogella flexneri 12022	–	–	–	–

배양 결과(인돌 시약 모두 첨가했을 때)

세균배양 전 *Escherichia coli* 25922 *Shogella flexneri* 12022

식품공전 19번 배지

VP 반유동배지 (Voges-Proskauer broth)

VP 반유동배지는 Voges-Proskauer 반응을 통해서 세균을 감별하는데 주로 사용된다.

배지 조성

성분명	1,000 mL 제조시 필요한 양
Yeast extract	1 g
Casein peptone	7 g
Soy peptone	5 g
Dextrose	10 g
Sodium chloride	5 g
Agar	3 g
합계	31.0 g

배지 조제

각 배지 성분별 필요량을 멸균 증류수 1,000 mL에 녹인 후 pH 7.0~7.2로 조정한 다음에 시험관에 분주하여 121℃ 고압(15 psi)에서 15분간 멸균하고 35℃ 정도로 식힌 후 사용한다.

배지 특성

19세기 후반 Voges와 Proskauer는 다양한 미생물이 자라고 있는 배지에 potassium hydroxide를 첨가하고 나면 빨간색으로 배지가 변하는 것을 처음으로 보고하였다. 1915년 Clark과 Lubs는

Escherichia coli 배양액에 methyl red를 첨가하면 dextrose가 발효되면서 생성되는 산에 의해서 배지가 빨간색으로 변한다는 것을 발견하였다. *Klebsiella pneudominas*와 *Enterobacter aerogenes*에 의해서 생산되는 소량의 산은 알카리 반응에 의해서 aceton으로 전환된다(이를 negative methyl red test라 한다). Voges-Proskauer시험에서 시약 A(5%[w/v] α-naphthol/ethanol]에 시약 B(40%[w/v] potassium hydroxide/water]를 첨가하게 되면 빨간색을 형성하는 특이적인 대사산물이 형성되는 것을 촉진시킨다. VP 반유동배지에 metyl red를 첨가한 MR-VP 배지는 methyl red 시험과 VP 시험을 같은 배지를 통해서 할 수 있다.

균주 반응성

30~35℃에서 18~48시간 배양한 표준균주의 배양 반응성은 아래와 같다.

표준균주	생장 정도	Metyl red 반응	VP 반응
Enterobacter aerogenes ATCC 13048	아주 잘 자람	+ (빨간색)	−
Escherichia coli ATCC 25922	아주 잘 자람	− (노란색)	+ (빨간색)
Klebsiella pneumoniae ATCC 23357	아주 잘 자람	+ (빨간색)	−
Citrobacter freumdii ATCC 8454	아주 잘 자람	− (노란색)	+ (빨간색)

배양 결과

*E. coli*의 VP 반응

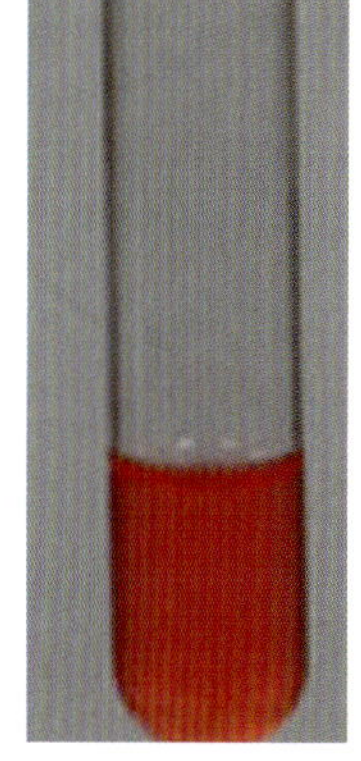

*E .coli*의 metyl red 반응

식품공전 20번 배지

Purple Broth 배지 (Purple Broth Base)

Purple broth base는 세균의 순수배양에 이용되는 배지로서 특히 이 배지는 *Listeria monocytogenes* 의 발효 시험에 주로 이용된다.

배지 조성

성분명	1,000 mL 제조시 필요한 양
Proteose peptone	10 g
Beef extract	1 g
Sodium chloride	5 g
Bromocresol purple	0.015 g
합계	16.015 g

배지 조제

각 배지 성분별 필요량을 멸균 증류수 1,000 mL에 녹여 pH 6.8±0.2로 조정한 후 121℃에서 15분간 멸균한 다음 35℃ 정도로 식힌 후 사용한다.

배지 특성

Purple broth base는 탄수화물 발효 반응을 확인하기 위하여, 사용되는데 특히 그람음성 장내세균의 동정에 주로 사용된다. 이 배지는 처음에 Vera 등에 의해서 purple media로 고안되었고 이후에 beef extract가 첨가되면서 현재의 배지로 개발되었다. 이 배지는 FDA에 의해서 탄수화물 발효 연구를 위한 배지로 권장되고 있으며 ISO Committee에 의해 *Listeria monocytogenes* 탄수화물 발효 연구를 위한 배지로 인정되고 있다.

Beef extract와 proteose peptone은 미생물의 성장에 필요한 필수 영양분, 특히 질소원을 제공한다. Sodium chloride는 배지의 삼투평형을 조절하는 기능을 하며 bromophenol purple은 pH 지시약으로서 산성의 pH에서는 노란색으로 변하는 특징이 있다. Durham 시험관을 통해서 가스의 생성을 확인할 수 있는데 이것으로 탄수화물이 발효되는 것을 확인할 수 있으며 탄수화물은 발효과정 중에 산을 생성하여 배지를 노란색으로 발색시킨다. 만일 탄수화물이 발효에 이용되지 않으면 배지의 색은 purple로 유지된다.

균주 반응성

35~37℃에서 18~44시간 배양한 후 표준균주에 대한 배양 반응성은 아래와 같다.

표준균주	생장 정도	탄수화물 미첨가		탄수화물 첨가 (1% dextrose)	
		산 생성	가스 생성	산 생성	가스 생성
Escherichia coli ATCC 25922	아주 잘 자람	음성, 색 변화없음	음성	양성, 노란색	양성
Listeria monocytogenes ATCC 19112	아주 잘 자람	음성, 색 변화없음	음성	양성, 노란색	음성
Neisseria eninqitidis ATCC 13090	아주 잘 자람	음성, 색 변화없음	음성	양성, 노란색	음성
Staphylococcus aureus ATCC 25923	아주 잘 자람	음성, 색 변화없음	음성	양성, 노란색	음성

배양 결과

세균배양 전

Dextrose 첨가
Escherichia coli 25922

Dextrose 미첨가
Escherichia coli 25922

Moeller Basal 배지 (Moeller Basal Broth)

Moeller basal 배지는 lysine hydrochloride, ornithine hydrochloride 및 arginine hydrochloride을 탈카르복실화하는 능력을 갖는 미생물을 감별하는데 유용하다.

 배지 조성

성분명	1,000 mL 제조시 필요한 양
Peptone	5 g
Beef extract	5 g
Dextrose	0.5 g
Bromocresol purple	0.01 g
Cresol red	0.005 g
Pyridoxal hydrochloride	0.005 g
합계	10.52 g

 배지 조제

각 배지 성분별 필요량을 멸균 증류수 1,000 mL에 녹여 pH 6.0으로 조정한 후 시험관에 분주하여 121℃ 고압(15 psi)에서 15분간 멸균한 다음 사용한다. 세균을 접종한 후 멸균된 유동 파라핀을 중층한다.

배지 특성

대부분의 세균들은 배지에 존재하는 특정 아미노산을 탈카르복실화하여 아민(alkaline-reacting amine)과 이산화탄소를 부산물로 전환시킬 수 있는 활성을 가지고 있다. *Enterobacteriaceae*의 탈카르복실화 활성은 Moeller basal 배지를 통해서 가장 보편적으로 확인할 수 있다. 이 배지는 lysine과 ornithine decarboxylase 및 agagine dihydrolase의 생성을 검출하기 위해서 Moeller에 의해서 개발되었으며 *Klebsiella*, *Enterobacter*, *Aeromonas*, *Plesiomonas*, *Vibrio* 및 기타 다른 비발효성 그람음성 간균의 동정에 유용하게 사용된다. *Klebsiella*는 운동성이 없으며 ornithine decarboxylase를 생성하지 못하는 반면에 *Enterobacter agglomerans*를 제외한 *Enterobacter*는 운동성이 있으며 ornithine decarboxylase를 생성한다.

Moeller basal 배지는 세균의 동정을 위한 표준배지로 권장된다. Moeller basal 배지에 lysine hydrochloride, ornithine hydrochloride 및 arginine hydrochloride를 각각 첨가하여 특정 아미노산의 decarboxylation 활성을 갖는 미생물을 동정할 수 있다.

Moeller basal 배지는 beef extract와 peptone을 포함하고 있어서 미생물의 생장을 위해 필요한 질소원과 영양분을 제공한다. Dextrose는 발효성 탄수화물이며 pyridoxal은 decarboxylase 효소의 cofactor이다. Bromocresol purple과 cresol red는 pH 지시약으로 배지에 dextrose 발효성 세균이 접종되면 산을 형성하게 되어 배지의 pH가 떨어지고 이로 인해서 배지의 색이 보라색에서 노란색으로 변하게 된다. 산의 생성은 decarboxylase 효소의 활성을 자극한다. Lysine의 decarboxylation은 cadaverine을 생성시키고 반면에 putresine은 ornithine devarboxylase에 의해서 생성된다. Argine은 처음에 ornithine으로 가수분해되고 그리고 나서 decarboxylase에 의해서 putrescine으로 전환된다. 이들 amine의 생성은 배지의 pH를 높여 노란색의 배지를 보라색으로 변화시킨다. 만일 미생물이 적절한 효소를 만들지 못하면 이 배지는 산성인 채로 있게 되어 노란색으로 유지된다. 이 배지가 포함된 시험관은 멸균된 미네랄 오일을 사용해서 배지의 표층을 공기로부터 반드시 밀폐시켜야 한다. 이것은 공기에 노출될 시 배지의 알칼리성이 촉진되어 시험 결과에 대한 신뢰도를 떨어뜨릴 수 있기 때문이다.

배양 반응성

35~37°C에서 4일 이내로 배양한 표준균주에 대한 배양 반응성은 아래와 같다.

표준균주	Lysine decarboxylase	Ornithine decarboxylase	Arginine decarboxylase
Citrobacter freundii ATCC 8090	음성, 노란색	다양	다양
Enterobacrer aerogenes ATCC 13048	양성, 보라색	양성, 보라색	음성, 노란색
Escherichia coli ATCC 25922	다양	다양	다양
Klebsiella pneumoniae ATCC 13883	양성, 보라색	음성, 노란색	음성, 노란색
Proteus mirabilis ATCC 25933	음성, 노란색	양성, 보라색	음성, 노란색
Proteus vulgaris ATCC 13315	음성, 노란색	음성, 노란색	음성, 노란색
Pseudomonas aeruginosa ATCC 9027	음성, 노란색	음성, 노란색	양성, 보라색
Salmonella paratyphi ATCC 6539	음성, 노란색	양성, 보라색	지연 양성, 보라색
Salmonella typhi ATCC 6539	양성, 보라색	음성, 노란색	양성, 보라색/음성, 노란색
Serratia marcescens ATCC 8100	양성, 보라색	양성, 보라색	음성, 노란색
Shigella dysenteriae ATCC 13313	음성, 노란색	음성, 노란색	지연 양성, 보라색/음성, 노란색
Shigella flexneri ATCC 12022	음성, 노란색	음성, 노란색	지연 양성, 보라색/음성, 노란색
Shigella sonnei ATCC 25931	음성, 노란색	양성, 보라색	다양

배양 결과

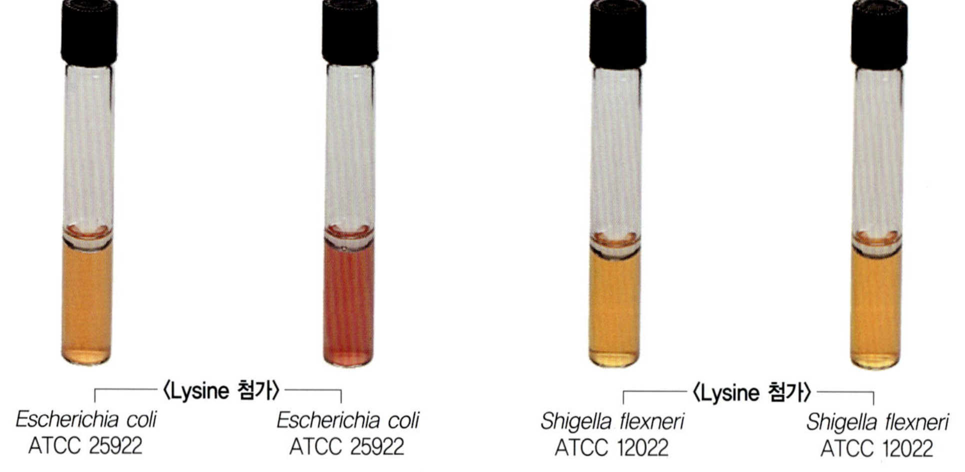

〈Lysine 첨가〉
Escherichia coli ATCC 25922 — *Escherichia coli* ATCC 25922

〈Lysine 첨가〉
Shigella flexneri ATCC 12022 — *Shigella flexneri* ATCC 12022

식품공전 22번 배지

ONPG 배지
(O-Nitrophenyl-β-D-galacto-pyranoside Broth)

β-Galactosidase의 활성을 이용하여 미생물을 신속하게 검출하는데 사용되는 배지이다.

 배지 조성

성분명	1,000 mL 제조시 필요한 양
Peptone	7.5 g
Sodium chloride	3.75 g
ONPG	1.5 g
Disodium phosphate	0.355 g
합계	13.105 g

배지 조제

각 배지 성분별 필요량을 멸균 증류수 1,000 mL에 녹여 pH 7.5으로 조정한 후 시험관에 2.5 mL씩 분주하여 사용한다.

균주 반응성

35~37℃에서 24~48시간 배양한 표준균주에 대한 배양 반응성은 아래와 같다.

표준균주	배지의 색	ONPG 생성
Shigella sonnei ATCC 25931	무색	음성
Escherichia coli ATCC 25922	노란색	양성

배양 결과

세균배양 전

Citrobacter freundii
ATCC 8090

Salmonella enteritidis
ATCC 13076

식품공전 23번 배지

TSB 배지 (Tryptic Soy Broth)

TSB 배지는 미생물의 배양 시 가장 일반적으로 많이 사용되는 배지로서 곰팡이 및 세균의 무균시험용으로 권장된다.

배지 조성

성분명	1,000 mL 제조시 필요한 양
Tryptone	17 g
Soytone	3 g
Dextrose	2.5 g
Sodium Chloride	5 g
Dipotassium Phosphate	2.5 g
합계	30. g

배지 조제

각 배지 성분별 필요량을 멸균 증류수 1,000 mL에 녹여 pH 7.3±0.2로 조정한 후 121℃ 고압(15 psi)에서 15분간 멸균한 다음 사용한다.

배지 특성

TSB 배지는 미생물한도검사 및 무균시험을 위한 검사배지로서 권장되고 있다. 이 배지는 높은 영양성분을 포함하고 있어서 배양이 까다로운 세균 등 다양한 미생물의 배양에 적합하다.

Tryptone과 soytone은 아미노산과 다양한 복합 질소원을 제공한다. Dextrose는 에너지원으로 첨가되며 sodium chloride는 삼투평형을 유지하는 역할을 한다. Dibasic potassium phosphate는 pH를 조절하기 위한 완충시약이다.

균주 반응성

세균의 경우는 30~35℃에서 18~48시간, 진균일 경우는 20~25℃일에서 2~5일간 배양한 표준균주의 배양 반응성은 아래와 같다.

표준균주	생장 정도
Candida albicans ATCC 10231	아주 잘 자람
Staphylococcus aureus ATCC 25923	아주 잘 자람
Escherichia coli ATCC 25922	아주 잘 자람
Bacillus subtilis ATCC 6633	아주 잘 자람

배양 결과

세균배양 전

세균배양 후
(*S. aureus* ATCC 25923)

출처: (주)나래바이오테크(www.naraebio.com)

식품공전 24번 배지

3% Ogawa 배지

Ogawa 배지는 결핵균 검사에 추천되는 분리 배양배지이다.

배지 조성

성분명	1,000 mL 제조시 필요한 양
Monopotassium phosphate	3.0 g
Sodium glutamate	1.0 g
Glycerin	6.0 mL
2% Malachite green	6.0 mL
합계	16.0 g

배지 조제

각 배지 성분별 필요량을 멸균 증류수 100 mL에 녹이고 121°C 고압(15 psi)에서 15분간 멸균한다. 50°C로 냉각시킨 후 계란액(egg homogenate) 200 mL를 넣고 충분히 혼합하여 5 mL씩 멸균시험관에 분주한 다음 85~90°C에서 60분간 가열한다.

배지 특성

Ogawa 배지는 배양하는 동안 배지의 습도가 적절하게 조절되어 장시간 배양에 적합하며 mycobacteria 대사에 요구되는 각종 단백질과 지방산을 제공하기 위하여 계란액과 glycerol이 첨가되었다. 세균이 증식할 경우, pH 변화로 지시약인 malachite green에 의해서 배지의 색이 노란색으로 나타난다.

식품공전 25번 배지

BS 한천배지 (Bifidobacterium Selective Agar)

배지 조성

성분명	1,000 mL 제조시 필요한 양
Sodium propionate	15 g
Paromomycin sulfate	0.05 g
Neomycin	0.1 g
Lithium chloride	3 g
합계	18.15 g

배지 조제

BS 한천배지는 BL 한천배지(식품공전 15번 배지) 조성에 sodium propionate 15 g, paromomycin sulfate 0.05 g, neomycin 0.1 g 및 lithium chloride 3 g을 증류수 1,000 mL에 녹인 후 121°C에서 15분간 멸균하여 사용한다.

배지 특성

BS 한천배지는 *Bifidobacterium* 균종의 분리를 위한 선택배지이다. 이 배지는 기본배지로 BL(식품공전 15번 배지)과 선택제로 paramomycin sulfate와 neomycin으로 조제된다.

 균주 반응성

36±1℃에서 18~52시간 배양한 표준균주의 배양 반응성은 아래와 같다.

표준균주	생장 정도	집락의 색깔
Bifidobacterium longum 15707	잘 자람	보라색/갈색

식품공전 26번 배지

Liver 한천배지 (Liver Agar)

Liver 한천배지는 혐기성 미생물의 배양에 주로 사용된다. 일반적으로 식육제품 및 기타 시료로부터 *Clostridium* 균주의 증균과 추정시험을 위해 사용한다.

배지 조성

성분명	1,000 mL 제조시 필요한 양
Beef liver infusion	20 g
Proteose peptone	10 g
Sodium chloride	5 g
Agar	20 g
합계	55.0 g

배지 조제

각 배지 성분별 필요량을 멸균 증류수 1,000 mL에 녹인 후 121℃ 고압(15 psi)에서 15분간 멸균한다. 50~55℃ 정도로 식힌 후 페트리접시에 분주하고 1시간 정도 건조시켜 사용한다.

배지 특성

*Clostridium*속 세균은 식중독 또는 위장관 질병의 주요 원인 중 하나이다. 이 균종들은 그람양성의 포자 형성 간균이며 주로 토양에 존재하는 것으로 알려져 있다. 이들 중에서 *Clostridium botulinum*은 가장 많이 발생하는 중요한 세균이며, *Clostridium tetani*는 파상풍의 원인균이다. 또한

*Clostridium perfringens*는 주로 상처를 통해서 감염되며 설사를 유발하기도 한다.

*C. perfringens*의 주요 독성 인자는 CPE 장독소로서 이 독소는 숙주의 장관에 침입하여 식중독과 기타 장관 질병을 유발한다. 혐기적 환경은 간조직에 포함된 환원물질로부터 만들어진다.

균주 반응성

세균의 경우는 35~37℃에서 18~24시간 배양한 표준균주의 배양 반응성은 아래와 같다.

표준균주	생장 정도	가스 생성
Clostridium perfringens ATCC 10543	아주 잘 자람	양성
Clostridium sporogenes ATCC 11437	아주 잘 자람	양성
Escherichia coli ATCC 25922	아주 잘 자람	양성
Staphylococcus aureus ATCC 25923	아주 잘 자람	음성

식품공전 27번 배지

클로스트리디움 퍼프린젠스 한천배지 (*Clostridium perfringens* Agar)

클로스트리디움 퍼프린젠스 한천배지는 식품에서 *Clostridium perfringens*의 증균과 적절한 항생제를 첨가할 때는 선택배지로도 사용된다.

배지 조성

성분명	1,000 mL 제조시 필요한 양
Heart infusion	5 g
Casein peptone	10 g
Proteose peptone	10 g
Sodium chloride	5 g
Lactose	10 g
Phenol red	0.05 g
Agar	20 g
합계	60.05 g

배지 조제

각 배지 성분별 필요량을 멸균 증류수 1,000 mL에 녹여 pH 7.5±0.2로 조정하고 121℃ 고압(15 psi)에서 15분간 멸균한 후 배지를 50~55℃ 정도로 충분히 식혀 난황액을 10%가 되도록 첨가한다. 난황액의 조제는 계란을 1시간 가량 0.1%의 mercury chloride($HgCl_2$) 용액에 담갔다가 꺼내서 70% ethanol에 30분 가량 다시 담가 놓는다. 계란을 꺼내 노른자만 취한 후 동량의 멸균 생리식염수를 첨가하여 사용한다.

배지 특성

*Clostridium*속의 균들은 식중독과 장관계 질병의 주요 원인균이다. 이들 균종은 그람양성의 포자 형성 간균으로 토양에서 주로 발견된다. 일반적으로 *Clostridium perfringens*에 의해서 오염된 식품들 중 대부분이 식육제품이다.

Heart infusion, casein peptone, proteose peptone은 *C. perfringens*의 생장에 필요한 비타민 B 복합체, 무기질 및 필수 질소원 등을 제공한다.

균주 반응성

35~37°C에서 18~24시간 배양한 표준균주의 배양 반응성은 아래와 같다.

표준균주	생장 정도
Clostridium perfringens ATCC 3626	아주 잘 자람
Clostridium sordellii ATCC 9714	아주 잘 자람

배양 결과

세균배양 전

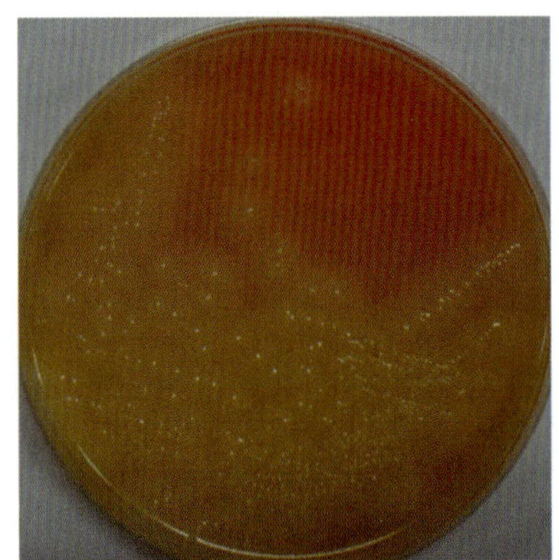

세균배양 후
(*C. perfringens* ATCC 3626)

출처: (주)나래바이오테크(www.naraebio.com)

식품공전 28번 배지

Selenite F 배지 (Selenite F Broth)

Selenite F 배지는 식품, 특히 유가공품 내에 *Salmonella* 균종의 증균배지로 사용된다.

배지 조성

성분명	1,000 mL 제조시 필요한 양
Polypeptone	5.0 g
Lactose	4.0 g
Disodium phosphate	10.0 g
Sodium selenite	4.0 g
합계	23.0 g

배지 조제

각 배지 성분별 필요량을 증류수 1,000 mL에 녹여 pH 7.0±0.2로 조정하고 가열 용해한다. 이 배지는 절대로 고압증기멸균을 해서는 안 된다.

배지 특성

Salmonella 균종은 심각하지 않는 감염증으로부터 장티푸스와 같은 치명적인 전염병을 유발하는 원인균이다. 다양한 시료 내에 *Salmonella* 존재 여부를 검사하기 위해서는 증균과정이 필요하다. 이것은 *Salmonella*가 일반적으로 낮은 수준으로 존재하기 때문이며 또한 시료 전처리 과정에서 손상되거나 생존력이 약화되기 때문이다. 이 손상된 세균은 증균배지에서 즉시 회복되어야 한다. Klett는 처음

으로 *Salmonella*에 대한 selenite의 선택적 억제 효과를 증명하였다. Guth는 *Salmonella typhi*를 분리하기 위해서 selenite를 사용하였다. Leifson은 selenite의 특성을 이용하여 selenite 배지를 개발하였다.

Polypeptone은 질소원으로서 첨가되며 lactose는 탄수화물 발효에 이용된다. Selenite는 세균이 성장하면서 증가하는 알카리에 의해서 환원된다. pH의 증가는 selenite의 독성을 감소시키고 그 결과 세균이 잘 증식할 수 있게 된다. Lactose 발효로 세균에 의해서 생성된 산은 pH가 다소 떨어지기는 하지만 중성의 pH를 유지시킨다. Disodium phosphate는 pH을 안정하게 유지하며 selenite의 독성을 약화시킨다.

균주 반응성

35~37℃에서 18~24시간 배양한 표준균주의 배양 반응성은 아래와 같다.

표준균주	생장 정도	가스 생성
Escherichia coli ATCC 25922	잘 자라지 않음	Pink with bile precipitate
Salmonella choleraesuis ATCC 12011	아주 잘 자람	Colourless
Salmonella typhimurium ATCC 14028	아주 잘 자람	Colourless

식품공전 29번 배지

SS 한천배지 (Salmonella Shigella Agar)

SS 한천배지는 식품 등으로부터 *Salmonella*와 *Shigella* 균의 감별과 선택적 분리를 위해서 주로 사용된다.

배지 조성

성분명	1,000 mL 제조시 필요한 양
Beef extract	5.0 g
Proteose peptone	5.0 g
Lactose	10.0 g
Bile salt no.3	8.5 g
Sodium citrate	8.5 g
Sodium thiosulfate	8.5 g
Ferric citrate	1.0 g
Agar	13.5 g
Brilliant green	0.0033 g
Neutral red	0.025 g
합계	60.0283 g

배지 조제

각 배지 성분별 필요량을 멸균 증류수 1,000 mL에 녹여 pH 7.0±0.2로 조정하고 가열 용해한다. 이 배지는 절대로 고압증기멸균을 해서는 안 된다.

배지 특성

*Salmonella*와 *Shigella*는 Enterobacteriaceae과에 속하는 그람음성의 통성 혐기성 세균으로 비포자성 막대형 세균이다. 이 균종들은 비교적 동물에 폭넓게 분포하고 있으며 대개는 위와 장 조직에 감염된다. SS 한천배지는 식품 등으로부터 *Salmonella*와 *Shigella*의 분리를 위한 선택 및 감별배지로 적절하다. 이 배지는 bile salt와 brilliant green 및 sodium citrate에 의해서 그람양성 세균의 증식이 억제되기 때문에 적절한 선택성을 가지고 있다.

Proteose peptone과 beef extract는 필수 영양분을 제공하는 배지 성분이며 lactose는 탄수화물 발효에 이용된다. Brilliant green, bile salt 및 thiosulfate는 선택적으로 그람양성균과 대장균군의 생장을 억제한다. Sodium thiosulphate는 특정한 장내세균에 의해서 sulphite와 H_2S로 환원된다. 이 환원효소 반응은 thiosulphate reductase라는 효소에 의해서 매개된다. H_2S의 생성은 ferric ion 또는 ferric citrate와 H_2S가 반응하여 형성되는 ferrous sulphite라고 하는 불용성 침전물로서 검출되며 이것은 집락의 중앙이 검은색을 띠게 해주어 쉽게 확인할 수 있다. 소수의 lactose 발효성 정상의 장내세균들은 산을 생성하기 때문에 지시약인 neutral red에 의해서 집락의 색이 노란색에서 빨간색으로 변하게 된다. Lactose 비발효성 세균들은 중앙이 검은색 또는 검은색이 없는 반투명의 집락으로 자란다. *Salmonella* 균종은 H_2S에 의해서 집락의 중앙이 검은색인 집락으로 자란다. *Shigella*는 H_2S를 생산하지 못하기 때문에 무색의 집락으로 자란다.

균주 반응성

35~37°C에서 18~24시간 배양한 표준균주의 배양 반응성은 아래와 같다.

표준균주	생장 정도	집락의 색깔
Escherichia coli ATCC 25922	잘 자람	Bile 침전물을 보이는 핑크색
Enterobacter aerogenes ATCC 13048	잘 자람	크림 핑크색
Enterobacter faecalis ATCC 29212	잘 자라지 않음	무색
Proteus mirabilis ATCC 25933	비교적 잘 자람	무색(중앙은 검은색)
Salmonella choleraesuis ATCC 12011	아주 잘 자람	무색(중앙은 검은색)
Salmonella typhi ATCC 6539	아주 잘 자람	무색(중앙은 검은색)
Salmonella typhimurium ATCC 14028	아주 잘 자람	무색(중앙은 검은색)
Salmonella enteritidis ATCC 13076	아주 잘 자람	무색(중앙은 검은색)
Shigella flexneri ATCC 12022	잘 자람	무색

배양 결과

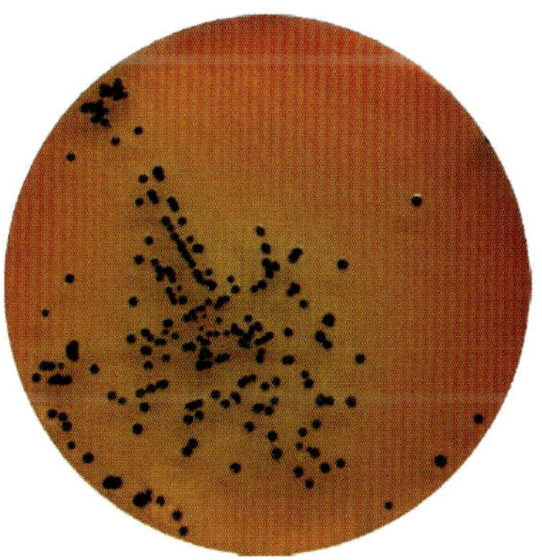

세균배양 후
Salmonella typhimurium ATCC 14028

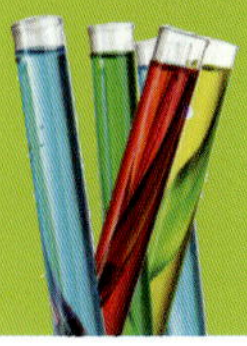

식품공전 30번 배지

MacConkey 한천배지 (MacConkey Agar)

MacConkey 한천배지는 Enterobacteriaceae과에 속하는 장내세균 중에서 그람음성 간균의 회복과 선택적 감별에 이용된다.

 배지 조성

성분명	1,000 mL 제조시 필요한 양
Peptone	17.0 g
Polypeptone	3.0 g
Lactose	10.0 g
Bile salts no.3	1.5 g
Sodium chloride	5.0 g
Neutral red	0.03 g
Crystal violet	0.001 g
Agar	13.5 g
합계	50.031 g

 배지 조제

MacConkey 한천배지 약 50 g을 증류수 1,000 mL에 녹여 pH 7.1±0.2로 조정하고 가열 용해한 후 121℃에서 15분간 멸균한다.

배지 특성

MacConkey 한천배지는 임상, 유가공품, 물 시료, 제약 및 산업환경으로부터 그람음성 세균의 선택적 분리와 검출에 주로 이용된다. 이 배지는 장내 그람음성 간균과 Enterobacteriaceae의 회복과 선택적 분리에 권장되며 USP는 이 배지를 미생물한도시험 시 사용을 권장하고 있다. 이 배지는 다양한 시료로부터 장내 미생물의 배양을 위한 가장 초기의 선택적 감별 배지 중 하나이다.

배지 조성 중에서 peptone과 polypeptone은 질소원과 기타 영양분으로서 첨가되며 lactose는 발효성 탄수화물이다. Bile salt와 crystal violet는 그람양성균의 증식을 억제하는 선택인자로 작용한다. 이 배지에서 그람음성 세균은 잘 자라며 lactose 발효 여부에 따라서 감별이 가능하다. Lactose 발효성 세균은 red 또는 pink 색으로 자라고 대부분의 경우는 산성의 bile 침전물이 집락 주변에 존재한다. Red 색의 발색은 pH가 6.8 이하로 떨어질 때 염료의 연속적인 변화와 neutral red의 흡수, 그리고 lactose 발효에 의해 생성된 산 때문이다. *Shigella*와 *Salmonella*와 같은 lactose 비발효성 균주는 무색, 투명하고 일반적으로는 배지의 색 변화를 일으키지 않는다. *Yersinia enterocolitica*는 실온 배양에서 작은 집락으로 자라는 lactose 비발효성 세균이다. Lactose 비발효성 세균들이 대장균 집락과 함께 자랄 때는 배지 주변에 clearing zone이 나타난다.

균주 반응성

35~37°C에서 18~24시간 배양한 표준균주의 배양 반응성은 아래와 같다.

표준균주	생장 정도	집락의 색깔
Escherichia coli ATCC 25922	잘 자람	Bile 침전물이 있는 핑크-빨간색
Enterobacter aerogenes ATCC 13048	잘 자람	핑크-빨간색
Enterobacter faecalis ATCC 29212	비교적 잘 자람	핑크-빨간색
Proteus vulgaris ATCC 13315	아주 잘 자람	무색
Salmonella paratyphi A ATCC 9150	아주 잘 자람	무색
Salmonella paratyphi B ATCC 9150	아주 잘 자람	무색
Salmonella typhi ATCC 9150	아주 잘 자람	무색
Salmonella enteritidis ATCC 13076	아주 잘 자람	무색
Shigella dysenteriae ATCC 13313	비교적 잘 자람	무색
Staphylococcus aureus ATCC 29213	억제됨	-

배양 결과

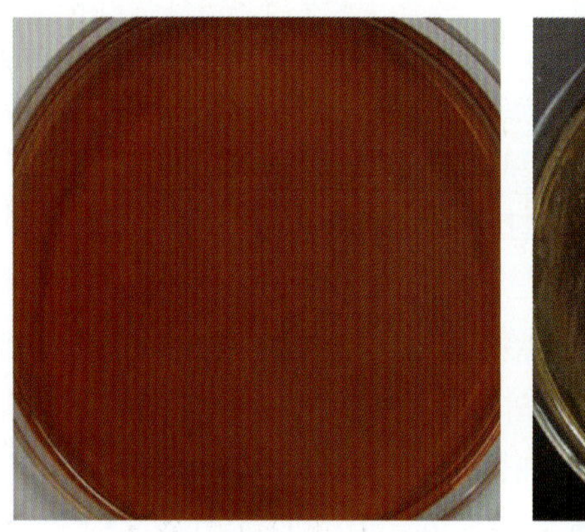

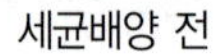

세균배양 전

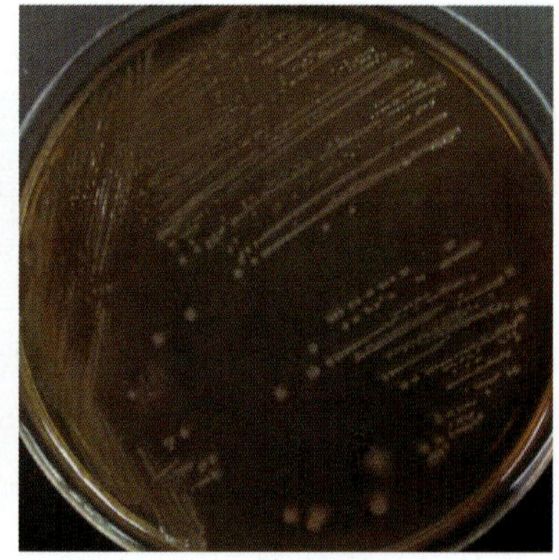

세균배양 후
(*E. coli* ATCC 25922)

출처: (주)나래바이오테크(www.naraebio.com)

식품공전 31번 배지

Desoxycholate Citrate 한천배지 (Desoxycholate Citrate Agar)

Desoxycholate citrate 한천배지는 유가공품에 존재하는 대장균군의 감별에 주로 이용되며 *Salmonella*와 *Shigella* 균의 분리에 권장되는 선택배지이기도 하다.

배지 조성

성분명	1,000 mL 제조시 필요한 양
Beef extract	5.0 g
Peptone	5.0 g
Lactose	10.0 g
Sodium citrate	8.5 g
Sodium thiosulfate	5.4 g
Ferric ammonium citrate	1.0 g
Sodium desoxycholate	5.0 g
Neutral red	0.02 g
Agar	12.0 g
합계	51.92 g

배지 조제

각 배지 성분별 필요량을 멸균 증류수 1,000 mL에 녹여 pH 7.5±0.2로 조정하고 가열 용해한다. 이 배지는 절대로 고압증기멸균을 해서는 안 된다.

배지 특성

Leifson에 의해서 고안된 desoxycholate 한천배지에 다시 Leifson이 sodium desoxycholate와 sodium citrate의 농도를 높여 desoxycholate citrate 한천배지를 개발하였다. 이 배지는 *Salmonella* 와 *Shigella*속에 속하는 장내 병원균의 최대 회복과 분리에 유용하다. 배지 성분 중 pH 7.3~7.5에서 sodium desoxycholate는 그람양성 세균의 성장을 억제시킨다. 또한 citrate salt는 그람양성 세균과 대부분의 정상적인 장내 미생물의 성장을 저해한다.

Peptone은 탄소, 질소, 비타민과 무기물을 제공하며 lactose는 장내 간균의 감별을 돕는다. 즉, lactose 발효 세균은 빨간색 집락으로 자라며 lactose 비발효성 세균은 무색집락으로 자란다. 만일 대장균군이 존재할 때는 분홍색으로 자란다. Lactose의 분해는 관련된 세균 주위에 있는 배지 산성화에 원인이 되며 이것은 pH 지시약인 neutral red를 빨간색으로 변하게 한다. 이들 집락은 desoxycholic acid라는 침전물에 의해서 나타나는 혼탁한 환을 띠게 된다. Sodium thiosulphate가 sulfide로 환원되는 것은 검은색의 ion sulfide가 나타나는 것으로 알 수 있다. *Salmonella*와 *Shigella*균은 lactose를 발효하지 않지만 *Salmonella*의 경우는 집락의 중심이 검거나 H_2S를 생성하는 무색의 집락으로 자라기도 한다.

배양 반응성

35~37°C에서 18~24시간 배양한 표준균주의 배양 반응성은 아래와 같다.

표준균주	생장 정도	집락의 색깔	H_2S 반응성
Bacillus cereus ATCC 10876	억제됨	–	
Escherichia coli ATCC 25922	잘 자라지 않음	빨간색	음성
Salmonella enteritidis ATCC 13076	아주 잘 자람	무색	양성, 집락 중앙이 검은색
Salmonella typhimurium ATCC 14028	아주 잘 자람	무색	양성, 집락 중앙이 검은색
Shigella flexneri ATCC 12022	아주 잘 자람	무색	음성
Klebsiella pneumoniae ATCC 13883	잘 자라지 않음	빨간색	음성
Shigella sonnei ATCC 25931	아주 잘 자람	무색	음성
Staphylococcus aureus ATCC 25923	억제됨	–	–

배양 결과

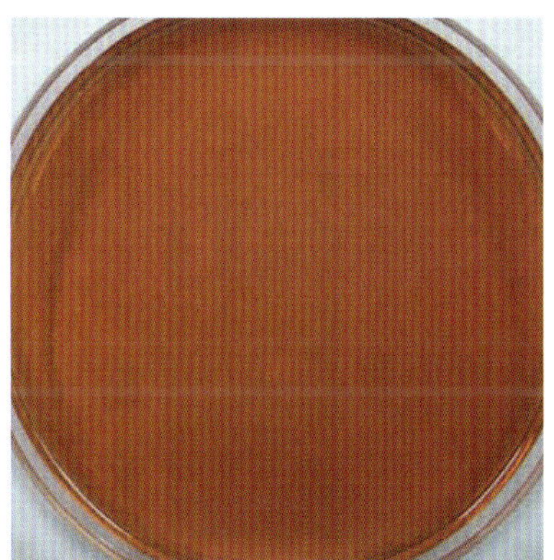

세균배양 전

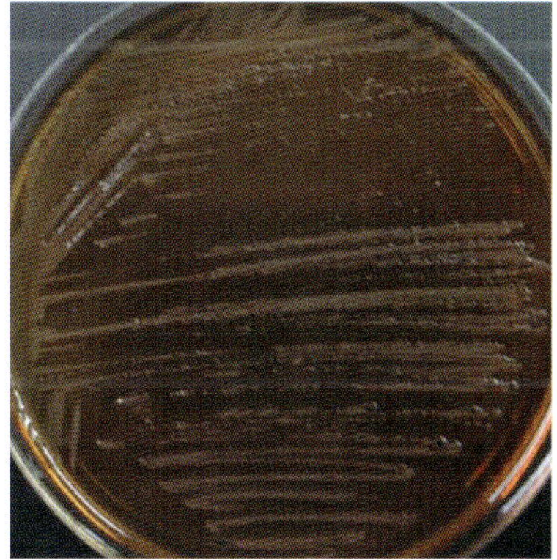

세균배양 후
(*S. enterica* ATCC 43971)

출처: (주)나래바이오테크(www.naraebio.com)

식품공전 32번 배지

TSI 사면배지 (Triple Sugar Iron Agar)

TSI 사면배지는 dextrose, lactose 및 sucrose 발효능력과 H_2S 생성능력을 기초로 해서 그람음성 장내 간균을 동정하는데 유용하다.

배지 조성

성분명	1,000 mL 제조시 필요한 양
Beef extract	3.0 g
Yeast extract	3.0 g
Peptone	20.0 g
Lactose	10.0 g
Sucrose	10.0 g
Dextrose	1.0 g
Ferrous sulfate	0.2 g
Sodium chloride	5.0 g
Sodium thiosulfate	0.3 g
Phenol red	0.24 g
Agar	13.0 g
합계	65.74

배지 조제

각 배지 성분별 필요량을 멸균 증류수 1,000 mL에 녹여 pH 7.4±0.2로 조정하고 가열용해한 후 시험관에 분주하여 121℃에서 15분간 멸균한 다음에 사면으로 굳혀 사용한다.

배지 특성

Hajna는 dextrose와 lactose가 함유된 Kligler iron 한천배지에 sucrose를 첨가함으로써 TSI 사면배지를 처음으로 개발했다. Sucrose의 첨가는 sucrose, lactose, dextrose를 발효하는 간균의 검출을 촉진시킨다. 탄수화물 발효는 가스 생성을 통해서 확인할 수 있으며 빨간색에서 노란색으로 집락의 색이 변하는 것은 pH 지시약인 phenol red에 의해 나타나는 것이다. H_2S의 생성은 배지를 검게 하는 침전물의 존재로 확인할 수 있다.

Peptone, beef extract, yeast extract는 황(S), 무기물과 비타민 B 복합체 등을 제공한다. Lactose, sucrose, dextrose (glucose)는 발효성 탄수화물이며 sodium chloride는 삼투평형을 유지하기 위해서 배지에 첨가된다. 이 배지는 영양물질이 많이 포함되어 있기 때문에 순수 분리 배양된 세균을 접종해서 사용하는 것이 좋다. 세균이 증식하게 되면 peptone을 분해해서 배지가 알카리성을 띠게 된다. 당을 발효하지 못하는 세균은 산화반응으로 산을 생성하더라도 그 산은 약하다. 따라서 이러한 세균이 TSI 사면배지에서 증식하게 되면 알카리 반응을 나타내어 적색이 된다. 이 배지에는 리터당 glucose 1 g이 들어 있으며 lactose와 sucrose는 각 10 g이 들어 있는데, glucose만을 이용하여 발효하는 세균은 소량의 산을 생성한다. 만일 이 배지에서 산이 생성되면 phenol red 지시약이 노란색으로 변하는데, glucose를 발효하는 세균은 8~12시간 정도가 되면 사면과 고층이 노란색을 띠게 되지만 그 이후에는 고층과 달리 사면은 산소에 접촉이 많게 되므로 펩타이드의 탈카르복실화 과정이 일어나서 알카리성인 amine이 생성된다. 이 알카리는 glucose 발효로 생긴 소량의 산을 중화시키기에 충분하므로 24시간 후에 사면은 알카리성으로 변한다. 그러나 lactose나 sucrose 발효로 생기는 산은 다량이기 때문에 peptide 대사로 생긴 알카리로는 중화되지 않고 24시간 후에도 산성으로 남아 있게 된다. Sodium thiosulphate와 ferric 또는 ferrous ion은 H_2S 생성을 확인하기 위해서 첨가된다. 즉 이들 시약을 통해서 H_2S가 생성되면 집락이 검은색으로 변한다. *Salmonella typhi*는 이 배지에서 조금 검게 변하거나 전혀 변하지 않을 수도 있다. H_2S의 생성은 배지가 산성일 경우에 더욱더 촉진된다.

균주 반응성

35~37℃에서 18~24시간 배양한 표준균주의 배양 반응성은 아래와 같다.

표준균주	생장 정도	사면	고층	가스	H_2S
Citrobacter freundii ATCC 8090	아주 잘 자람	산성, 노란색 배지	산성, 노란색 배지	양성	양성, 검은색 배지
Enterobacter aerogenes ATCC 13048	아주 잘 자람	산성 노란색 배지	산성 노란색 배지	양성	음성
Escherichia coli ATCC 25922	아주 잘 자람	산성, 노란색 배지	산성 노란색 배지	양성	음성
Klebsiella pneumoniae ATCC 13883	아주 잘 자람	산성, 노란색 배지	산성, 노란색 배지	양성	음성
Proteus vulgaris ATCC 13315	아주 잘 자람	산성, 빨간색 배지	산성, 노란색 배지	음성	양성, 검은색 배지
Salmonella paratyphi ATCC 9150	아주 잘 자람	산성, 빨간색 배지	산성, 노란색 배지	양성	음성

배양 결과

Salmonella paratyphi
ATCC 9150

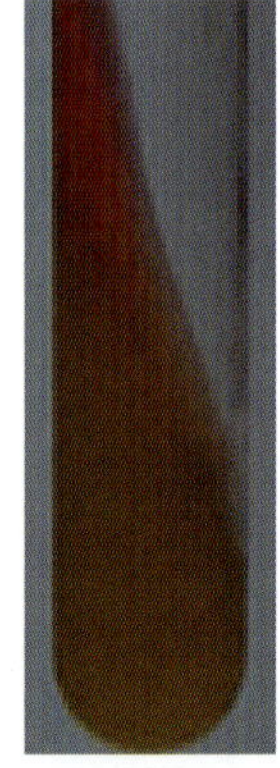

Enterobacter aerogenes
ATCC 13048

식품공전 33번 배지

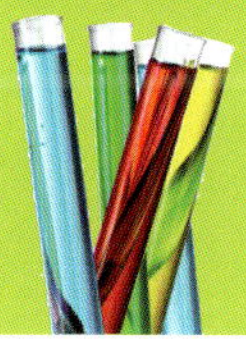

Cooked Meat 배지
(Cooked Meat Medium)

Cooked Meat 배지는 호기성 및 혐기성 세균의 배양에 사용되며 특히 감염성 *Clostridia* 균종의 배양에 유용하다. 또한 이 배지는 보관 중인 세균배양액의 계대배양에도 사용할 수 있다.

배지 조성

성분명	1,000 mL 제조시 필요한 양
Beef heart	100 g
Peptone	10 g
Glucose	2 g
Sodium chloride	5 g
합계	117 g

배지 조제

각 배지 성분별 필요량을 멸균 증류수 1,000 mL에 녹여 pH 7.2±0.2로 조정한 후 121℃ 고압(15 psi)에서 15분간 멸균한다. 50~55℃ 정도로 배지를 충분히 식힌 다음에 페트리접시에 분주하고 1시간 정도 건조시켜 사용한다.

배지 특성

*Clostridium*속은 그람양성의 포자 형성 혐기성균이다. 여기에 속하는 미생물들은 일반적으로 토양에 존재하며 사람과 동물에게 질병을 일으키며, butyric acid, acetic acid 및 알코올을 만들기 위해서 설

탕을 분해하는 특성이 있다. Cooked meat 배지는 상처에서 분리된 특정 혐기성 세균의 배양을 위해서 Robertson에 의해서 처음 개발되었다. 현재의 배지 조성은 일부 변형되어 Chopped meat 배지라고도 하며 대부분의 포자 형성과 비포자 형성 혐기성균의 배양에 주로 사용된다. 이 배지는 소량의 세균 접종으로도 세균의 증식을 유지하고 촉진시킬 수 있으며 장기간 세균의 생존력을 유지하면서 배양이 가능하다. FDA는 cooked meat 배지를 식품 내에 존재하는 *Clostridium perfringens*의 동정과 계수에 사용하도록 권장하고 있다.

Cooked meat 배지는 muscle protein인 beef heart가 첨가되어 아미노산 및 여러 영양분의 공급원이 된다. Beef heart는 혐기성 세균이 생장할 수 있도록 해주는 환원물질로 glutathione을 포함하고 있다. Dextrose의 첨가는 짧은 시간 동안 혐기성균의 신속한 생장에 중요한 역할을 하며 특정 혐기성 세균에 대해서는 신속한 동정에 유용한 성분이다. 이 배지에서 세균의 성장은 배지의 탁도와 거품으로 확인할 수 있다. 이 배지에 검체를 접종할 때에는 혐기성 배양을 위해서 시험관의 밑바닥 근처에 접종하도록 한다. 호기성균은 상부에서 자라고 혐기성균은 깊숙한 배지 안쪽에서 자란다.

균주 반응성

35~37℃에서 40~48시간 배양한 표준균주의 배양 반응성은 아래와 같다.

표준균주	생장 정도
Clostridium botulinum ATCC 25763	아주 잘 자람
Clostridium perfringens ATCC 3626	아주 잘 자람
Clostridium sporogenes ATCC 11437	아주 잘 자람
Enterococcus faecalis ATCC 29212	아주 잘 자람
Streptococcus pneumoniae ATCC 6303	아주 잘 자람

배양 결과

세균배양 전

세균배양 후
(*C. perfringens* ATCC 3626)

출처: (주)나래바이오테크(www.naraebio.com)

식품공전 34번 배지

GAM 배지 (Gifu Anaerobic Medium)

배지 조성

성분명	1,000 mL 제조시 필요한 양
Peptone	10 g
Soytone	3 g
Proteose peptone	10 g
Bovine serum albumin	13.5 g
Yeast extract	5 g
Beef extract	2.2 g
Monopotassium phosphate	2.5 g
Liver extract	1.2 g
Sodium chloride	3 g
L-Cystein	0.3 g
Sodium thioglychollate	0.3 g
Agar	1.5 g
Sugar	10 g
합계	62.5

배지 조제

각 배지 성분별 필요량을 멸균 증류수 1,000 mL에 가열 용해한 후 시험관에 분주하여 125℃(15 psi)에서 15분간 멸균 후 급랭시켜 사용한다. 당 분해능 확인시험을 위해 sugar는 시험항목에 해당하는 것을 선택하여 사용한다.

 균주 반응성

36±1℃에서 18~24시간 혐기적 조건에서 배양한 표준균주의 배양 반응성은 아래와 같다.

표준균주	배양 정도	운동성
Clostridium perfringens 13124	잘 자람	+
Escherichia coli 25922	억제됨	–

 배양 결과

Inositol

Glucose

Lactose

Raffinose

Clostridium perfringens

출처: http://kisanbiotech.com

식품공전 35번 배지

Listeria 증균배지 (Listeria Enrichment Broth)

Listeria 증균배지는 식품검체로부터 *Listeria monocytogenes*의 배양과 선택적 분리에 유용하다.

배지 조성

성분명	1,000 mL 제조시 필요한 양
Soytone	3 g
Glucose	2.5 g
Sodium chloride	5 g
Dipotassium phosphate	2.5 g
Yeast extract	6 g
Cycloheximide	0.05 g
Acriflavin HCl	0.015 g
Nalidixic acid	0.04 g
합계	36.105

배지 조제

Listeria 증균배지를 증류수 1,000 mL에 녹여 pH 7.3 ±0.2로 조정한 후 121℃에서 15분간 멸균한다.

배지 특성

Listeria 증균배지는 Feindt에 의해서 임상 및 비임상 검체로부터 *Listeria* 균종의 배양과 분리에 처음으로 제안된 배지이다. Obiger와 Schonberg는 혼합된 미생물 검체로부터 *Listeria*를 회복시키는

데 우수한 성능이 있다고 보고하였다.

Tryptone 및 soytone은 필수 영양분과 비타민 B 복합체를 제공하며 nalidixic acid은 그람음성 세균의 증식을 억제한다. Acriflavin HCl과 nalidixic acid의 혼합 조성은 *Listeria*의 분리를 위해서 Ralovich, Kampelmacher 및 Van Noorle Jansen에 의해서 제안되었다. 이 배지에 colimycin을 추가로 첨가하면 성능(선택성)이 더 개선될 수 있다.

균주 반응성

35~37°C에서 48시간 배양한 표준균주의 배양 반응성은 아래와 같다.

표준균주	생장 정도
Listeria monocytogenes ATCC 19111	아주 잘 자람
Enterococcus faecalis ATCC 29212	잘 자라지 않음
Escherichia coli ATCC 25922	억제됨

배양 결과

세균배양 전

세균배양 후
(*L. monocytogenes* ATCC 19111)

출처: (주)나래바이오테크(www.naraebio.com)

식품공전 36번 배지

UVM Modified Listeria 증균배지 (UVM Modified Listeria Enrichment Broth)

UVM Modified *Listeria* 증균배지는 식품 및 임상검체로부터 *Listeria monocytogenes*의 배양과 분리에 사용되는 선택배지이다.

 배지 조성

성분명	1,000 mL 제조시 필요한 양
Tryptose	10 g
Beef extract	5 g
Yeast extract	5 g
Sodium chloride	20 g
Disodium phosphate	9.6 g
Monopotassium phosphate	1.35 g
Esculin	1 g
Nalidixic acid	0.02 g
Acriflavin HCl	0.012 g
합계	51.982

배지 조제

각 배지 성분별 필요량을 멸균 증류수 1,000 mL에 녹여 pH 7.2±0.2로 조정한 후 121℃ 고압(15 psi)에서 15분간 멸균한다. 35℃ 정도로 충분히 식힌 후 사용한다.

배지 특성

*L. monocytogenes*는 그람양성의 비포자성 짧은 막대세균으로 Listeriosis(리스테리아증)을 유발한다. 이 세균은 일반적으로 토양에서 발견되고 새, 물고기, 농가의 마당에서 키우는 가축, 젖소, 또는 집 안에서 키우는 애완동물 등 대부분 동물의 장에서 발견된다. 이 균은 분변이 식품을 오염시키면서 사람에게 전파되는 것으로 알려져 있다. UVM Modified *Listeria* 증균배지는 식품 및 임상검체로부터 *L. monocytogenes*의 배양과 분리에 사용되는 선택배지이다. 이 배지는 처음에 Donnelly와 Baigent에 의해서 개발되었고 후에 선택인자인 nalidixic acid의 농도를 낮추고 acriflavin 농도를 높여 새로운 조성으로 개량되었다. 이 배지는 선택적 증균 배지로 3~4일 내에 식육제품 검체로부터 상당히 높은 농도의 *L. moncytogenes*를 분리할 수 있다. 또한 이 배지는 열에 의해서 손상된 *Listreria*의 회복을 위한 일차적 증균배지로도 권장되고 있다.

Tryptose, beef extrac 및 yeast extract는 필수 영양분을 공급하며, esculin은 이 배지에 감별인자로 작용한다. Nalidixic acid와 acriflavin hydrochloride는 고농도의 인산과 함께 첨가되어 *Listeria*의 높은 선택성을 제공한다. 그람음성 및 양성 세균은 nalidixic acid와 acriflavin hydrochloride에 의해서 생장이 선택적으로 억제된다.

균주 반응성

35~37°C에서 24~48시간 배양한 표준균주의 배양 반응성은 아래와 같다.

표준균주	생장 정도
Escherichia coli ATCC 25922	거의 자라지 않음
Listeria monocytogenes ATCC 19112	아주 잘 자람
Staphylococcus aureus ATCC 25923	거의 자라지 않음

식품공전 37번 배지

Fraser Listeria 배지 (Fraser Listeria Broth)

Fraser Listeria 배지는 식품 검체로부터 *Listeria monocytogenes*의 계수와 분리를 위해 사용되며 특히 1, 2차 증균배지로도 사용된다.

배지 조성

성분명	1,000 mL 제조시 필요한 양
Tryptose	10 g
Beef extract	5 g
Yeast extract	5 g
Sodium chloride	20 g
Disodium phosphate	9.6 g
Monopotassium phosphate	1.35 g
Esculin	1 g
합계	51.95

배지 조제

각 배지 성분별 필요량을 멸균 증류수 1,000 mL에 녹여 121℃ 고압(15 psi)에서 15분간 멸균한 다음, 50℃로 식힌 후 nalidixic acid 0.02 g, acriflavin HCl 0.021 g, lithium chloride 3 g을 차례로 0.22 ㎛의 필터를 사용해서 여과 멸균하여 첨가한다.

배지 특성

Listeria 균종은 주위 환경에 널리 분포하며 토양, 부패한 채소, 쓰레기, 물, 동물사료, 식육, 원유, 치즈뿐만 아니라 동물 및 사람에게도 분리될 수 있다. *Listeris*속 중에서 유일하게 *L. monocytogenes*만이 사람에게 감염되는데, *L. monocytogenes*가 사람에게 감염되면 일차적으로 뇌수막염, 뇌염 또는 패혈증을 유발한다. 임산부에게서는 *L. monocytogenes*가 종종 독감과 유사한 증상을 나타내지만 치료하지 않으면 태아까지 감염되어 유산 또는 조산의 원인이 되기도 한다. 오염된 식품은 일차적인 오염원이 된다.

Fraser Listeria 배지는 Fraser와 Sperber에 의해서 개발된 것을 기초로 한 것으로 ISO 위원회에 의해서 권장되는 배지로서 식품에서 *Listeria* 균종을 검출하는 데 주로 이용된다. Tryptose, beef extract, yeast extract는 탄수화물 및 단백질성 영양분을 제공하며, disodium phosphate과 monopotassium phosphate는 배지의 완충능력을 제공한다. 모든 *Listeria* 균종들은 β-glucosidase 활성이 있으며 이는 배지에서 검은색을 띠게 한다. *Listeria* 균종들은 glucoside의 대용물인 esculin을 glucose와 esculetin으로 가수분해한다. Esculetin은 ferric ammonium citrate의 ferric ion과 결합하여 6-7 dihydroxycoumarin을 형성해서 black brown 복합체를 만든다. Ferric ammnonium citrate는 *L. monocytogenes*의 성장을 촉진시키는 역할도 한다. *Listeria*는 고농도의 염에 대한 내성이 강하며, 이는 esculin을 가수분해할 수 있는 능력을 갖고 있는 *Enterococci*를 억제하기 위한 수단으로도 사용된다. 이 배지를 통해서 증식하는 기타 세균들은 nalidixic acid와 acriflavin hydrochloride를 첨가함으로써 대개는 억제된다.

균주 반응성

35~37℃에서 24~48시간 배양한 표준균주의 배양 반응성은 아래와 같다.

표준균주	생장 정도	Esculin 가수분해
Escherichia coli ATCC 25922	억제됨	-
Enterococcus faecalis ATCC 29212	억제됨	-
Listeria monocytogenes ATCC 19111	아주 잘 자람	양성, 배지가 검은색으로 변함
Listeria monocytogenes ATCC 19112	아주 잘 자람	양성, 배지가 검은색의 변함
Listeria monocytogenes ATCC 19117	아주 잘 자람	양성, 배지가 검은색의 변함
Listeria monocytogenes ATCC 19118	아주 잘 자람	양성, 배지가 검은색의 변함
Staphylococcus aureus ATCC 25923	억제됨	-

배양 결과

세균배양 전

세균배양 후
(*L. monocytogenes* ATCC 19111)

출처: (주)나래바이오테크(www.naraebio.com)

Oxford 한천배지 (Oxford Agar)

Oxford 한천배지는 오염된 시료로부터 *Listeria* 균종의 동정에 사용된다.

배지 조성

성분명	1,000 mL 제조시 필요한 양
Peptone	12.0 g
Bitone H plus	6.0 g
Enzymatic digest of animal tissue	3.0 g
Starch	1.0 g
Sodium chloride	5.0 g
Esculin	1 g
Ferric ammonium citrate	0.5 g
Lithium chloride	15 g
Agar	14.0 g
합계	57.5 g

배지 조제

각 배지 성분별 필요량을 멸균 증류수 1,000 mL에 녹여 pH 7.0±0.2로 조정한 후 121℃ 고압(15 psi)에서 15분간 멸균하고 50~55℃ 정도로 충분히 식힌 다음 supplement (cycloheximide 0.4 g, colistin sulfate 0.02 g, acriflavin 0.005 g, cefotetan 0.002 g, fosfomycin 0.01 g)를 차례로 여과 멸균하여 첨가한다.

배지 특성

*Listeria monocytogenes*는 사람을 감염시키는 *Listeria*속 중에 유일한 병원성 세균이다. 또한 *L. seeligeri*, *L. welshimei*와 *L. ivanovii*는 동물을 감염시키는 병원성 세균이다. 리스테리아증의 양성 진단은 감염된 생물의 혈액이나 CSF 시료로부터 얻을 수 있다. Oxford 한천배지는 임상 및 식품시료로부터 *L. monocytogenes*의 분리를 위해 Curtis 등에 의해 처음으로 개발된 배지를 개량한 것이다.

Peptone, bitone H plus 및 enzymatic digest of animal tissue는 미생물의 생장에 필요한 필수 영양분을 제공한다. Starch는 배양 중에 만들어지는 대사물질을 중화시키기 위해서 첨가된다. Lithium chloride와 항생제는 그람음성 세균 및 대부분의 그람양성 세균의 증식을 억제시키지만 특정한 몇몇의 *Staphylococcus*는 esculin에 음성인 집락으로 증식할 수 있다. Cycloheximide는 진균의 오염을 저감화하기 위하여 첨가하며 cefotetan과 fosfomycin은 세균의 과도한 증식을 억제한다. Acriflavin, colistin sulfate 및 lithium chloride는 *Listeria* 균종 이외의 세균이 증식하는 것을 억제한다. *L. monocytogenes*는 esculin을 esculetin과 dextrose로 가수분해하고 esculetin은 ferric ion과 반응해서 집락 주변에 검은색 환을 형성한다.

균주 반응성

35~37°C에서 24~48시간 배양한 표준균주의 배양 반응성은 아래와 같다.

표준균주	생장 정도	Esculin 가수분해
Bacillus subtilis ATCC 6633	억제됨	–
Enterococcus faecalis ATCC 29212	억제됨	–
Enterococcus hirae ATCC 10541	억제됨	–
Escherichia coli ATCC 25922	억제됨	
Listeria monocytogenes ATCC 19111	아주 잘 자람	양성, 집락의 주변 배지가 검은색으로 변함
Listeria monocytogenes ATCC 19112	아주 잘 자람	양성, 집락의 주변 배지가 검은색의 변함
Listeria monocytogenes ATCC 19117	아주 잘 자람	양성, 집락의 주변 배지가 검은색의 변함
Listeria monocytogenes ATCC 19118	아주 잘 자람	양성, 집락의 주변 배지가 검은색의 변함
Staphylococcus aureus ATCC 25923	아주 잘 자람	음성

배양 결과

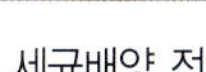

세균배양 전

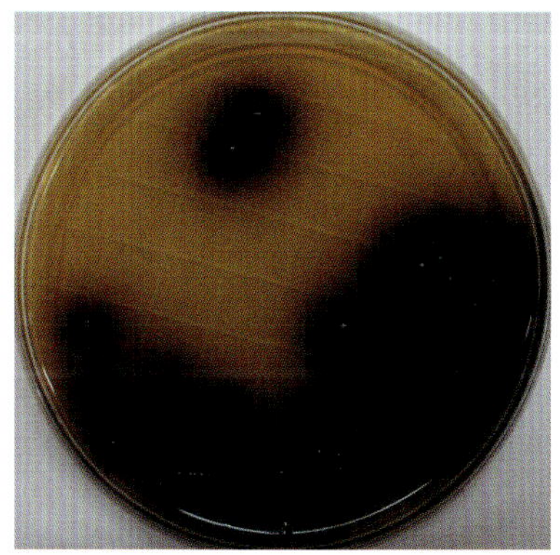

세균배양 후
(*L. monocytogenes* ATCC 19111)

출처: (주)나래바이오테크(www.naraebio.com)

식품공전 39번 배지

LPM 한천배지
(Lithium Chloride Phenylethanol Moxalactam Agar)

LPM 한천배지는 *Listeria monocytogenes*의 배양과 분리에 권장된다.

배지 조성

성분명	1,000 mL 제조시 필요한 양
Thyptose	10 g
Beef extract	3 g
Sodium chloride	5 g
Lithium chloride	5 g
Glycine anhydride	10 g
Phenylethanol	2.5 g
Agar	15 g
합계	50.5 g

배지 조제

각 배지 성분별 필요량을 멸균 증류수 1,000 mL에 녹여 pH 7.3±0.2로 조정한 후 121℃ 고압(15 psi)에서 15분간 멸균하고 이를 50~55℃ 정도로 충분히 식힌 후 moxalactam 0.02 g을 여과 멸균하여 첨가한다.

배지 특성

1985년 최초의 리스테리증에 대한 대규모 집단 식중독이 발생한 이후 리스테리아증에 대한 미생물학적, 전염병적 역학조사와 증거는 전염의 주요 경로가 *L. monocytogenes*에 오염된 식품에 기인된다는 것으로 보여주고 있다. *L. monocytogenes*는 유제품 및 식품 가공 공장에서 분리되고 있으며 일반적으로 주변의 자연환경에 분포하는 것으로 알려져 있다. *Listeria* 균종은 4.4~9.6 사이의 폭넓은 pH 범위에서 자랄 수 있으며 이들 범위 밖의 식품에서도 생존할 수 있다. 이동성은 20°C에서 가장 활발하다. Lee와 McClain은 McBride *Listeria* 한천배지를 개량하여 LPM 한천배지를 처음으로 개발하였다. 이 배지는 시료 안의 다른 미생물과 혼합된 적은 수의 *L. monocytogenes*의 회수율을 높여주는 특성이 있다. APHA는 유가공품 및 다른 식품 시료의 시험용으로 이 배지를 권장하고 있다.

Thyptose과 beef extract는 질소원이며 비타민과 무기질을 공급한다. Sodium chloride는 배지의 삼투 평형을 유지하는 역할을 한다. Glycine anhydrides는 *Listeria* 균종의 회복을 증진시키며 lithium chloride, moxalactam 및 phenylethanol은 그람양성 및 *Staphylococcus*, *Proteus* 및 *Pseudomonas* 균종을 포함하는 그람음성 세균의 증식을 억제한다. 이 배지에서 *L. monocytogenes* 집락은 비스듬히 빛을 비추면 blue-green 색으로 보인다.

균주 반응성

35~37°C에서 24~48시간 배양한 표준균주의 배양 반응성은 아래와 같다.

표준균주	생장 정도	회수율(recovery rate)
Escherichia coli ATCC 25922	억제됨	0%
Listeria monocytogenes ATCC 19111	아주 잘 자람	≥50%
Listeria monocytogenes ATCC 19112	아주 잘 자람	≥50%
Listeria monocytogenes ATCC 19117	아주 잘 자람	≥50%
Pseudomonas aeruginosa ATCC 27853	억제됨	0%
Staphylococcus aureus ATCC 25923	억제됨	0%

식품공전 40번 배지

Tryptic Soy 한천배지 (Tryptic Soy Agar)

Tryptic soy 한천배지는 다양한 미생물의 배양에 주로 사용되며 특히 진균 등의 무균시험에 권장되는 배지이다.

 배지 조성

성분명	1,000 ml 제조시 필요한 양
Tryptose	17 g
Soytone	3 g
Glucose	2.5 g
Sodium chloride	5 g
Dipotassium phosphate	2.5 g
Agar	15 g
합계	45.0 g

배지 조제

각 배지 성분별 필요량을 멸균 증류수 1,000 mL에 녹여 pH 7.3±0.2로 조정한 후 121℃ 고압(15 psi)에서 15분간 멸균한다.

배지 특성

Tryptose과 soytone은 미생물의 생장에 필요한 아미노산과 여러 가지 복합 질소원으로 공급된다. Glucose는 에너지원으로 첨가되며 sodium chloride는 삼투평형에 필요하다. 또한 dipotassium phosphates는 pH를 조절하는 완충액으로서의 역할을 한다.

균주 반응성

세균의 경우는 30~35℃에서 18~48시간, 진균은 20~25℃에서 2~5일 배양한 표준균주의 배양 반응성은 아래와 같다.

표준균주	생장 정도
Candida albicans ATCC 10231	아주 잘 자람
Candida albicans ATCC 2091	아주 잘 자람
Staphylococcus aureus ATCC 25923	아주 잘 자람
Staphylococcus aureus ATCC 6538	아주 잘 자람
Escherichia coli ATCC 9002	아주 잘 자람
Bacillus subtilis ATCC 6633	아주 잘 자람
Aspergillus brasiliensis ATCC 16404	아주 잘 자람

배양 결과

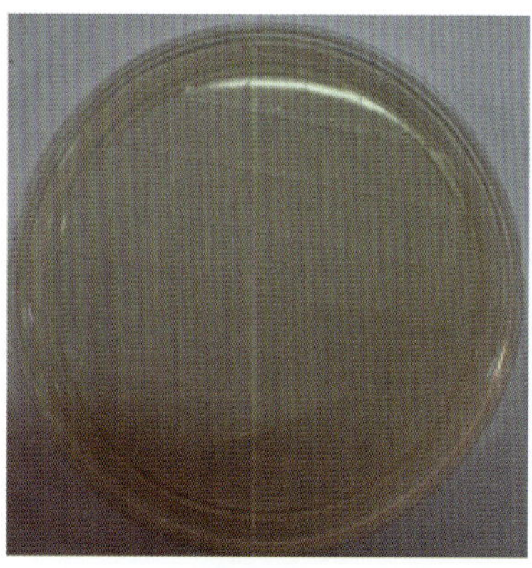

진균배양 전

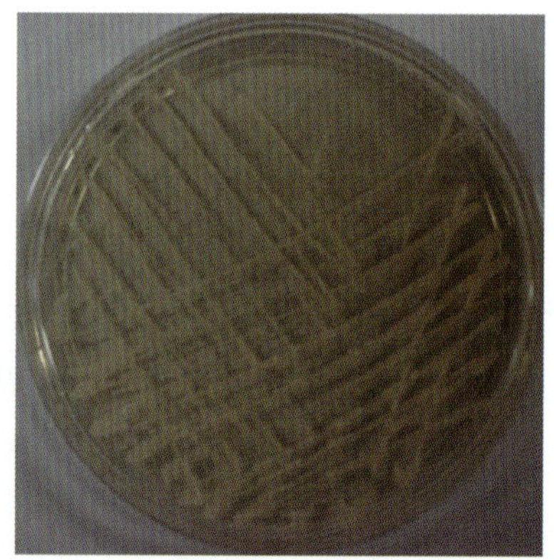

진균배양 후
(*C. albicans* ATCC 10231)

출처: (주)나래바이오테크(www.naraebio.com)

식품공전 41번 배지

TSC 한천배지 (Tryptose-Sulfite-Cycloserine Agar)

TSC 한천배지는 식품 및 기타 시료로부터 *Clostridium perfringens*의 선택적 분리에 사용된다.

배지 조성

성분명	1,000 mL 제조시 필요한 양
Tryptose	15 g
Yeast extract	5 g
Soytone	5 g
Ferric ammonium citrate	1 g
Sodium metabisulfite	1 g
Agar	20 g
합계	47.0 g

배지 조제

각 배지 성분별 필요량을 멸균 증류수 900 mL를 가하여 녹인 후 pH 7.6±0.2로 조정한다. 이를 500 mL flask에 250 mL씩 분주한 후 121℃ 고압(15 psi)에서 15분간 멸균한다. 다시 이를 50℃ 정도로 식힌 후 D-cycloserine solution 20 mL와 난황액(시액 8)을 10%가 되도록 첨가한다. D-cycloserine solution은 D-cycloserine 1 g을 200 mL의 증류수로 용해한 후 여과 멸균하여 첨가한다.

배지 특성

Clostridium perfringens 식중독은 식중독 중에서 가장 일반적인 것 중의 하나이다. 식품은 대개 살아 있는 세균이 포함된 조리된 식육 또는 육계를 포함한다. 이 중에서 *C. perfringens* 세균이 증식하면서 생성되는 열 이형성 내독소는 식중독 발생의 원인물질이다. TSC 한천배지는 Marshall 등에 의해서 개발된 Mossel 배지를 일부 변형한 것으로서 식품으로부터 *C. perfringens*의 계수와 선택적 분리에 주로 사용된다. 이 배지에 thioglycollate를 첨가하면 혐기적 배양이 잘 되는 것으로 알려져 있다.

Tryptose yeast extract soytone은 질소원, 비타민 B 복합체 및 기타 성장 인자의 공급원이다. D-cycloserine은 그람음성 장내 간균의 성장을 억제한다. 이 배지에서 *C. perfringens*은 sulphite의 환원에 의해서 불투명한 환을 가지는 황회색 집락으로 자란다.

균주 반응성

세균의 경우는 35~37°C에서 18~48시간 혐기적 조건에서 배양한 표준균주의 배양 반응성은 아래와 같다.

표준균주	생장 정도
Clostridium perfringens ATCC 3626	아주 잘 자람
Staphylococcus aureus ATCC 6538	억제됨
Escherichia coli ATCC 9002	억제됨

배양 결과

세균배양 전

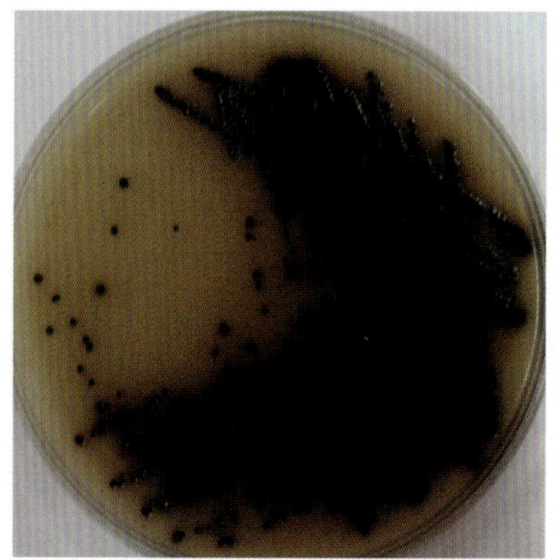

세균배양 후
(*Cl. perfringens* ATCC 3626)

출처: (주)나래바이오테크(www.naraebio.com)

식품공전 42번 배지

mEC 배지 (mEC Broth)

mEC 배지는 물, 하수 및 식품으로부터 대장균군, 대장균 및 *E.coli* O157:H7을 증균하는데 이용된다.

배지 조성

성분명	1,000 mL 제조시 필요한 양
Tryptone	20 g
Bile salt no.3	1.12 g
Lactose	5.0 g
Dipotassium phosphate	4.0 g
Monopotassium phosphate	1.5 g
Sodium chloride	5 g
합계	36.62 g

배지 조제

각 배지 성분별 필요량을 멸균 증류수 1,000 mL에 녹여 pH 6.9±0.2로 조정한 후 121°C 고압(15 psi)에서 15분간 멸균하여 식히고, novobiocin sodium 0.02 g을 여과멸균하여 첨가한다.

배지 특성

mEC 배지는 물, 유가공품 및 식품에서 대장균과 대장균군의 검출에 이용된다. 이 배지는 Hajna와 Perry에 의해서 처음으로 개발되었고 이후에 Fishbein과 Surkiewicz에 의해서 대장균의 확정시험에 적용되었다. 또한 이 배지는 MPB 방법에 이용되며 대장균군의 확정시험을 수행하는 데에도 사용된다.

Tryptone은 필수 영양성분으로 제공되며 lactose는 대장균군의 증식을 위한 발효성 탄수화물 공급원이다. Bile salt no.3는 그람양성균과 간균 그리고 분변성 *Streptococci*의 생장을 억제한다. 이 배지는 발효성 활성이 높기 때문에 pH 변화를 조절하기 위한 강한 potassium phosphate 완충계를 가지고 있다. Sodium chloride는 이 배지의 삼투 평형을 유지하는 기능을 한다.

균주 반응성

세균의 경우는 35~37°C에서 18~48시간 혐기적 조건에서 배양한 표준균주의 배양 반응성은 아래와 같다.

표준균주	생장 정도
Bacillus subtilis ATCC 6633	억제됨
Escherichia coli ATCC 25922	아주 잘 자람
Enterobacter aerogenes ATCC 13048	억제됨
Enterococcus faecalis ATCC 29212	억제됨
Klebsilella pneumoniae ATCC 13883	아주 잘 자람
Pseudomonas aerugonosa ATCC 27853	잘 자람
Escherichia coli O157:H7 NCTC 12900	아주 잘 자람

배양 결과

세균배양 전

세균배양 후
(*E. coli* O157:H7 NCTC 12900)

출처: (주)나래바이오테크(www.naraebio.com)

식품공전 43번 배지

MacConkey Sorbitol 한천배지 (MacConkey Sorbitol Agar)

MacConkey sorbitol 한천배지는 장내 병원성 대장균의 분리 및 동정에 사용된다. 또한 식품으로부터 *E.coli* O157:H7의 검출과 분리를 위한 선택배지로 사용이 권장되는 배지이다.

 배지 조성

성분명	1,000 mL 제조시 필요한 양
Peptone	15.5 g
Proteose peptone	3 g
D-Sorbitol	10 g
Bile salts	1.5 g
Sodium chloride	5 g
Agar	15 g
Neutral red	0.03 g
Crystal violet	0.001 g
합계	50.031 g

 배지 조제

MacConkey sorbitol 한천배지를 증류수 1,000 mL에 녹인 후 pH 7.1로 조정한 후 121℃ 고압(15 psi)에서 15분간 멸균한다. *E.coli* O157:H7의 분리배양 시에는 cefixime(0.05 ㎍/L) 및 potassium tellurite(2.5 ㎍/mL)를 여과 멸균하여 첨가한다.

배지 특성

MacConkey sorbitol 한천배지는 Rappaport와 Henigh에 의해서 처음으로 개발되었다. 이 배지는 lactose를 발효하지만 sorbitol은 발효하지 못해 무색의 집락을 형성하는 장내 병원성 세균인 *E.coli* O157:H7의 분리에 적합하다. 이 균은 시가 독소를 만들어 결과적으로 장출혈을 일으키는 병원성 식중독 세균이다. MacConkey sorbitol 한천배지는 다소 변형되어 ISO 위원회로부터 사용이 권고되고 있으나 일부 비병원 세균이 sorbitol을 발효하지 못하기 때문에 장출혈성 *E.coli* O157:H7의 검출에 사용되는 유일한 배지는 아니다. 대부분의 대장균과는 달리 *E.coli* O157:H7은 sorbitol을 아주 천천히 또는 전혀 발효하지 못한다. 따라서 이 배지에서 *E.coli* O157:H7의 증식은 무색 집락으로 자라며 sorbitol을 발효할 수 있는 대부분의 분변성 세균들은 pink 색의 집락으로 자란다.

Proteose peptone은 세균의 성장을 위한 질소원, 에너지원, 비타민 및 무기질 등의 필수 영양분을 제공한다. Crystal violet과 bile salts는 그람양성 세균의 증식을 억제하는 기능을 한다. Cefixime과 potassium tellurite는 많은 sorbitol 비발효성 세균의 생장을 상당히 억제시키는 역할을 한다. Sodium chloride는 삼투평형을 위해 첨가되며 neutral red는 pH 지시약이다. D-sorbitol은 발효성 탄수화물을 위한 공급원이다.

균주 반응성

세균의 경우는 35~37℃에서 18~24시간 배양한 표준균주의 배양 반응성은 아래와 같다.

표준균주	생장 정도	집락의 색깔
Escherichia coli O157:H7 NCTC 12900	아주 잘 자람	무색
Escherichia coli ATCC 25922	아주 잘 자람	Pink
Escherichia coli serotype O11 and O55	아주 잘 자람	무색
Salmonella typhi ATCC 6539	아주 잘 자람	Pink
Shigella flexneri ATCC 12022	아주 잘 자람	무색

배양 결과

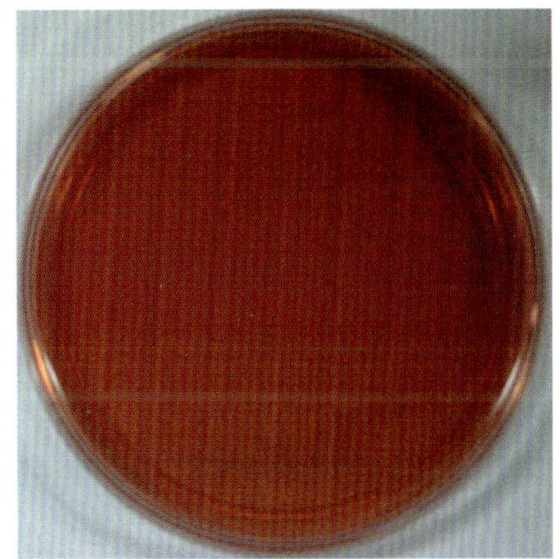

세균배양 전

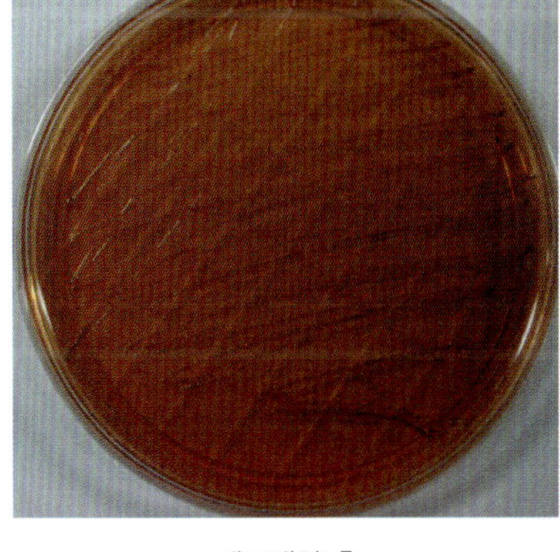

세균배양 후
(*E. coli* O157:H7 NCTC 12900)

출처: (주)나래바이오테크(www.naraebio.com)

식품공전 44번 배지

PSBB 배지 (Peptone Sorbitol Bile Broth)

PSBB 배지는 유제품으로부터 *Yersinia enterocolitica*의 동정에 주로 사용된다.

배지 조성

성분명	1,000 mL 제조시 필요한 양
Disodium phosphate	8.23 g
Monosodium phosphate	1.2 g
Bile salts no.3	1.5 g
Sodium chloride	5 g
D-Sorbitol	10 g
Peptone	5 g
합계	30.93 g

배지 조제

각 배지 성분별 필요량을 멸균 증류수 1,000 mL에 녹인 후 pH 7.6으로 조정하고 121℃ 고압(15 psi)에서 15분간 멸균하여 사용한다.

배지 특성

*Yersinia enterocolitica*는 일반적으로 파스퇴르 멸균이 끝난 최종 유제품에서 발견된다. 자연계에서는 돼지가 *Y. enterocolitica*의 주요 병원소로 알려져 있다. *Y. enterocolitica*는 냉장온도에서도 증식

이 가능하다. 따라서 파스퇴르 멸균 후 이 세균에 대한 존재 여부를 최종 제품을 통해서 시험해야 한다. PSBB 배지는 APHA에 의해서 개발되어 유제품에서 *Y. enterocolitica*의 동정에 주로 사용되고 있다.

Peptone은 미생물의 생장에 주요 질소원과 무기염류를 제공한다. Sorbitol은 환원성 glucose로 *Yersinia* 균종의 생화학적 특성을 시험하는데 중요한 성분이다. *Y. enterocolitica*은 sorbitol을 분해할 수 있는 반면에 *Y. pestis*와 *Y. pseudotuberculosis*는 sorbitol을 분해할 수 없다. Disodium phosphate, monosodium phosphate는 배지의 완충 활성을 제공해 주며 bile salts no.3는 대부분의 그람양성균의 성장을 억제한다.

균주 반응성

32°C에서 24~48시간 배양한 표준균주의 배양 반응성은 아래와 같다.

표준균주	생장 정도	Sorbitol 이용능
Yersinia enterocolitica ATCC 27729	증식이 잘 됨	양성
Yersinia pseudotuberculosis ATCC 29833	증식이 잘 됨	음성

배양 결과

세균배양 전

세균배양 후
(*Eersinia enterocolitica*)

출처: http://www.kisanbiotech.com

식품공전 45번 배지

CIN 한천배지 (Cefsulodin Irgasan Novobiocin Agar)

CIN 한천배지는 임상시료 및 식품으로부터 *Yersinia enterocolitica*의 계수와 선택적 분리에 권장된다.

배지 조성

성분명	1,000 mL 제조시 필요한 양
Peptone	20 g
Yeast extract	2 g
Mannitol	20 g
Sodium pyruvate	2 g
Sodium chloride	1 g
Magnesium sulfate heptahydrate	0.01 g
Sodium desoxycholate	0.5 g
Iragasan	0.004 g
Crystal violet	0.001 g
Neutral red	0.03 g
Agar	12 g
합계	57.545 g

배지 조제

각 성분별 필요량을 멸균 증류수 1,000 mL에 가하여 pH 7.4로 조정한 후 가열 용해한다. 80°C로 식히고 cefsulodin 0.015 g, novobiocin 0.0025 g, strontium chloride 1 g을 여과 멸균하여 차례로 첨

가한 후 사용한다.

 배지 특성

*Yersinia enterocolitica*는 호수나 물, 저장 탱크 등에 널리 분포하며 가축의 설사, 림프선염, 폐렴, 자연 유산 등의 원인 세균이기도 하다. 임상시료에서 분리되는 *Yersinia* 균종 중에서 가장 일반적인 것이 *Y. enterocolitica*이다. *Y. enterocolitica*는 37°C보다 실온에서 생화학적으로 활성이 더 좋다. 이 배지에 cefsulodin, novobiocin 및 strontium chloride를 첨가하면 임상 및 비임상 시료로부터 *Y. enterocolitica*의 분리를 좀 더 용이하게 해준다. 이 배지의 조성은 Schiemann의 CIN agar에서 기초로 한 것으로 ISO 위원회에 의해서 권장된다. Schiemann은 그가 개발한 CIN 배지의 조성 중 bile salt 대신에 sodium deoxycholate를 첨가하여 이 배지를 개발하였다. CIN 한천배지는 manitol 발효 세균과 비발효성 세균을 감별할 수 있다. Manitol을 발효해서 배지를 산성화시키는 미생물은 집락 주변에 pH drop을 유발하며, neutral red를 첨가하면 집락은 빨간색을 띠게 된다. Manitol 비발효 세균은 무색의 반투명 집락으로 자란다. 이 배지는 sodium deoxycholate와 crystal violet의 존재 하에서는 그람양성균과 대부분의 그람음성균의 증식을 억제하여 선택적 배양을 할 수 있다.

이 배지에 cefsulodin, novobiocin 및 strontium chloride 등의 항생제를 첨가하게 되면 *Yersinia* 균종의 높은 선택적 배양이 가능하다. *Y. enterocolitica*의 전형적인 집락은 황소의 눈을 닮은 dark red로 나타나며 이때의 집락 주변에는 불투명한 경계가 보인다. 집락의 직경, 집락 주변 경계의 비율, 감촉성 및 집락의 크기 등이 혈청형에 따라 매우 다르며 다양하다. *Serratia liquefaciens*, *Citrobacter freundii* 및 *Enterobacter agglomerans*는 *Y. enterocolitica*와 배지상에서의 집락 특성이 거의 유사하여 생화학적 시험 등의 추가 확인이 필요하다.

 균주 반응성

세균의 경우는 22~32°C에서 24~48시간 배양한 표준균주의 배양 반응성은 아래와 같다.

표준균주	생장 정도	집락의 색깔
Enterococcus faecalis ATCC 29212	억제됨	–
Escherichia coli ATCC 25922	억제됨	–
Proteus mirabilis ATCC 25933	억제됨	–
Yersinia enterocolitica ATCC 27729	아주 잘 자람	불투명하며 집락 중심이 dark pink색이며 bile 침전물이 보임

배양 결과

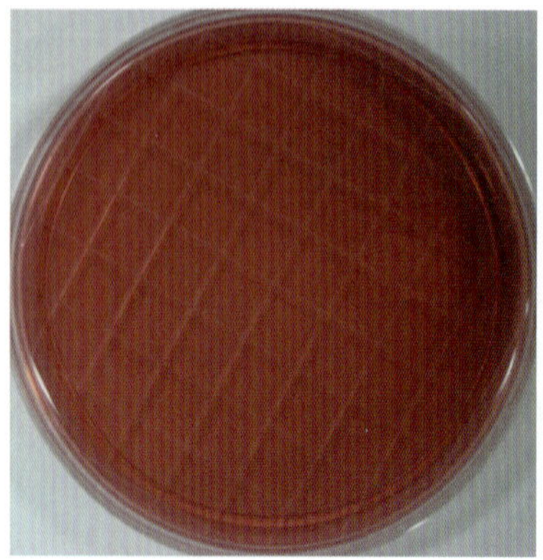

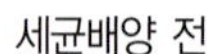

세균배양 전

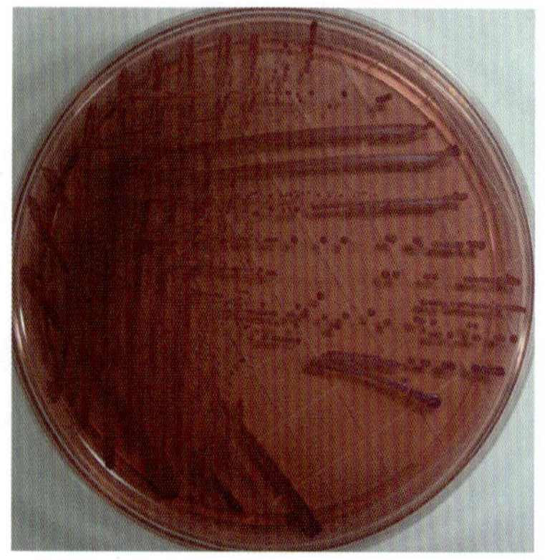

세균배양 후
(*Y. enterocolitica* 27729)

출처: (주)나래바이오테크(www.naraebio.com)

식품공전 46번 배지

MYP 한천배지 (Mannitol Egg Yolk Polymyxin Agar)

MYP 한천배지는 *Bacillus* 및 *Staphylococci* 균종의 분리 및 동정에 적합하다.

배지 조성

성분명	1,000 mL 제조시 필요한 양
Beef extract	1 g
Peptone	10 g
Mannitol	10 g
Sodium chloride	10 g
Phenol red	0.025 g
Agar	15 g
합계	46.025 g

배지 조제

각 성분별 필요량을 멸균 증류수 900 mL에 녹이고 pH 7.2로 조정한 후 500 mL 플라스크에 225 mL씩 분주한다. 121℃ 고압(15 psi)에서 15분간 멸균하여 50℃로 식힌 다음 polymyxin B 용액(10,000 unit/mL) 2.5 mL와 난황액 12.5 mL를 각각 넣어 혼합한다.

배지 특성

*Bacillus cereus*는 토양, 채소, 물 등 도처의 주변 환경에 존재하며 우유, 시리얼, 식육, 채소를 포함하는 대부분의 식품에서 분리된다. 균의 생육이 좋은 조건에서는 장관 질병을 유발한다. 일반적으로 이 세균은 설사형과 구토형 식중독을 일으킨다. 구토형 식중독은 매우 안정된 독소에 의해서 발병하게 되는데, 이 독소는 고온과 트립신, 펩신 및 극단적인 pH 조건에서도 활성을 유지하는 특성이 있다. 설사형 식중독은 열과 산에 약한 내독소에 의해서 발병한다. Lecithinase 활성은 *B. cereus*의 감별 및 동정에 가장 중요한 특성이다. 만일 알려지지 않은 분리균이 lecithinase를 생산한다면 집락의 형태와 운동성 그리고 용혈성 등에 의해서 *B. cereus*로 추정할 수 있다. Mossel 등은 MYP 한천배지를 처음으로 만들었고 이 배지는 현재 APHA에 의해서 식품으로부터 *B. cereus*의 분리 및 동정에 권장되고 있다. 이 배지는 lecithinase 활성, manitol 발효성 및 polymixin 저항성 등을 통해서 *B. cereus*와 기타 세균들을 감별할 수 있다.

Beef extract peptone은 질소원을 제공하며 manitol 발효는 phenol red가 manitol 발효를 할 수 있는 집락이 생성한 가스에 의해서 노란색으로 변하는 것으로 확인할 수 있다. 난황의 첨가는 lecithinase를 생산하는 집락을 감별하는 데 필요하다. 이때 lecithinase를 생산하는 집락의 주변은 하얀 침전물에 의해서 둘러싸여지게 된다. Polymixin B를 첨가하는 것은 대장균과 *Pseudomonas aeruginosa*와 같은 그람음성 세균의 증식을 억제하기 위한 것이다. 이 배지는 manitol 비발효성과 약한 발아 능력 등을 기초로 하여 다른 *Bacillus* 균종으로부터 *B. cereus*를 감별하는 데에도 유용하다.

균주 반응성

32°C에서 18~40시간 배양한 표준균주의 배양 반응성은 아래와 같다.

표준균주	생장 정도	집락의 색깔	Lecithinase 활성
Bacillus cereus ATCC 10876	아주 잘 자람	빨간색	양성, 집락 주변에 불투명 환이 생성됨
Bacillus subtilis ATCC 6633	아주 잘 자람	노란색	음성
Escherichia coli ATCC 25922	거의 자라지 않음	–	–
Proteus mirabilis ATCC 25933	아주 잘 자람	빨간색	음성
Pseudomonas aeruginosa ATCC 27853	거의 자라지 않음	–	–
Staphylococcus aureus ATCC 25923	아주 잘 자람	노란색	양성, 집락 주변에 불투명 환이 생성됨

배양 결과

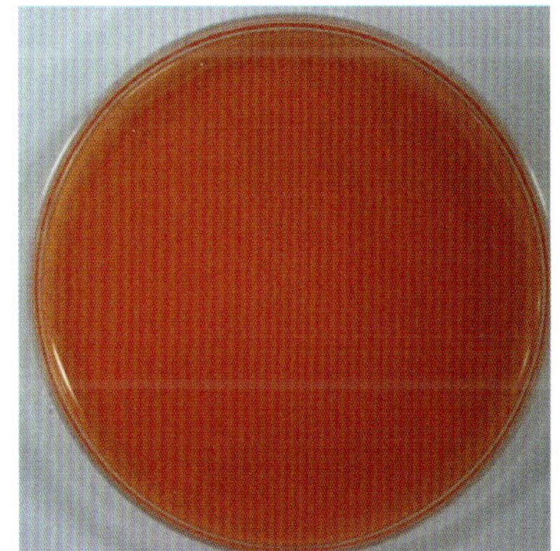

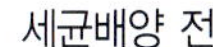

세균배양 전

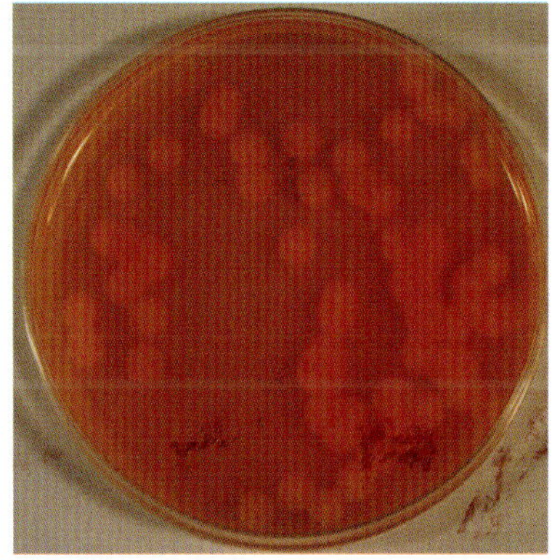

세균배양 후
(*Bacillus cereus* ATCC 10876 접종)

출처: (주)나래바이오테크(www.naraebio.com)

식품공전 47번 배지

HUNT 배지
(Hunt Broth)

HUNT 배지는 식품으로부터 *Campylobacter jejuni*의 분리 배양을 위한 증균배지로 사용된다.

배지 조성

성분명	1,000 mL 제조시 필요한 양
eef extract powder	10 g
Peptone	10 g
Sodium chloride	5 g
Yeast extract	6 g
Ferrous sulfate	0.25 g
Sodium metabisulfate	0.25 g
Sodium pyruvate	0.25 g
합계	31.75

배지 조제

각 배지 성분별 필요량을 멸균 증류수 950 mL에 녹인 후 pH 7.5로 조정하고 121°C 고압(15 psi)에서 15분간 멸균하여 식힌 다음 용혈시킨 말 혈액(lysed horse blood) 50 mL, supplement A (sodium cefoperazone 0.032 g, trimethoprim lactate 0.015 g, vancomycin 0.01 g, amphotericin B 0.002 g) 또는 supplement B(sodium cefoperazone 0.032 g, trimethoprim lactate 0.015 g, vancomycin 0.01 g, rifampicin 0.005 g)를 필터여과하여 첨가한다.

균주 반응성

42°C에서 24~48시간 미호기적으로 배양한 표준균주의 배양 반응성은 아래와 같다.

표준균주	생장 정도
Campylobacter jejuni 49943	잘 자람

배양 결과

Campylobacter jejuni 49943

출처: http://kisanbiotech.com

식품공전 48번 배지

Modified Campy Blood Free 한천배지 (Modified Campy Blood Free Agar)

Modified campy blood free 한천배지는 식품으로부터 *Campylobacter jejuni*를 분리 및 동정하는데 주로 사용된다.

배지 조성

성분명	1,000 mL 제조시 필요한 양
Meat extract	10.0 g
Yeast extract	2.0 g
Peptone	10.0 g
Sodium chloride	5.0 g
Bacteriological charcoal	4.0 g
Casein hydrolysate	3.0 g
Sodium deoxycholate	1.0 g
Ferrous sulphate	0.25 g
Sodium pyruvate	0.25 g
Agar	12.0 g
합계	47.5 g

배지 조제

각 배지 성분별 필요량을 멸균 증류수 1,000 mL에 녹여 pH 7.4로 조정한 후 121°C 고압(15 psi)에서 15분간 멸균하고 50°C 정도로 식힌 후 sodium cefoperazone 0.032 g, rifampicin 0.005 g 및

amphotericin B 0.002 g을 차례로 여과 멸균하여 첨가한다.

배지 특성

Modified campy blood free 한천배지는 Bolton 등에 의해 처음으로 기술된 조성에 기초로 한 것이다. 이 배지는 blood를 charcoal, ferrous sulphate 및 sodium pyruvate로 대체하여 개발되었다,

이 배지는 초기의 조성 중 cephazolin이 cefoperazone으로 대체되면서 세균의 선택성이 증가되었다. 최근에는 42℃보다는 오히려 37℃에서 배지를 보온하는 것이 세균의 분리에 좋다는 것이 보고되었으며, amphotericin B는 37℃에서 효모와 곰팡이의 증식을 억제하기 위해서 첨가된다.

균주 반응성

세균의 경우는 22~32℃에서 24~48시간 배양한 표준균주의 배양 반응성은 아래와 같다.

표준균주	생장 정도
Campylobacter jejuni ATCC 33291	아주 잘 자람
Escherichia coli ATCC 25922	자라지 않음

배양 결과

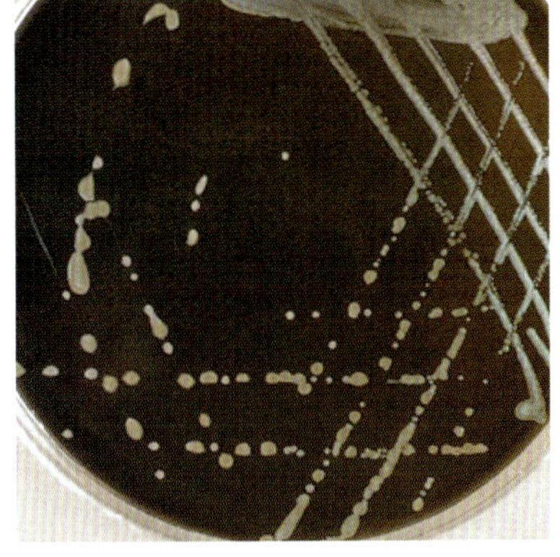

Campylobactor jejuni

식품공전 49번 배지

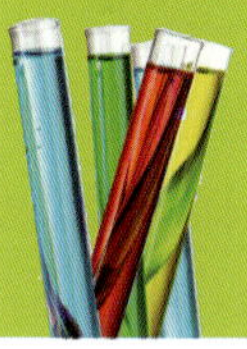

Abeyta-Hunt Blood 한천배지 (Abeyta-Hunt Blood Agar)

Abeyta-hunt blood 한천배지는 식품으로부터 *Campylobacter jejuni*를 분리 배양하는데 주로 사용된다.

 배지 조성

성분명	1,000 mL 제조시 필요한 양
Heart infusion broth	25 g
Agar	15 g
Yeast extract	2 g
합계	42.0 g

배지 조제

Abeyta-hunt blood 한천배지를 증류수 950 mL에 녹여 pH 7.4로 조정한 후 121℃에서 15분간 멸균하여 식힌 다음 용혈시킨 말 혈액(lysed horse blood) 50 mL를 가하고 sodium cefoperazone 0.032 g, rifampicin 0.005 g 및 amphotericin B 0.002 g를 차례로 여과 멸균하여 첨가한다.

식품공전 50번 배지

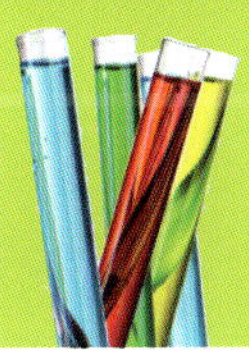

TPGY 배지
(Trpticase Peptone Glucose Yeast Extract Broth)

TPGY 배지는 *Clostridium botulinum*의 증균 배양에 주로 사용된다.

 배지 조성

성분명	1,000 mL 제조시 필요한 양
Trypticase	50 g
Peptone	5 g
Yeast extract	20 g
Dextrose	4 g
Sodium thioglycollate	1 g
합계	80.0 g

배지 조제

각 배지 성분별 필요량을 멸균 증류수 1,000 mL에 녹인 후 pH 7.0으로 조정하고, 15 mL씩 시험관에 분주하여 121℃에서 10분간 멸균한다.

 배지 특성

*Clostridium botulinum*은 혐기성 포자 형성균이며 형태는 막대형으로 독특한 신경독성을 갖는 단백질을 생산한다. TPGY 배지는 식품에서 *C. botulinum*의 독성을 결정하기 위해서 APHA에 의해서 사용이 권장되는 배지이다.

Trypticase, peptone 및 yeast extract는 질소원 및 탄수화물 공급원, 비타민 B 복합체 및 무기물을 공급한다. Dextrose는 발효성 탄수화물로 첨가되며 sodium thioglycollate는 환원제로 제공된다.

균주 반응성

26~28℃에서 7일간 혐기배양 한 표준균주의 배양 반응성은 아래와 같다.

표준균주	생장 정도
Clostridium botulinum ATCC 25763	아주 잘 자람

식품공전 51번 배지

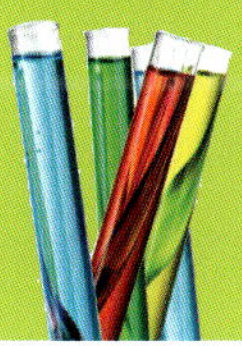

Liver-Veal 난황한천배지 (Liver-Veal Egg Yolk Agar)

Liver-Veal 난황한천배지는 배양이 까다로운 혐기성 미생물의 분리 배양에 유용하다.

배지 조성

성분명	1,000 mL 제조시 필요한 양
Liver infusion	9.0 g
Veal infusion	6.4 g
Proteose peptone	20.0 g
Neopeptone	1.3 g
Tryptone	1.3 g
Dextrose	5 g
Soluble starch	10 g
Isoelectric casein	2 g
Sodium chloride	5 g
Sodium nitrate	2 g
Gelatin	20 g
Agar	15 g
합계	97.0 g

배지 조제

각 배지 성분별 필요량을 멸균 증류수 1,000 mL에 녹여 121℃에서 15분간 멸균한 후 50℃ 정도로 식혀 난황액을 10%가 되도록 무균적으로 첨가한다.

배지 특성

혐기성 세균은 산소가 없는 환경에서 증식한다. 일부 혐기성 세균은 산소가 존재하게 되면 실제로 사멸하지만, 일부 다른 혐기성 세균은 사멸하지 않고 증식이 억제된다. 혐기성세균 배양방법 중 하나는 Spray의 배지를 이용하여 혐기성 배양 용기를 사용하는 것이다. Liver-veal 난황한천배지는 Spray의 배지 조성을 기초로 하여 개발되었다. Liver-veal 난황한천배지를 APHA와 FDA Bacteriological Analytical Manual에 의해서 권장되는 배지로 사용할 때는 50% 난황을 첨가해야 하며, 상당히 높은 영양분이 포함되어 있어 발아성 혐기 세균의 증식에 아주 유용하다.

Liver infusion, veal infusion, proteose peptone, neopeptone 및 tryptone은 탄소원, 질소원, 아미노산 공급원이 되며 또한 다양한 비타민을 제공한다. Dextrose는 탄소원으로 첨가된다. Soluble starch는 혐기성 세균의 증식을 촉진시키는 기능을 한다. Spray는 *Clostridium perfringens*를 접종 후 6시간 이내, 그리고 *Clostridium tetani*를 8시간 이내에 분리했다고 보고했다.

균주 반응성

세균의 경우는 35~37°C에서 18~24시간 배양한 표준균주의 배양 반응성은 아래와 같다.

표준균주	생장 정도
Clostridium botulinum ATCC 25763	아주 잘 자람
Clostridium tetani ATCC 10709	아주 잘 자람
Neisseria meningitidis ATCC 13090	아주 잘 자람
Streptococcus pneumoniae ATCC 6303	아주 잘 자람

배양 결과

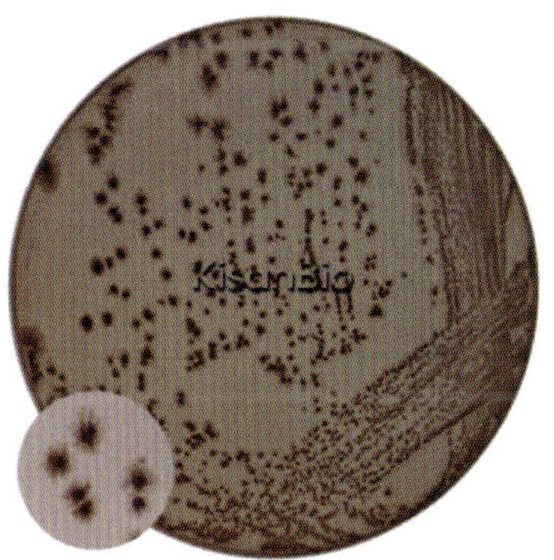

세균배양 후
(*Clostridium sporogenes*)

출처: http://www.kisanbiotech.com

식품공전 52번 배지

혐기성 난황 한천배지 (Anaerobic Egg Yolk Agar)

혐기성 난황 한천배지는 *Clostridium perfringens*의 검출에 권장되는 배지이다.

배지 조성

성분명	1,000 mL 제조시 필요한 양
Yeast extract	5 g
Tryptone	5 g
Proteose peptone	20 g
Sodium chloride	5 g
Agar	20 g
합계	55.0 g

배지 조제

각 배지 성분별 필요량을 멸균 증류수 1,000 mL에 녹여 pH 7.0으로 조정하고, 121℃ 고압(15 psi)에서 15분간 멸균한 후 50℃ 정도로 식혀 난황액 40 mL를 무균적으로 첨가한다.

배지 특성

*Clostridium perfringens*는 *Salmonella* 균종, *Staphylococcus aureus* 다음으로 가장 일반적인 식중독 원인균으로 알려져 있다. *Clostridium*은 포자를 형성하는 그람양성의 막대형 세균으로 토양 상재균으로 알려져 있다. *C. perfringens* 식중독은 대부분이 이 균에 오염된 식품을 섭취하면서 발생되는

데 이 세균이 가지고 있는 CPE 장독소가 숙주의 내장에 침투되면서 위장관 식중독을 일으킨다. 이 배지는 식품에서 *C. perfringens*의 검출을 위해서 APHA에 의해서 권장되는 배지이다.

Yeast extract, tryptone 및 proteose peptone는 아미노산과 질소원으로 제공되며 또한 비타민 B 복합체를 공급한다. 이 배지에 난황을 첨가하는 것은 lipase와 lecithinase 활성을 보기 위한 것으로 *C. perfringens*는 난황의 lecithin을 분해하여 불용성의 불투명 환을 갖는 집락을 형성한다. Lipase는 난황에 있는 지방산을 분해하여 윤기가 나는 집락을 만든다.

균주 반응성

세균의 경우는 35~37°C에서 18~24시간 혐기적 조건에서 표준균주의 배양 반응성은 아래와 같다.

표준균주	생장 정도	Lecithinase 활성	Lipase 반응
Clostridium perfringens ATCC 12924	아주 잘 자람	양성, 집락 주변에 불투명 환 생성	음성
Clostridium sprogenes ATCC 11437	아주 잘 자람	음성	양성, 보는 각도에 따라서 집락 표면에 윤기가 남

식품공전 53번 배지

세균수 건조필름배지

세균수 건조필름배지는 일반세균을 정량적으로 계수하는데 사용된다.

배지 조성

성분명	1,000 mL 제조시 필요한 양
Pancreatic digest of casein	3.4 g
Yeast extract	2.4 g
Sodium pyruvate	6.8 g
Dextrose	0.6 g
Dipotassium phosphate	1.3 g
Monopotassium phosphate	0.4 g
Guar gum	91.4 g
2,3,5-Triphenyltetrazolium chloride	0.0205 g
합계	106.3205 g

배지 조제

각 배지 성분별 필요량을 멸균 증류수 1,000 mL에 녹인 후 121°C에서 15분간 멸균하여 건조필름을 제조한다.

배지 특성

일반 세균은 호기적인 조건에서 자라는 모든 박테리아를 지칭한다. 이 배지는 일반적으로 신선도나 위생상태를 모니터링하고자 할 때 주로 사용되는 배지로서 실험과정이 간단하며 젖산균 검출도 가능한 장점이 있다. 이 배지를 이용한 일반 세균의 정량은 배지에 포함되어 있는 TTC(2,3,5-triphenyltetrazolium chloride)를 통해 착색되는 빨간색의 집락을 판독하면 된다.

지시약	콜로니 모양	검출 원리
TTC (Tri-phenyl-tetrazolium chloride)	붉은색	살아 있는 균의 존재 여부 (산화-환원 반응)

배지 사용법

식품공전의 시료채취 및 준비 (2)의 시험용액 1 mL와 각 단계 희석액 1 mL를 세균수 건조필름배지에 접종한 후 잘 흡수시키고 35±1°C에서 24~48시간 배양한 후 생성된 붉은 집락수를 계산하고 그 평균집락수에 희석배수를 곱하여 일반 세균수로 한다.

배양 결과

세균배양 전

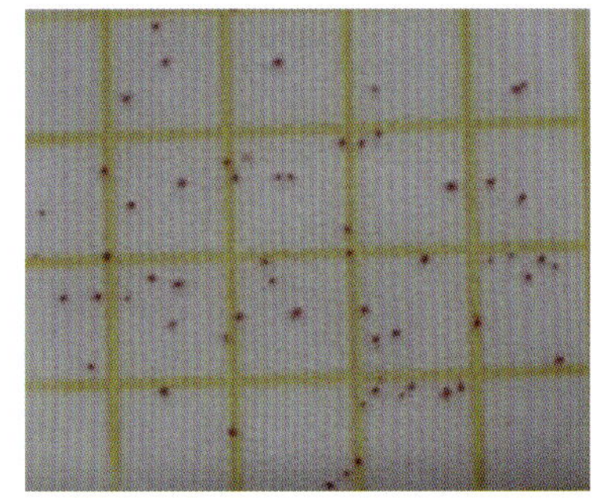

세균배양 후
(*E. coli* ATCC 25922)

출처: (주)나래바이오테크(www.naraebio.com)

식품공전 54번 배지

대장균군 건조필름배지

대장균군 건조필름배지는 일반 식품, 가공식품 및 모든 공장 환경에서 대장균군 검출에 사용된다.

배지 조성

성분명	1,000 mL 제조시 필요한 양
Yeast extract	9.6 g
Pancreatic digest of gelatin	20.9 g
Bile salt no. 3	1.6 g
Peptic digest of animal tissue	1.6 g
Lactose	21.4 g
Sodium chloride	5.3 g
Crystal violet	0.002 g
Neutral red	0.1 g
Guar gum	65.7 g
2,3,5-Triphenyltetrazolium chloride	0.11 g
합계	126.312

배지 조제

대장균군 건조필름배지를 증류수 1,000 mL에 녹인 후 121℃에서 15분간 멸균하여 건조필름을 제조한다.

배지의 특성과 원리

대장균군용 페트리필름을 적용하여 분원성 대장균군 검출이 가능하다. 대장균군 중에서 43~45°C에서 lactose를 분해하여 가스를 생성하는 세균을 분원성 대장균군이라 하며, 대장균군보다 더 구체적인 분변오염의 지표가 되는 균이다. 대장균군용 페트리필름으로 분원성 대장균군을 검출할 때는 배양온도를 44~44.5°C로 높게 배양하면 선택적 검출이 가능한데, 붉은색 균체가 나타나며, 균체 주변에 대장균군 성장시 발생되는 이산화탄소 가스가 나타나 확인이 용이하다.

TTC (Tri-phenyl-tetrazolium chloride)	붉은색	살아 있는 균의 존재 여부 (산화-환원 반응)
Gas	가스 포집	유당발효에 의한 CO_2생성

배지 사용법

식품공전 미생물시험법 시험용액의 제조(부록 A.3)에 의해서 준비된 시험용액 1 mL와 각 단계 희석액 1 mL를 대장균군 건조필름배지에 접종한 후 잘 흡수시키고, 35±1°C에서 24±2시간 배양한 후 생성된 붉은 집락 중 주위에 기포를 형성하고 있는 집락수를 계산하고, 그 평균 집락수에 희석배수를 곱하여 대장균군수를 산출한다.

배양 결과

세균배양 전

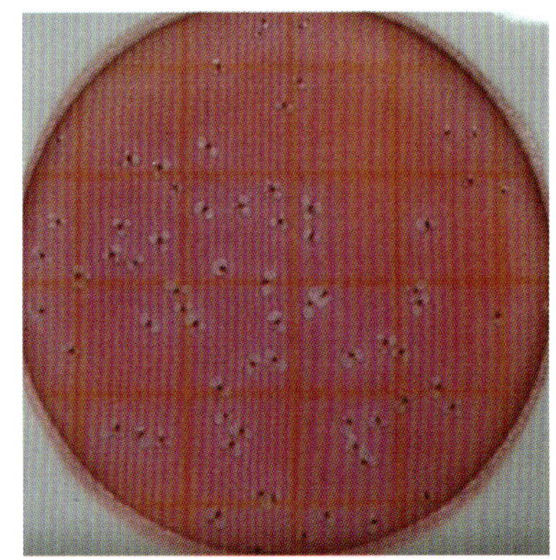

세균배양 후
(*E. coli* ATCC 25922)

출처: (주)나래바이오테크(www.naraebio.com)

식품공전 55번 배지

대장균 건조필름배지

대장균 건조필름배지는 일반 식품, 가공식품 및 모든 공장 환경에서 대장균 검출에 사용된다.

 배지 조성

성분명	1,000 mL 제조시 필요한 양
Yeast extract	9.6 g
Pancreatic digest of gelatin	20.9 g
Bile salt no. 3	1.6 g
Peptic digest of animal tissue	1.6 g
Lactose	21.4 g
Sodium chloride	5.3 g
Crystal violet	0.002 g
Neutral red	0.1 g
Guar gum	65.4 g
5-Bromo-4-chloro-3-indoxyl-beta-D-glucuronic acid, Cyclohexyl ammonium salt	0.2 g
2,3,5-triphenyltetrazolium chloride	0.11 g
합계	126.212 g

 배지 조제

각 배지 성분별 필요량을 멸균 증류수 1,000 mL에 녹인 후 121℃ 고압(15 psi)에서 15분간 멸균하여 건조필름을 제조한다.

배지 특성

대장균 건조필름배지는 시료에 존재하는 대장균과 대장균군의 손쉬운 검출을 가능하게 한다. 대장균은 분변에 가장 흔하고 많이 존재하여 분변 오염의 정확한 지표가 된다. 대장균은 병원성 세균의 존재 지표가 되며, 대장균이 다량 존재한다는 것은 위생적으로 문제가 있을 뿐 아니라 보건위생의 문제도 함께 수반될 수 있음을 의미한다. 대장균은 대장균군 중 가장 내열성이 강하며 가공 처리된 식품에서의 대장균 검출은 부적절한 가공 또는 가공 후의 오염을 의미한다. 병원성 대장균은 EPEC, ETEC, EIEC, EHEC 네 가지가 있다. 3M 페트리필름에는 β-glucuronidase indicator인 X-gluc가 들어 있어 β-glucuronidase를 가진 대장균은 모두 파란색으로 검출된다. 하지만 다른 chromogenic media와 마찬가지로 *E. coli* O157:H7과 같은 β-glucuronidase를 가지지 못한 세균들은 검출되지 않는다.

TTC (Tri-phenyl-tetrazolium chloride)	붉은색	살아 있는 균의 존재 여부 (산화-환원 반응)
BCIG (5-Bromo-4-chloro-3-indoxyl -β-D-glucuronide)	파란 콜로니와 파란 영역	Glucuronidase의 존재 여부
Gas	가스 포집	유당발효에 의한 CO_2 생성

배지 사용법

식품공전 미생물시험법 시험용액의 제조(부록 A.3)에 의해서 준비된 시험용액 1 mL와 각 단계 희석액 1 mL를 대장균 건조필름배지에 접종한 후 잘 흡수시키고, 35±1°C에서 24~48시간 배양한 후 생성된 푸른 집락 중 기포를 주위에 형성하고 있는 집락수를 계산하고 그 평균집락수에 희석배수를 곱하여 대장균수를 산출한다.

배양 결과

세균배양 전

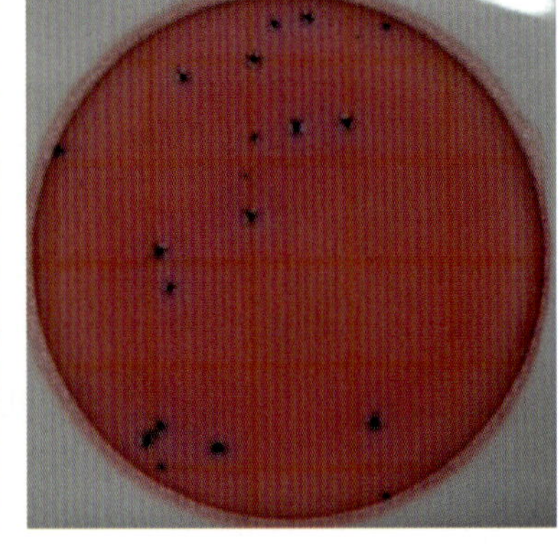

세균배양 후
(*E. coli* ATCC 25922)

출처: (주)나래바이오테크(www.naraebio.com)

식품공전 56번 배지

펩톤수 (Peptone Water)

펩톤수는 모든 미생물 배양에 사용될 수 있으며 특히 탄수화물 발효를 시험하고자 하는 배지에 기초가 된다.

배지 조성

성분명	1,000 mL 제조시 필요한 양
Peptone	10 g
Sodium chlroride	5 g
합계	15.0 g

배지 조제

펩톤수를 증류수 1,000 mL에 녹여 pH 7.2±0.2가 되도록 조정한 후 121℃에서 15분간 멸균한다.

배지 특성

펩톤수는 인돌 생성 여부를 시험하기 위한 배지로서 주로 사용된다. 펩톤수의 주성분인 peptone은 트립토판이 풍부히 함유되어 있어 인돌 생성을 위한 최적의 대사기질을 제공한다. 이때 인돌 생성시험을 위한 배양 온도와 시간은 대상 미생물의 종류에 따라서 다양하다. 인돌의 존재는 Kovac 또는 Ehlrich 시약을 사용함으로써 보다 정확하게 확인할 수 있다. 또한 펩톤수는 당과 bromocresol purple, phenol red 또는 bromothymol blue 등의 지시약을 첨가함으로써 탄수화물 발효 시험의 기초 단계에서 적용할 수 있다.

펩톤수에서 peptone은 미생물의 생장을 위한 필수 영양분을 제공하며 sodium chloride는 배지의 삼투평형을 유지하는 기능을 한다. 미생물의 발효 여부 시험은 펩톤수를 멸균하기 전 또는 후에 saccharose, rhamnose, salicin, glucose, dextrose 등의 탄수화물을 첨가함으로써 확인할 수 있다. 예를 들어 대부분의 탄수화물 발효는 유기산이 최종적으로 생산되며 이것은 phenol red의 존재 하에 배지가 빨간색에서 노란색으로 변하게 되는 원인이 된다. 만일 Durham관으로 가스 생성 여부를 검출하기 위해서 당을 첨가하게 되면 배지의 pH가 조금 떨어지기 때문에 0.1N NaOH를 통해서 pH를 보정해 주어야 한다.

균주 반응성

세균의 경우는 35~37℃에서 18~24시간 배양한 표준균주의 배양 반응성은 아래와 같다.

표준균주	생장 정도	인돌 시험
Escherichia coli ATCC 25922	아주 잘 자람	양성(Kovac 시약이 첨가된 배지의 표면에 빨간색 환이 나타남)
Salmonella typhimurium ATCC 14028	아주 잘 자람	음성
Staphyloccus aureus ATCC 25923	아주 잘 자람	음성

배양 결과

세균배양 전

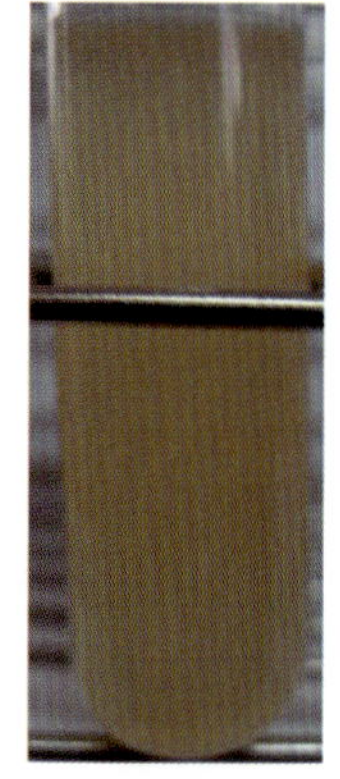

세균배양 후
(*E. coli* ATCC 25922)

출처: (주)나래바이오테크(www.naraebio.com)

식품공전 57번 배지

RV 배지 (Rappaport-Vassiliadis Broth)

RV 배지는 높은 삼투압에서 선택적으로 배양이 잘 되는 능력이 있는 *Samonella* 균종을 위한 증균용 배지이다.

 배지 조성

성분명	1,000 mL 제조시 필요한 양
Tryptone	5 g
Sodium chloride	5 g
Monopotassium phosphate	1.6 g
Magnesium chloride $6H_2O$	40.0 g
Malachite green oxalate	0.036 g
합계	51.636

배지 조제

각 배지 성분별 필요량을 멸균 증류수 1,000 mL에 녹여 시험관에 10 mL 씩 분주한 후 121℃ 고압(15 psi)에서 15분간 멸균하여 사용한다.

배지 특성

RV 배지는 Rappaport 등에 의해서 처음으로 개발된 배지를 Van Schothorst 등에 의해서 개량된 배지로서 식품과 환경 시료로부터 *Salmonella* 균종의 선택적 증균에 적합하다. 현재의 배지는 Van

Schothorst와 Renauld에 의해서 고안된 Rappaport-Vassiliadis Enrichment broth가 일부 변형된 것이다. 또한 이 배지에 magnesium chloride를 첨가하는 조성은 Peterz에 의해서 고안되었다.

이 배지를 사용하여 *Salmonella* 균종을 분변으로부터 분리할 때는 사전 증균배양 없이도 가능하다. *S. typhi*와 *S. choleraesuis* 및 장내세균들은 malachite green에 의해 생장이 억제되는데 반해서 *Samomella* 균종은 malachite green 존재 하에서도 잘 증식하여 선택적 배양이 가능해진다.

배양 반응성

세균의 경우는 42~43°C에서 18~24시간 배양한 표준균주의 배양 반응성은 아래와 같다.

표준균주	생장 정도	집락의 색깔
Escherichia coli ATCC 25922	잘 자라지 않음	Pink-red
Salmonella enteritidis ATCC 13076	아주 잘 자람	무색
Salmonella typhi ATCC 6539	아주 잘 자람	무색
Salmonella thphimurium ATCC 14028	아주 잘 자람	무색

배양 결과

세균배양 전

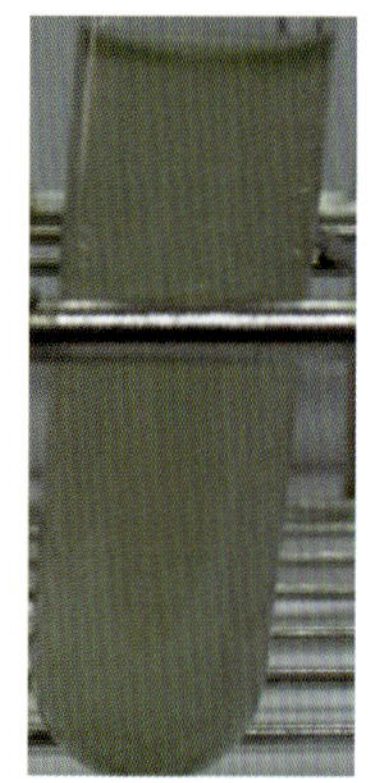
세균배양 후
(*S. enteritidis* ATCC 13076)

출처: (주)나래바이오테크(www.naraebio.com)

식품공전 58번 배지

XLD 한천배지 (Xylose Lysine Desoxycholate Agar)

XLD 한천배지는 주로 병원성 간균의 분리와 동정용 배지로 사용된다. 또한 *Salmonella typhi* 와 여타 *Salmonella* 균종의 계수와 분리를 위한 선택배지로 적합하다.

배지 조성

성분명	1,000 ml 제조시 필요한 양
Yeast extract	3 g
L-Lysine	5 g
Xylose	3.75 g
Lactose	7.5 g
Sucrose	7.5 g
Sodium desoxycholate	2.5 g
Ferric ammonium citrate	0.8 g
Sodium thiosulfate	6.8 g
Sodium chloride	5 g
Agar	15 g
Phenol red	0.08 g
합계	56.93 g

배지 조제

각 배지 성분별 필요량을 멸균 증류수 1,000 mL에 가하여 가열 용해한 후 사용한다. 단, 고압증기로 멸균해서는 안 된다.

배지 특성

장내세균과는 그람음성, 비포자성 간균으로 구성되며 일반적으로 사람이나 동물의 장을 서식처로 하는 100여 종 이상의 세균을 포함한다. 정상적인 장내세균의 대부분은 대장균군을 가리킨다. 장내세균과에서 임상적으로 중요한 속으로는 *Cedecea*, *Citrobacter*, *Edwardsiella*, *Enterobacter*, *Escherichia*, *Ewingella*, *Hafnia*, *Klebsiella*, *Kluyvera*, *Proteus*, *Salmonella*, *Shigella* 및 *Yersinia* 등이 포함된다. XLD 한천배지는 Taylor에 의해서 변형, 개발되어 그람음성 장내 간균의 선택적 분리와 동정에 주로 사용된다.

이 배지는 sodium desoxycholate의 첨가로 장내 간균에 대해서는 선택적 특성을 갖는다. 또한 이 배지에 brilliant green dye를 첨가하면 *Salmonella*를 위한 선택성이 개선된다. XLD 한천배지는 ISO 위원회의 권고에 따라서 *Salmonella* 균종과 *S. typhi*의 선택적 분리배양에 가장 빈번하게 사용되고 있다.

이 배지는 미생물의 성장에 필요한 질소원을 제공하기 위해서 yeast extract가 함유되어 있으며, 발효성 탄소화물로서 xylose, lactose, sucrose가 첨가되고 특히 xylose는 *Shigella* 균종을 제외한 대부분의 장내세균이 이용할 수 있어 *Shigella*의 감별에 유용하다. Sodium chloride는 이 배지의 삼투평형을 유지시키며 lysine은 비병원성 세균과 *Salmonella*의 감별을 위해서 첨가된다. *Salmonella* 균종은 xylose를 신속하게 발효하는데 이때 효소에 의해서 lysine이 탈카르복실화(decarboxylation)되어 amine이 만들어지고 이것은 배지를 알카리화시킨다. 이러한 특성은 *Shigella* 균종의 반응과 거의 유사하다. 그러나 lysine 양성의 대장균군의 반응을 방지하기 위해서 lactose와 sucrose를 첨가하면 여분의 산이 생성되며 이 산에 의해서 phenol red가 배지를 노란색으로 변하게 한다. Lysine을 cadaverin으로 탈카르복실화할 수 있는 세균은 pH가 높아짐에 따라 집락 주변이 빨간색으로 변한다. 또한 이 배지는 세균의 감별을 더욱 용이하게 하기 위해서 ferric ammonium citrate와 sodium thiosulfate를 첨가하여 H_2S 시스템을 이용할 수 있다. 즉 H_2S를 생산하는 세균은 중앙이 검은색의 집락으로 자란다. Sodium desoxycholate는 선택인자로 배지에 첨가되어 그람양성 세균의 증식을 억제한다.

균주 반응성

35~37°C에서 18~24시간 배양한 표준균주의 배양 반응성은 아래와 같다.

표준균주	생장 정도	집락의 색깔
Enterobacter aerogenes ATCC 13048	잘 자람	Yellow
Escherichia coli ATCC 25922	잘 자람	Yellow
Proteus milabilis ATCC 25933	아주 잘 자람	Grey with black center
Proteus vulgaris ATCC 13315	아주 잘 자람	Grey with black center
Salmonella patatyphi A ATCC 9150	아주 잘 자람	Red
Salmonella patatyphi B ATCC 8759	아주 잘 자람	Red with black center
Salmonella enteritidis ATCC 13076	아주 잘 자람	Red with black center
Salmonella typhi ATCC 6539	아주 잘 자람	Red with black center
Salmonella typhimurium ATCC 14028	아주 잘 자람	Red with black center
Shigella dysenteriae ATCC 13313	아주 잘 자람	Red
Shigella sonnei ATCC 25931	–	Red
Staphylococcus aureus ATCC 25923	억제됨	–
Shigella flexneri ATCC 12022	잘 자람	Yellow

배양 사진

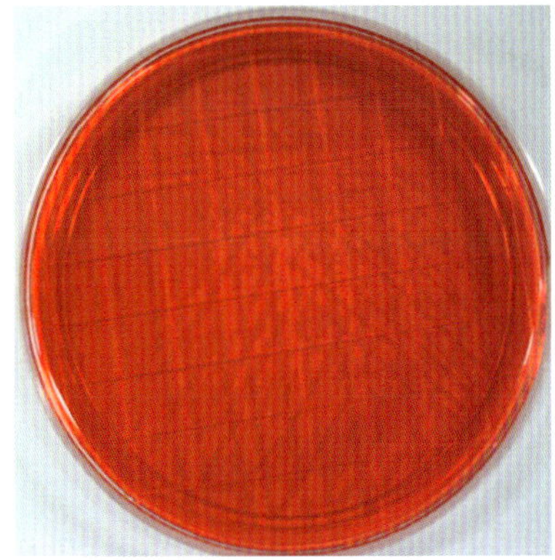
세균배양 전

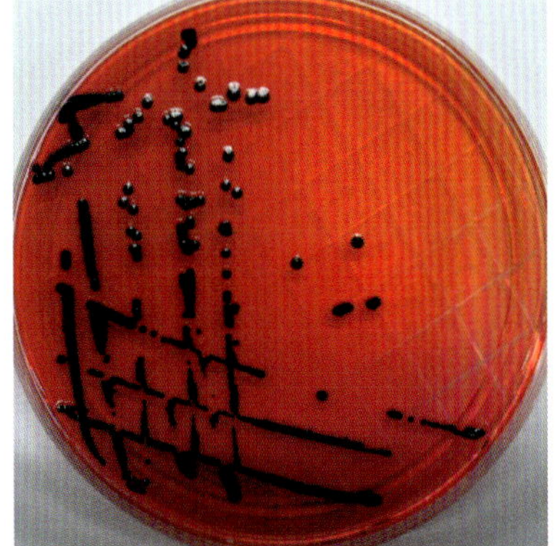
세균배양 후
(*S. enteritidis* ATCC 13076)

출처: (주)나래바이오테크(www.naraebio.com)

식품공전 59번 배지

EE 배지(Enterobacteriaceae Enrichment Broth, EE Broth)

EE 배지는 식품으로부터 장내 세균을 선택적으로 분리 또는 증균하는데 적합하다.

배지 조성

성분명	1,000 mL 제조시 필요한 양
Peptone	10.0 g
Glucose	5.0 g
Disodium phosphate	8.0 g
Monopotassium phosphate	2.0 g
Oxgall	20.0 g
Brilliant green	0.015 g
합계	45.015 g

배지 조제

각 배지 성분별 필요량을 멸균 증류수 1,000 mL에 첨가하여 100°C에서 30분간 가열 용해하여 사용한다.

배지 특성

장내세균과는 *Salmonella*, *Shigella* 및 기타 장내세균으로 구성되어 있다. 이들 세균이 식품에서 발견되는 것은 분변으로 부터 오염된 물 때문이다. 대다수의 장내세균은 엄격한 품질관리를 통해서 제어되지만 pH의 변화, 스팀, 고열에 노출 그리고 증식에 좋지 않는 조건 등의 이유로 거의 사멸 수준인 상태로 식품에 함유될 수 있다.

Mossel 등에 의해서 개발된 EE 배지는 식품의 미생물학적 검사과정 중에서 장내세균의 증균용 배지로 가장 많이 사용하는 배지 중의 하나로 ISO 위원회는 장내세균의 검출을 위해 이 배지를 권장하고 있다. Peptone과 glucose는 미생물의 생장에 필수 영양분으로 제공된다. Brilliant green과 oxgall은 그람양성 세균의 증식을 억제한다.

 균주 반응성

35~37°C에서 18~24시간 배양한 표준균주의 배양 반응성은 아래와 같다.

표준균주	생장 정도	산 생성
Escherichia coli ATCC 25922	아주 잘 자람	양성, yellow
Enterobacter aerogenes ATCC 13048	아주 잘 자람	양성, yellow
Proteus milabilis ATCC 25933	아주 잘 자람	양성, yellow
Salmonella enteritidis ATCC 13076	아주 잘 자람	산 생성 반응이 다양함
Salmonella boydii ATCC 12030	아주 잘 자람	음성, 색변화 없음
Staphylococcus aureus ATCC 25923	억제됨	−

 배양 사진

세균배양 전

세균배양 후
(*S. enteritidis* ATCC 13076)

출처: (주)나래바이오테크(www.naraebio.com)

식품공전 60번 배지

CESA 한천배지 (Chromogenic Enterobacter Sakazakii Agar)

CESA 한천배지는 식품, 특히 유제품으로부터 *Enterobacter sakazakii* 균을 선택적으로 배양하는데 주로 사용된다.

배지 조성

성분명	1,000 mL 제조시 필요한 양
Tryptone	15.0 g
Soya peptone	5.0 g
Sodium chloride	5.0 g
Ferric amonium citrate	1.0 g
Sodium desoxycholate	1.0 g
Sodium thiosulphate	1.0 g
Chromogen	0.1 g
Agar	15.0 g
합계	43.1 g

배지 조제

각 배지 성분별 필요량을 멸균증류수 1,000 mL에 첨가하여 가열 용해한 후 121℃ 고압(15 psi)에서 15분간 멸균한 다음 사용한다.

배지 특성

Enterobacter 균종은 토양, 채소 및 유제품 등에 존재하며 신생아의 뇌막염 및 패혈증 발생과 밀접하게 관련되는 것으로 알려져 있다. 이 배지는 ISO 위원회의 권고에 따라서 *E. sakazakii*의 선택적 배

양과 감별에 적합한 배지이다. *E. sakazakii*에 의해 배지에 첨가된 5-bromo-4-chloro-3-indolyl-α-D-glucopyranoside 등의 발색기질(chromogenic substrate)이 특이적으로 절단되면서 청록색의 집락을 형성한다. 하지만 이와 같은 발색기질은 다른 미생물에 의해서는 분해되지 않기 때문에 이 배지를 통해서 *E. sakazakii*의 선택적 배양과 감별이 가능하다.

Tryptone, soya peptone은 질소 및 탄소원과 함께 필수 영양분을 제공하며 sodium chloride는 배지가 삼투평형을 유지할 수 있도록 해준다. Sodium deoxycholate는 그람양성균의 증식을 억제하는 역할을 한다.

균주 반응성

35~37℃에서 18~24시간 배양한 표준균주의 배양 반응성은 아래와 같다.

표준균주	생장 정도	산 생성
Escherichia coli ATCC 25922	아주 잘 자람	무색
Enterobacter aerogenes ATCC 13048	아주 잘 자람	무색(집락 가운데는 파란색)
Enterobacter sakazakii ATCC 12868	아주 잘 자람	청록색
Enterococcus faecalis ATCC 29212	아주 잘 자람	–
Staphylococcus aureus ATCC 25923	억제됨	–

배양 사진

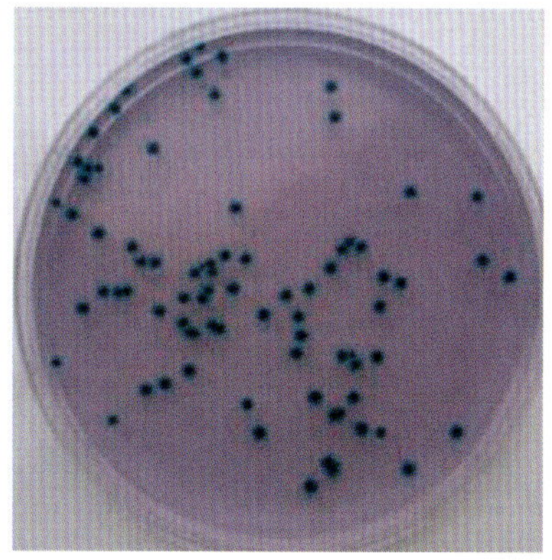

Enterobacter sakazakii

출처: www.bosungscience.com

식품공전 61번 배지

VRBG 한천배지 (Violet Red Bile Glucose Agar)

VRBG 한천배지는 음용수, 우유 및 기타 유제품으로부터 장내세균의 계수 및 선택적 배양에 권장되는 배지이다.

배지 조성

성분명	1,000 mL 제조시 필요한 양
Yeast extract	3.0 g
Peptone	7.0 g
Sodium chloride	5.0 g
Bile salts no. 3	1.5 g
Lactose	10.0 g
Neutral red	0.03 g
Crystal violet red	0.002 g
Agar	15.0 g
Glucose	10.0 g
합계	51.532 g

배지 조제

각 배지 성분별 필요량을 멸균 증류수 1,000 mL에 첨가한 후 가열 용해하여 사용한다. 단 고압증기로 멸균을 해서는 안 된다.

배지 특성

VRBG 한천배지는 장내 미생물을 검출하기 위해 사용되는 선택배지이다. Mossel 등은 이 배지에 glucose를 첨가함으로 대장균군의 검출이 개선된다고 보고했다. 이 배지는 다양한 배양 온도에서 사용할 수 있으며 회복되는 장내세균의 종류에 따라서 배양 시간도 달라진다. Yeast extract, peptone은 미생물 생장에 필요한 질소원과 필수 영양성분의 공급원이다. 배지의 성분 중 bile salt와 crystal violet에 의해 선택적 배양이 가능한데, crystal violet은 그람양성 세균, 특히 *Staphylocci*의 증식을 억제한다. Neutral red는 pH가 6.8 이하가 되면 색의 변화를 일으켜, lactose와 glucose의 발효 여부를 확인해 주는 성분으로 이 두 가지 탄수화물을 발효하는 균은 빨간색 또는 분홍색 집락으로 자라고 집락 주변은 bile 침전물을 갖게 된다. Sodium chloride는 배지의 삼투평형을 유지시킨다.

균주 반응성

세균의 경우는 35~37°C에서 18~24시간 배양한 표준균주의 배양 반응성은 아래와 같다.

표준균주	생장 정도	집락의 색깔
Enterobacter aerogenes ATCC 13048	아주 잘 자람	핑크-빨간색
Escherichia coli ATCC 25922	아주 잘 자람	집락 주변에 bile 침전물이 있는 핑크-빨간색
Salmonella enteritidis ATCC 13076	아주 잘 자람	연한 핑크색
Enterococcus faecalis ATCC 29212	억제됨	-

식품공전 62번 배지

E. sakazakii 한천배지 (*E. sakazakii* Agar)

C. sakazakii 한천배지는 식품, 특히 유제품으로부터 *Cronobacter sakazakii*의 선택적 형광 검출시험에 주로 사용된다.

배지 조성

성분명	1,000 mL 제조시 필요한 양
Tryptone	20.0 g
Bile salts no. 3	1.5 g
Sodium thiosulphate	1.0 g
Ferric ammonium citrate	1.0 g
MUG α-D-glucopyranoside	0.05 g
Agar	15.0 g
합계	38.55 g

배지 조제

각 배지 성분별 필요량을 멸균 증류수 1,000 mL에 첨가하여 가열 용해한 후 pH 7.0±0.2로 조정하고 121℃ 고압(15 psi)에서 15분간 멸균한 다음 사용한다.

배지 특성

C. sakazakii 한천배지는 Oh와 Kang에 의해서 개발된 배지로서 식품을 통한 심각한 신생아 감염의 주요 병원성 세균인 *C. sakazakii*의 검출에 주로 사용된다. *C. sakazakii*는 1980년대까지만 해도

'yellow-pigmented *Enterobacter cloacae*' 로 불려져 왔는데 현재는 *C. sakazakii*로 개명된 장내세균이다. 이 병원성 세균은 식품, 음용수 및 영유아 식품의 제조 환경에서 발견되는데 특히 분유에서의 발견은 큰 문제가 되고 있다. Urmenyi와 Franklin은 1961년 *C. sakazakii*에 의한 2건의 뇌수막염 사례를 처음 보고한 이후로 계속해서 *C. sakazakii*에 의한 패혈증, 신생아 괴사성장염 등에 대한 발병사례가 보고되었다. *C. sakazakii* 한천배지는 *C. sakazakii*를 선택적으로 감별하기 위해서 4-methyllumbelliferyl(MUG)-α-D-glucopyranoside와 선택인자를 첨가한 선택배지이다. *C. sakazakii*는 실온의 분유에서 신속하게 증식된다. 또한 특정 균주는 50~60℃의 온도에서도 사멸되지 않기 때문에 엄격하게 보건 위생관리가 요구되는 세균이다.

Tryptone은 질소, 비타민, 아미노산을 제공하며 bile salts no. 3은 비분변성 그람양성 세균의 증식을 억제한다. Sodium thiosulphate는 H_2S를 생산하는 장내세균의 선택적 감별을 위해서 첨가된다. 4-methyllumbelliferyl(MUG)-α-D-glucopyranoside는 α-D-glucosidase의 기질로서 4-metylumbelliferyl(MUG)로 분해되고 이것은 366 nm의 장파장 자외선에 노출되면 푸른 형광색으로 보인다. 즉, 4-methyllumbelliferyl-α-D-glucopyranoside의 첨가로 *C. sakazakii*는 독특한 밝은 형광색 집락으로 검출된다.

균주 반응성

세균의 경우는 35~37℃에서 18~24시간 배양한 표준균주의 배양 반응성은 아래와 같다.

표준균주	생장 정도	형광성(fluorescence)
Cronobacter sakazakii ATCC 12868	잘 자람	양성
Enterobacter cloacae ATCC 23355	잘 자람	음성
Citrobacter freundii ATCC 8090	잘 자람	음성
Escherichia cioli ATCC 25922	잘 자람	음성

배양 사진

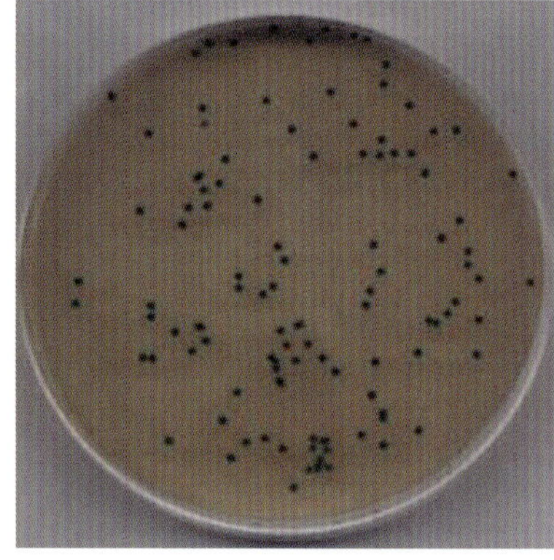

Cronobacter sakazakii
(OXOID™ CCI Agar)

출처: www.bosungscience.com

식품공전 63번 배지

Baird-Parker 한천배지 (Baird-Parker Agar)

Baird-Parker 한천배지는 식품 및 기타 시료로부터 coagulase 양성 *Staphylococcus*의 계수와 분리에 권장된다.

 배지 조성

성분명	1,000 ml 제조시 필요한 양
Tryptone	10 g
Beef extract	5 g
Yeast extract	1 g
Sodium pyruvate	10 g
Glycine	12 g
Lithium chloride $6H_2O$	5 g
Agar	20 g
합계	63.0 g

 배지 조제

각 배지 성분별 필요량을 멸균 증류수 950 mL에 녹이고 pH를 7.2로 조정한 후 50°C 정도로 식힌다. 0.1% potassiun tellurite가 첨가된 난황액 50 mL를 첨가한 후 사용한다.

배지 특성

Baird-Parker 한천배지는 Zebovitz 등에 의한 tellurite-glycine 배합을 적용하여 Baird Parker에 의해서 개발된 것으로 식품으로부터 *Staphylococcus*의 분리 배양에 적합한 배지이다. 이 배지는 AOAC와 USP에서 미생물한도시험용 배지로 권장, 채택된 배지이다. 최근에는 ISO 위원회로부터 *Staphylococcus*의 계수와 분리를 위한 배지로 권장되고 있다. Coagulase 양성 *Staphylococcus*는 tellurite를 환원하는 특성이 있어 검은색의 집락으로 자라는 반면에 다른 *Staphylococcus*는 tellurite을 환원하지 않아 구별이 가능하다.

Tryptone, beef extract 및 yeast extract는 질소, 탄소, 황 그리고 비타민 공급원이 되며 sodium pyruvate는 손상된 미생물의 보호와 회복에 도움을 준다. Lithium chloride와 postassium tellurite는 *Staphylococcus*를 제외한 대부분의 미생물의 생장을 억제한다. Tellurite의 첨가는 *S. aureus*보다 다른 egg-yolk clearing 균주에 독성이 있으며 집락을 검게 만든다. Glycine과 pyruvate는 *Staphylococcus*의 증식을 향상시킨다. 이 배지에 난황을 첨가하면 불투명한 노란색을 띠게 되며 lecithinase의 활성을 확보하는데 이용된다. 이 배지상에서 clear zone과 grey-black 집락으로 coagulase 양성 *Staphylococcus*를 추정 진단할 수 있으며, 배양을 좀 더 오래하면 집락 주변에 불투명대가 명확히 나타나는데 이것은 지방분해 활성이 있음을 보여주는 것이다.

균주 반응성

세균의 경우는 35~37°C에서 18~24시간 배양한 표준균주의 배양 반응성은 아래와 같다.

표준균주	생장 정도	집락의 색깔	Lecithinase 활성
Bacillus subtilis ATCC 6633	잘 자라지 않음	-	음성
Escherichia coli ATCC 25922	거의 자라지 않음	-	
Proteus mirabilis ATCC 25933	잘 자람	Brown-black	음성
Staphylococcus aureus ATCC 25923	아주 잘 자람	Grey-black	양성

배양 사진

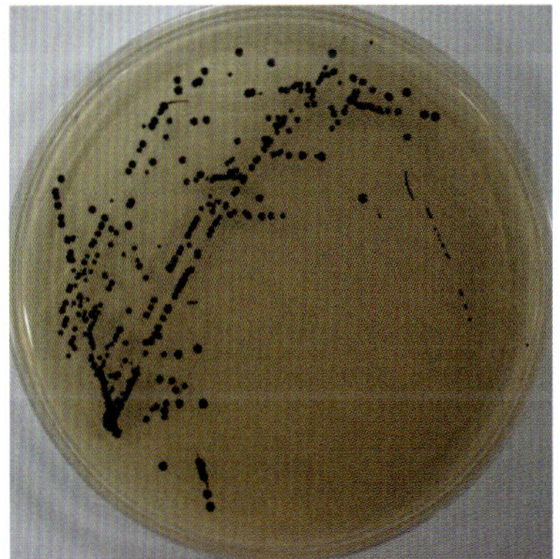

Staphylococcus aureus 25923

출처: (주)나래바이오테크(www.naraebio.com)

식품공전 64번 배지

Bismuth Sulfite 한천배지 (Bismuth Sulfite Agar)

Bismuth sulfite 한천배지는 병원성 시료, 음용수 및 식품으로부터 *Salmonella typhi*와 다른 *Salmonellae*의 선택 분리 및 추정동정에 주로 사용된다.

배지 조성

성분명	1,000 mL 제조시 필요한 양
Peptone	10 g
Beef extract	5 g
Dextrose	5 g
Disodium phosphate	4 g
Ferrous sulfate	12 g
Bismuth sulfite	8 g
Brilliant green	0.025 g
Agar	20 g
합계	64.025 g

배지 조제

각 배지 성분별 필요량을 멸균 증류수 1,000 mL에 녹이고 pH 7.2로 조정한 후 가열하여 사용한다. 단, 고압증기로 멸균해서는 안 된다.

배지 특성

*Salmonella*의 감염은 사람과 동물의 배설물에 의해 오염된 우유, 음용수 및 기타 식품의 섭취에 의한 원인이 가장 일반적이다. *Salmonella* 균의 감염은 장염, 패혈증, 장티푸스가 가장 일반적인 임상증상이다. 이와 같은 *Salmonella* 균의 분리를 위해서 다양한 미생물 배양 배지가 개발되었는데, 이 중 Bismuth sulfite 한천배지는 가장 효과적인 배지이다.

Bismuth sulfite 한천배지는 원래 Wilsonrhk blair 배지를 일부 개량한 것으로 *S. typhi*와 기타 다른 *Salmonella* 균종의 분리를 위해 권장된다. 이 배지에서 *S. typhi*, *S. enteritidis*와 *S. typhimurium*은 H_2S의 생산과 sulphite가 ferric sulphite가 되는 환원과정에 의해서 집락 주변이 금속성 광택성을 갖는 검은색 집락을 띠게 해주며 *S. paraparatyphi*는 light green 집락을 형성한다. 이 배지는 일부 *Salmonella* 균주들의 생장을 억제하기 때문에 *Salmonella*의 선택적 배양과 분리를 위해서 이 배지만을 사용하는 것은 좋지 않다. *S. flexneri*와 *S. sonnei* 및 일부 *Salmonella*와 유사한 특성을 갖는 *S. sendai*, *S. berta*, *S. gallinarum* 등을 제외한 *Shigella* 균종들은 이 배지에서 거의 자라지 않는다.

Peptone과 beef extract는 탄소, 질소, 비타민 및 필수 영양분을 제공하며 dextrose는 탄소원으로 첨가된다. Disodium phosphate는 삼투평형을 유지하는 역할을 하며 bismuth sulfite는 brilliant green과 함께 장내 그람양성균과 음성균의 증식을 억제한다. Ferrous sulfate는 H_2S의 생산을 확인하는데 이용된다.

배양 반응성

35~37°C에서 18~24시간 배양한 표준균주의 배양 반응성은 아래와 같다.

표준균주	생장 정도	집락의 색깔
Enterobacter aerogenes ATCC 13048	거의 자라지 않음	Brown-green
Enterobacter faecalis ATCC 29212	억제됨	-
Escherichia coli ATCC 25922	거의 자라지 않음	Brown-green
Salmonella enteritidis ATCC 13076	아주 잘 자람	금속성 광택의 black
Salmonella typhi ATCC 6539	아주 잘 자람	금속성 광택의 black
Salmonella typhimurium ATCC 14028	아주 잘 자람	금속성 광택의 black
Shigella flexneri ATCC 12022	거의 자라지 않음	Brown

배양 사진

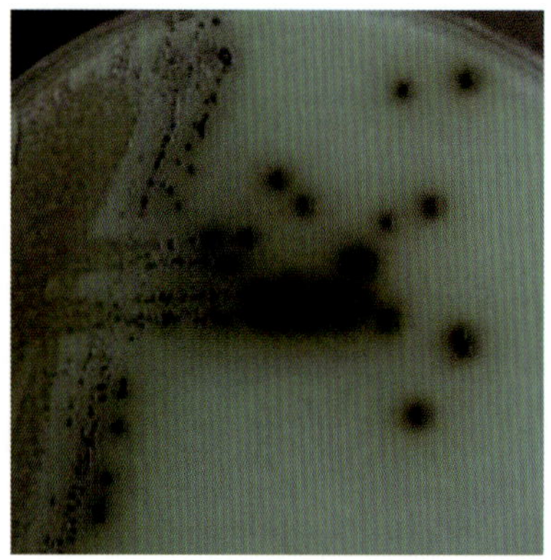

Salmonella enteritidis

출처: www.bosungscience.com

식품공전 65번 배지

PALCAM 한천배지

(Polymyxin Acriflavin LiCl Ceftazidime Esculin Mannitol Agar)

PALCAM 한천배지는 식품과 유제품으로부터 *Listeria*의 분리 및 배양에 적합하다.

배지 조성

성분명	1,000 mL 제조시 필요한 양
Peptone	23 g
Manitol	10 g
Sodium chloride	5 g
Starch	1 g
Ferric ammouium citrate	0.5 g
Esculin	0.8 g
Dextrose	0.5
Lithium chloride	0.08
Phenol red	0.5 g
Agar	15.0 g
합계	56.38 g

배지 조제

각 배지 성분별 필요량을 멸균 증류수 1,000 mL에 녹이고 pH 7.2±0.2 로 조정한 후 121℃ 고압(15 psi)에서 15분간 멸균한다. 이를 50℃로 식히고 polymyxin B sulfate 0.01 g, acriflavin 0.005 g, ceftazidime 0.02 g를 차례로 여과 멸균하여 첨가한 후 사용한다.

배지 특성

PALCAM 한천배지는 van Netten 등에 의해서 개발된 배지로 식품으로부터 *Listeria* 균종의 선택적인 계수와 배양에 주로 사용되며, 특히 우유 및 유제품과 환경 시료로부터 *L. monocytogenes*를 검출하는데 폭넓게 사용된다. *Listeria* 균종의 증식은 이 배지의 조성에 근간이 되는 Columbia 한천배지의 특성에 기인한다. Columbia 한천배지는 *Listeria*가 증식이 활발히 되도록 하는 영양분을 함유하고 있다.

이 배지의 선택성은 첨가되는 lithium chloride, polymixin B sulfate 및 acriflavine HCl의 활성 때문이다. 이들 첨가제는 식품에 존재하는 대부분의 비리스테리아(non-*Listeria*) 균종들의 증식을 억제한다. PALCAM 한천배지의 감별능력은 esculin 가수분해와 manitol 발효를 기초로 한다. 모든 *Listeria* 균종은 esculin을 가수분해하며 이들 과정 중에 만들어지는 6, 7 dihydroxycoumarine이 배지에 첨가된 ferric ammonium citrate의 ferric ion과 반응하여 배지를 검게 만든다. 경우에 따라서 *Listeria* 균종 이외의 *staphlyococci* 또는 *enterococci*들이 이 배지에서 자라기도 한다.

Manitol과 pH 지시약인 phenol red는 manitol 비발효성 세균과 manitol 발효를 하는 *Listeria* 균종을 감별하기 위해서 이 배지에 첨가된다. Manitol 발효는 최종 산생성물에 의해서 배지 주변이 빨간색 또는 회색에서 노란색으로 변화하는 것으로 확인할 수 있다.

균주 반응성

세균의 경우는 35~37°C에서 48시간 배양한 표준균주의 배양 반응성은 아래와 같다.

표준균주	생장 정도	Esculin 반응
Enterococcus faecalis ATCC 29212	억제됨	음성
Escherichia coli ATCC 25922	억제됨	음성
Listeria monocytogenes ATCC 19114	아주 잘 자람	양성
Staphylococcus aureus ATCC 25923	억제됨	음성

배양 사진

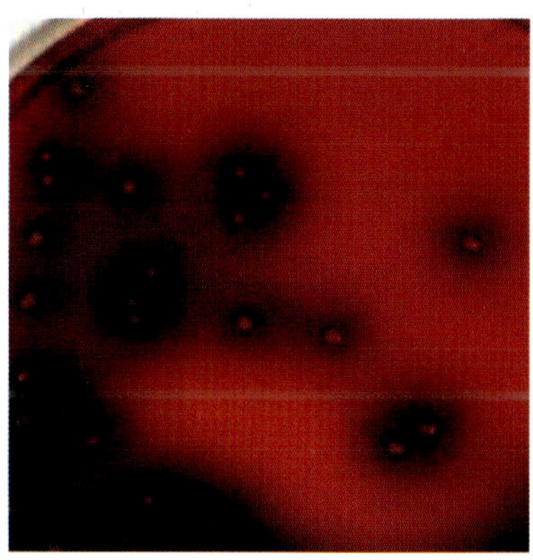

C. perfringens

출처: www.bosungscience.com

식품공전 66번 배지

TC-SMAC 한천배지 (Tellurite Cefixime-Sorbitol MacConkey Agar)

TC-SMAC 한천배지는 대장균 O157:H7의 감별을 위한 선택배지로 사용된다.

배지 조성과 제조

배지 43번 MacConkey sorbitol 한천배지 1리터를 121°C에서 15분간 멸균하고 50°C 정도로 냉각한 다음 여과멸균한 후 아래의 TC 첨가제를 차례로 첨가한다. 1% potassium tellurite 용액은 4°C에서 1개월간, cefixime 용액은 −20°C에서 1년간 보관이 가능하다.

TC 첨가제

- Potassium tellurite 2.5 mg
  (1% Potassium tellurite 용액 250 μL)
- Cefixime 0.0 5mg
  (95% 에탄올 용액 1 L에 cefixime 50 mg을 녹인 용액 1 mL)

배지 특성

대장균 O157:H7은 시가유사 독소(SLT)의 활성으로 인해 출혈성 대장염을 일으키는 병원성 세균이다. 락토스 함유 표준 MacConkey 한천배지에서 이들 균은 다른 락토스 발효 대장균과 구별이 되지 않는다. 그러나 대부분의 대장균과는 달리, 대장균 O157:H7은 소르비톨을 매우 천천히 또는 전혀 발효하지 못한다.

소르비톨이 락토스 대신에 배지에 첨가되면 대장균 O157:H7 균주는 소르비톨을 발효하지 못하고 무색의 집락을 형성하는 반면에 대장균은 소르비톨 양성의 핑크색(빨간색)의 집락을 띠게 된다. Cefixime와 tellurite의 첨가는 *Proteus mirabilis*, non-O157 대장균 그리고 다른 소르비톨 비발효

균주들의 생장을 억제한다. 이러한 억제반응은 O157:H7 균주를 분리하는 과정에서 다수의 소르비톨 비발효 균주들을 상당히 감소시켜준다.

 균주 반응성

35±2°C에서 48시간 배양한 표준균주의 배양 반응성은 아래와 같다.

표준균주	생장 정도
Escherichia coli O157:H7 ATCC 700728	잘 자람, 집락은 무색에서 옅은 회색을 띠기도 함 (소르비톨 발효에 대해 음성)
Escherichia coli ATCC 25922	억제됨
Proteus mirabilis ATCC 12453	억제됨

 배양 사진

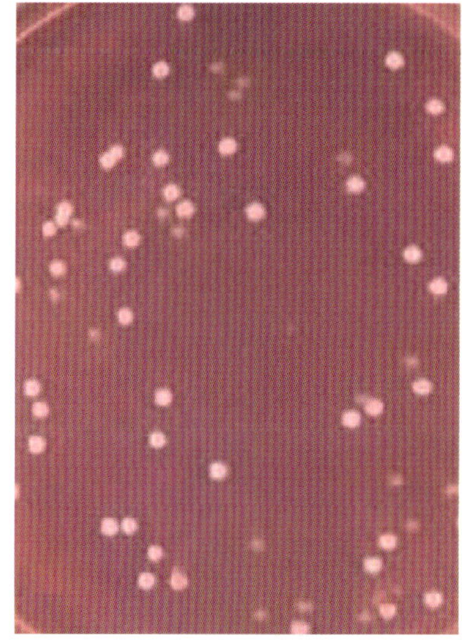

E. coli O157:H7

출처: www.bosungscience.com

식품공전 67번 배지

Barid-Parker PRF 한천배지
(Barid-Parker PRF Agar)

식품으로부터 coagulase-positive *Staphylococci*의 선택적 분리에 주로 사용된다.

배지 조성

성분명	1,000 mL 제조시 필요한 양
Tryptone	1 g
Beef extract	0.5 g
Yeast extract	0.1 g
Sodium pyruvate	1 g
Glycine	1.2 g
Lithium chloride $6H_2O$	0.5 g
Agar	2 g
합계	6.3

RPF 첨가제

- Bovine fibrinogen 0.375 g
- Trypsin inhibitor 2.5 mg
- Rabbit plasma 2.5 mL
- Potassium tellurite 2.5 mg

배지 조제

위의 성분을 증류수 90 mL에 녹이고 pH를 7.2로 조정한 후 121°C 15분간 멸균하여 50°C 정도로 식힌 다음 무균적으로 RPF 첨가제를 넣는다.

배지 특성

Barid-Parker PRF 한천배지는 식품 또는 여러 시료로부터 coagulase-positive *Staphylococci*의 계수와 분리에 이용된다. 일반적으로 사용되는 Baired Parker agar base에 tellurite egg yolk 넣는 대신에 RPF 첨가제를 넣으면 배양시간을 줄여준다. Trypton, beef extract, yeast extract는 생장에 필수적인 질소, 비타민, 미네랄과 아미노산을 제공한다. Lithium chloride, trypsin inhibitor와 potassium tellurite는 함께 배양되는 일반 세균총을 억제하며 glycine과 sodium pyruvate는 staphylococci의 배양을 촉진시키는 기능을 한다.

균주 반응성

35±2°C에서 48시간 배양한 표준균주의 배양 반응성

표준균주	생장 정도	집락의 색깔	집락 주변의 투명대 (coagulase 양성)
Escherichia coli ATCC 25922	억제됨	–	–
Proteus mirabilis ATCC 25933	잘 자람	갈색	–
Staphylococcus aureus ATCC 25923	잘 자람	검은색	+
Staphylococcus epidermis ATCC 12228	잘 자람	검은색	–
Staphylococcus aureus ATCC 6538	잘 자람	검은색	+

배양 사진

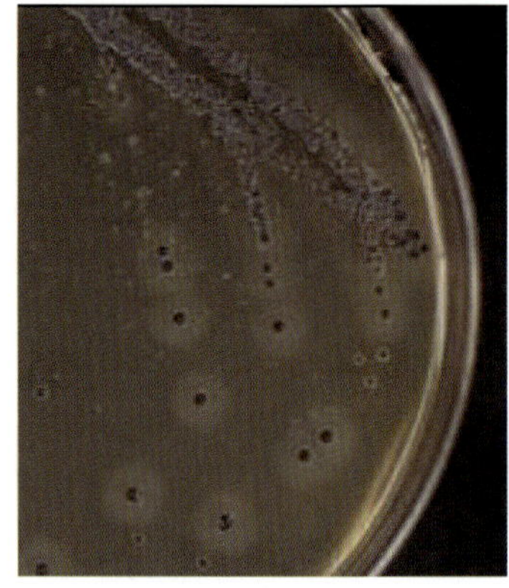

Staphylococcus aureus

출처: www.bosungscience.com

식품공전 68번 배지

Bolton 배지 (Bolton Broth)

Bolton 배지는 식품으로부터 캠필로박터 균종의 선택적 증균에 사용된다.

배지 조성

성분명	1,000 mL 제조시 필요한 양
Meat peptone	10 g
Lactalbumin hydrolysate	5 g
Yeast extract	5 g
Sodium chloride	5 g
Haemin	0.01 g
Sodium pyruvate	0.5 g
Alpha-ketoglutaric acid	1 g
Sodium metabisulphite	0.5 g
Sodium carbonate	0.6 g
합계	26.51

첨가물 조성

- Sodium cefoperazone 20 mg, trimethoprim 20 mg, vancomycin 20 mg, cyclohexamide 50 mg

배지 조제

위의 성분을 증류수 1,000 mL에 녹이고 pH를 7.4로 조정한 후 121℃ 15분간 멸균하여 50℃ 정도로 식힌 다음 용혈시킨 말 혈액(lysed horse blood) 50 mL를 무균적으로 첨가하고 상기의 첨가물을 물과 에탄올을 동량 섞은 용액 10 ml에 녹인 후 여과멸균하여 가한다.

배지 특성

Bolton 배지는 식품으로부터 캠필로박터균종의 선택적 증균에 사용된다. 또한 이 배지는 ISO 위원회에서 식품으로부터 캠필로박터 균종의 배양을 위해 권장되는 배지이다. 캠필로박터는 그람음성의 나선형 미호기성(microaerophilic) 세균이다. 이 균은 일반적으로 원유(raw milk), 정수되지 않은 물, 위생적으로 제조되지 않은 식품과 가열처리되지 않은 육고기와 생선에서 주로 발견된다. 이 배지는 거의 사멸 직전의 캠필로박터들이 보다 빠르게 증식하고 회수될 수 있도록 하기 위한 목적으로 개발되었다. 미호기적 배양조건은 필요하지 않다.

Meat peptone, lactoalbumin hydrolysate 및 yeast extract는 캠필로박터균종에 비타민, 이미노산 그리고 다른 질소성 성분과 같은 필수적인 영양분을 제공한다. Sodium metabisulphite와 sodium pyruvate는 독성물질을 포획해서 배양액의 공기 수용성과 회수율을 증가시키는 기능을 한다. α-ketoglutaric acid는 초기의 물질대사가 급격히 이뤄지는 것을 방지하는데 도움을 주며 sodium carbonate는 배양액에서 만들어진 산을 중화하는 기능을 하며 sodium chloride는 삼투평형을 유지시킨다. 첨가제로 가해지는 반코마이신, 세포피라존과 트리메소프라임 등 3종의 항생제는 그람양성과 그람음성균의 증식을 억제시킨다. 암포테리신 B는 효소와 진균류의 증식을 상당히 줄여준다. 또한, 초기 배양단계 후에 41.5℃에서의 배양은 캠필포박터 균종의 선택적 배양에 도움이 된다.

균주 반응성

41.5℃에서 40~48시간 배양한 후 37℃에서 4~6시간 배양한 표준균주의 배양 반응성

표준균주	집락 주변의 투명대(coagulase 양성)
Campylobacter jejuni (33291)	+++
Campylobacter jejuni (33291)	+++
Campylobacter coli (33559)	+++
Escherichia coli (25922)	–
Candida albicans (10231)	–

부록

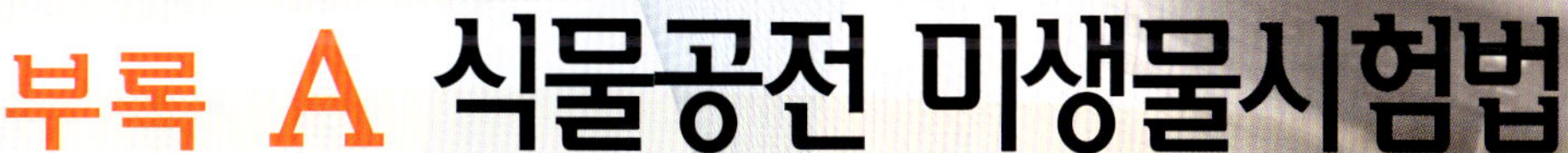

부록 A 식물공전 미생물시험법

- 부록 A는 식품공전의 제10. 일반시험법의 3. 미생물시험법을 발췌한 것임 -

미생물학적 검사를 위해서는 반드시 모든 과정이 무균적으로 수행되어야 하며 동시에 시험과정 중의 교차오염을 방지하기 위해 실험실 내는 항상 청결을 유지하여야 한다.

A.1 일반사항

A.1.1 검체의 채취

1) 검체 채취기구는 미리 핀셋, 시약스푼 등을 몇 개씩 건열 및 화염멸균을 한 다음 검체 1건마다 바꾸어 가면서 사용하여야 한다.
2) 검체가 균질한 상태일 때에는 어느 일부분을 채취하여도 무방하나 불균질한 상태일 때에는 여러 부위에서 일반적으로 많은 양의 검체를 채취하여야 한다.
3) 미생물학적 검사를 하는 검체는 잘 섞어도 균질하게 되지 않을 수 있기 때문에 실제와는 다른 검사결과를 가져올 경우가 많다.
4) 미생물학적 검사를 위한 검체의 채취는 반드시 무균적으로 행하여야 한다.
5) 기타 제반사항은 식품공전 미생물시험법 검체의 채취 및 취급방법을 참고하여 따른다.

A.1.2 확인시험

1) 균의 확인시험에서 각종 생화학시험은 국제적으로 공인된 kit 또는 장비를 이용할 수 있다.
2) 식중독균 정량검사 시 계수된 집락수가 규격치 이하일 경우 확인시험을 생략할 수 있다.

A.2 기구 및 재료

1) 무균대(Clean bench)
2) 고압멸균기(Autoclave)
3) 원심분리기(Centrifuger)
4) 교반기(Stirrer)
5) 건조기(Dry oven)
6) 배양기(Incubator), CO_2 배양기, 혐기배양 Jar
7) 항온수조(Water bath, 자동온도 조절기능함유)
8) 균질기(Stomacher 또는 Homogenizer)
9) 냉동 및 냉장고(−70°C Freezer 포함)
10) 초순수 제조장치(Ultra pure water system)
11) 집락계산기(Colony counter)
12) 수소이온농도측정기(pH meter)
13) 피펫(1 mL, 5 mL, 10 mL 등)
14) 시험관(Test Tube, 18×170 mm 등)
15) 발효관(Durham tube, Smith tube)
16) 페트리접시(Petridish)
17) 광학현미경(Optical microscope)
18) 슬라이드/커버 글라스
19) 알코올램프, 백금이, 백금선 등
20) 표준항혈청(대장균, 살모넬라, 리스테리아 등)
21) Guinea pig(250~300 g), 마우스(12~15 g)

A.3 시험용액의 제조

1) 채취한 검체는 희석액을 이용하여 필요에 따라 10배, 100배, 1,000배 등 단계별 희석용액을 만들어 사용할 수 있다.
2) 희석액은 멸균생리식염수, 멸균인산완충액 등을 사용할 수 있다. 단, 별도의 시험용액 제조법이 제시되는 경우 그에 따른다.
3) 검체를 용기 포장한 대로 채취할 때에는 그 외부를 물로 씻고 자연 건조시킨 다음 마개 및 그 하부 5~10 cm의 부근까지 70% 알코올탈지면으로 닦고, 화염멸균한 후 냉각하고 멸균한 기구로 개봉,

또는 개관하여 2차 오염을 방지하여야 한다.

4) 지방분이 많은 검체의 경우는 Tween 80과 같은 세균에 독성이 없는 계면활성제를 첨가하는 것이 좋다.

5) 실험을 실시하기 직전에 잘 균질화하고 검사검체에 따라 다음과 같이 시험용액을 제조한다.

가) 액상검체: 채취된 검체를 강하게 진탕하여 혼합한 것을 시험용액으로 한다.

나) 반유동상검체: 채취된 검체를 멸균 유리봉 또는 시약스푼 등으로 잘 혼합한 후 그 일정량(10~25 mL)을 멸균용기에 취해 9배 양의 희석액과 혼합한 것을 시험용액으로 한다.

다) 고체검체: 채취된 검체의 일정량(10~25 g)을 멸균된 가위와 칼 등으로 잘게 자른 후 희석액을 가해 균질기를 이용해서 가능한 한 저온으로 균질화한다. 여기에 희석액을 가해서 일정량(100~250 mL)으로 한 것을 시험용액으로 한다.

라) 고체표면검체: 검체표면의 일정면적(보통 100 cm^2)을 일정량(1~5 mL)의 희석액으로 적신 멸균거즈와 면봉 등으로 닦아내어 일정량(10~100 mL)의 희석액을 넣고 강하게 진탕하여 부착균의 현탁액을 조제하여 시험용액으로 한다.

마) 분말상검체: 검체를 멸균 유리봉과 멸균 시약스푼 등으로 잘 혼합한 후 그 일정량(10~25 g)을 멸균용기에 취해 9배 양의 희석액과 혼합한 것을 시험용액으로 한다.

바) 버터와 아이스크림류: 버터와 아이스크림류는 40℃ 이하의 온탕에서 15분 내에 용해시켜 10 mL를 취한 후 희석액을 가하여 100 mL로 한 것을 시험용액으로 한다.

사) 캡슐제품류: 캡슐을 포함하여 검체의 일정량(10~25 g)을 취한 후 9배 양의 희석액을 가해 균질기 등을 이용하여 균질화한 것을 시험용액으로 한다.

아) 냉동식품류: 냉동상태의 검체를 포장된 상태 그대로 40℃ 이하에서 될 수 있는대로 단시간에 녹여 용기, 포장의 표면을 70% 알코올솜으로 잘 닦은 후 상기 가)~사)의 방법으로 시험용액을 조제한다.

자) 칼 · 도마 및 식기류: 멸균한 탈지면에 희석액을 적셔, 검사하고자 하는 기구의 표면을 완전히 닦아낸 탈지면을 멸균용기에 넣고 적당량의 희석액과 혼합한 것을 시험용액으로 사용한다.

A.4 배지 및 시액

A.4.1 배지

미생물 실험을 위한 배지조제 시 이미 상품화된 배지의 사용이 가능하며, 사용할 경우 각 제조사별 조제법을 따를 수 있다.

1) 표준한천배지(Plate Count Agar)

Tryptone	5.0 g
Yeast Extract	2.5 g
Dextrose	1.0 g
Agar	15.0 g

위의 성분에 증류수 1,000 mL에 녹여 pH 7.0 ± 0.2로 조정한 후 121°C로 15분간 멸균한다.

2) 유당배지(Lactose Broth)

Peptone	5.0 g
Beef Extract	3.0 g
Lactose	5.0 g

위의 성분을 증류수 1,000 mL에 녹여 pH 6.9 ± 0.2로 조정한 후 발효관을 넣은 시험관에 10 mL씩 분주하여 121°C에서 15분간 멸균한다.

3) BGLB 배지(Brilliant Green Lactose Bile Broth)

Peptone	10.0 g
Lactose	10.0 g
Oxgall	20.0 g
Brilliant green	0.0133 g

위의 성분을 증류수 1,000 mL에 녹여 pH 7.2 ± 0.1로 조정한 후 발효관을 넣은 시험관에 10 mL씩 분주하여 121°C에서 15분간 멸균한다.

4) 두 배 농도 BGLB 배지(Brilliant Green Lactose Bile Broth)

Peptone	20.0 g
Lactose	20.0 g
Oxgall	40.0 g
Brilliant green	0.0266 g

위의 성분을 증류수 1,000 mL에 녹여 pH 7.2 ± 0.1로 조정한 후 발효관을 넣은 시험관에 10 mL씩 분주하여 121°C에서 15분간 멸균한다.

5) Endo 한천배지(Endo Agar)

Peptone	10.0 g
Lactose	10.0 g
Dipotassium Phosphate	3.5 g
Sodium Sulfite	2.5 g
Basic Fuchsin	0.5 g
Agar	15.0 g

위의 성분을 증류수 1,000 mL에 녹여 pH 7.4 ± 0.2로 조정한 후 121°C에서 15분간 멸균한다.

6) EMB 한천배지(Eosine Methylene Blue Agar)

Peptone	10.0 g
Lactose	5.0 g
Sucrose	5.0 g
Dipotassium Phosphate	2.0 g
Eosin Y	0.4 g
Methylene Blue	0.065 g
Agar	13.5 g

위의 성분을 증류수 1,000 mL에 녹여 pH 6.8 ± 0.2로 조정한 후 121°C에서 15분간 멸균한다.

7) 보통배지(Nutrient Broth)

Peptone	5.0 g
Beef Extract	3.0 g

위의 성분을 증류수 1,000 mL에 녹여 pH 7.0~7.4로 조정한 후 121°C에서 15분간 멸균한다.

8) 보통한천배지(Nutrient Agar)

Peptone	5.0 g
Beef Extract	3.0 g
Agar	15.0 g

위의 성분을 증류수 1,000 mL에 녹여 pH 6.8 ± 0.2로 조정한 후 121°C에서 15분간 멸균한다.

9) 데스옥시콜레이트 유당 한천배지(Desoxycholate Lactose Agar)

Peptone	10.0 g
Lactose	10.0 g
Sodium Chloride	5.0 g
Sodium Citrate	2.0 g
Sodium Desoxycholate	0.5 g
Neutral Red	0.03 g
Agar	15.0 g

위의 성분을 증류수 1,000 mL에 녹여 pH 7.3~7.5로 조정한 후 1분간 가열한다. 단, 고압증기멸균을 해서는 안 된다.

10) EC 배지(EC Broth)

Peptone	20.0 g
Lactose	5.0 g
Bile Salt Mixture	1.5 g
Dipotassium Phosphate	4.0 g
Monopotassium Phosphate	1.5 g
Sodium Chloride	5.0 g

위의 성분을 증류수 1,000 mL에 녹여 pH 6.9 ± 0.2로 조정한 후 발효관을 넣은 시험관에 10 mL씩 분주하여 121℃에서 15분간 멸균한다.

11) BCP첨가 평판측정용 한천배지(Plate Count Agar with Bromocresol Purple)

Peptone	5.0 g
Yeast Extract	2.5 g
Dextrose	1.0 g
Tween 80	1.0 g
L-Cysteine	0.1 g
Bromocresol Purple	0.05 g
Agar	15.0 g

위의 성분(다만, 종균에 따라 적정 peptone을 사용하여야 함)을 증류수 1,000 mL에 녹여 pH 6.8 ± 0.2으로 조정한 후 121℃에서 15분간 멸균한다.

12) 포테이토 덱스트로즈 한천배지(Potato Dextrose Agar)

Potato Infusion	4.0 g
Dextrose	20.0 g
Agar	15.0 g

위의 성분을 증류수 1,000 mL에 녹여 pH 5.6 ± 0.2로 조정한 후 121°C에서 15분간 멸균하여 식히고 멸균된 10% 주석산을 무균적으로 가하여 pH를 3.5 ± 0.1로 맞춘다.

13) 티오글리콜린산염배지(Fluid Thioglycollate Medium)

Yeast Extract	5.0 g
Casitone	15.0 g
Dextrose	5.0 g
Sodium Chloride	2.5 g
L-Cystine	0.75 g
Thioglycollic Acid	0.5 g
Agar	0.75 g
Resazurin	0.001 g

위의 성분을 증류수 1,000 mL에 녹여 pH를 7.1 ± 0.2로 조정하고 121°C에서 15분간 멸균한 후 찬물에 급랭하여 레자즈린층이 나타나게 한다.

14)난황첨가 만니톨 식염한천배지(Mannitol Salt Agar with Egg Yolk)

Beef Extract	2.5 g
Peptone	10 g
Mannitol	10 g
Sodium Chloride	75 g
Agar	15 g
Phenol Red	0.025 g

위의 성분을 증류수 1,000 mL에 녹여 가열 용해한 후 pH 7.2~7.6으로 조정한 후 121°C에서 15분간 멸균하고 50°C 정도로 식혀 난황액(시액 8)을 10%의 비율로 무균적으로 가해 잘 혼합한 후 사용한다.

15) BL 한천배지(BL Agar)

Beef Extract	3 g
Liver Extract	5 g
Yeast Extract	5 g

Proteose Peptone	10 g
Tryptone	5 g
Soypeptone	3 g
Soluble Starch	0.5g
Glucose	10 g
Dipotassium Phosphate	1 g
Monopotassium Phosphate	1 g
Magnesium Sulfate	0.2 g
Sodium Chloride	0.01 g
Manganese Sulfate	0.0067 g
L-Cysteine · HCl · H_2O	0.5 g
Ferrous Sulfate	0.01 g
Polysorbate 80(Tween 80)	1 g
Agar	15 g

위의 성분을 증류수 1,000 mL에 녹여 pH 7.2로 조정한 후 121°C에서 15분간 멸균하여, 50°C로 냉각시킨 후 소, 말, 양의 탈섬유소 혈액을 5% 되도록 첨가한다.

16) Alkaline 펩톤수(Alkaline Peptone Water)

Peptone	10 g
Sodium Chloride	20 g

위의 성분을 증류수 1,000 mL에 녹여 pH 8.6(당을 포함한 제품의 경우에는 pH 9.2)으로 조정한 후 121°C에서 15분간 멸균한다.

17) TCBS 한천배지(Thiosulfate Citrate Bile Salt Sucrose Agar)

Yeast Extract	5 g
Peptone	10 g
Sodium Citrate	10 g
Sodium Thiosulfate	10 g
Oxgall	5 g
Sodium Cholate	3 g
Sucrose	20 g
Sodium Chloride	10 g
Ferrous Citrate	1 g

Brom Thymol Blue	0.04 g
Thymol Blue	0.04 g
Agar	15 g

위의 성분을 증류수 1,000 mL에 녹여 pH 8.6으로 조정한 후 가열하여 사용한다. 단, 고압증기멸균을 해서는 안 된다.

18) LIM 반유동배지(Lysine Indole Motility Medium)

Peptone	10 g
Yeast Extract	3 g
Dextrose	3 g
Bromocresol Purple	0.02 g
L-Lysine Hydrochloride	10 g
L-Tryptophan	0.5 g
Agar	3 g

위의 성분을 증류수 1,000 mL에 녹여 pH 6.7로 조정한 후 시험관에 분주하여 121℃에서 15분간 멸균하여 사용한다.

19) VP 반유농배지(Voges-Proskauer Broth)

Yeast Extract	1 g
Casein Peptone	7 g
Soy Peptone	5 g
Dextrose	10 g
Sodium Chloride	5 g
Agar	3 g

위의 성분을 증류수 1,000 mL에 녹인 후 pH 7.0~7.2로 조정한 후 시험관에 분주하여 121℃에서 15분간 멸균한다.

20) Purple Broth Base

Proteose Peptone	10 g
Beef Extract	1 g
Sodium Chloride	5 g
Bromocresol Purple	0.015 g

위의 성분을 증류수 1,000 mL에 녹여 pH 6.8 ± 0.2로 조정한 후 121℃에서 15분간 멸균한다.

21) Moeller Basal 배지(Moeller Basal Broth)

Peptone	5 g
Beef Extract	5 g
Dextrose	0.5 g
Bromocresol Purple	0.01 g
Cresol Red	0.005 g
Pyridoxal Hydrochloride	0.005 g

위의 성분을 증류수 1,000 mL에 녹여 pH 6.0으로 조정한 후 시험관에 분주하여 121℃에서 15분간 멸균한다. 균을 접종 후 멸균 유동파라핀을 중층한다.

22) ONPG 배지(O-nitrophenyl-β-D-galacto-pyranoside Broth)

Peptone	7.5 g
Sodium Chloride	3.75 g
ONPG	1.5 g
Disodium Phosphate	0.355 g

위의 성분을 증류수 1,000 mL에 녹여 pH 7.5으로 조정한 후 시험관에 2.5 mL 씩 분주하여 사용한다.

23) TSB 배지(Tryptic Soy Broth)

Tryptone	17 g
Soytone	3 g
Dextrose	2.5 g
Sodium Chloride	5 g
Dipotassium Phosphate	2.5 g

위의 성분을 증류수 1,000 mL에 녹여 pH 7.3 ± 0.2로 조정한 후 121℃에서 15분간 멸균한다.

24) 3% Ogawa 배지

Monopotassium Phosphate	3.0 g
Sodium Glutamate	1.0 g
Glycerin	6.0 mL
2% Malachite Green	6.0 mL

위의 성분을 증류수 100 mL에 녹이고 121℃에서 15분간 멸균한다. 50℃로 냉각시킨 후 계란액(Egg-Homogenate) 200 mL를 넣고 충분히 혼합하여 5 mL씩 멸균시험관에 분주한 다음 85~90℃에서 60분간 가열한다.

25) BS 한천배지(Bifidobacterium Selective Agar)

Sodium Propionate	15 g
Paromomycin Sulfate	0.05 g
Neomycin	0.1 g
Lithium Chloride	3 g

BL한천배지(배지15) 조성과 위의 성분을 증류수 1,000 mL에 녹인 후 121℃에서 15분간 멸균한다.

26) Liver 한천배지(Liver Agar)

Beef Liver Infusion	20 g
Proteose Peptone	10 g
Sodium Chloride	5 g
Agar	20 g

위의 성분을 증류수 1,000 mL에 녹인 후 121℃에서 15분간 멸균한다.

27) 클로스트리디움 퍼프린젠스 한천배지(*Clostridium perfringens* Agar)

Heart Infusion	5 g
Casein Peptone	10 g
Proteose Peptone	10 g
Sodium Chloride	5 g
Lactose	10 g
Phenol Red	0.05 g
Agar	20 g

위의 성분을 증류수 1,000 mL에 녹여 pH 7.5 ± 0.2로 조정한 후 121℃에서 15분간 멸균 후 배지를 50℃ 정도로 식혀 난황액(시액 8)을 10%가 되도록 첨가한다.

28) Selenite F 배지(Selenite F Broth)

Polypeptone	5.0 g
Lactose	4.0 g
Disodium Phosphate	10.0 g
Sodium Selenite	4.0 g

위의 성분을 증류수 1,000 mL에 녹여 pH 7.0 ± 0.2로 조정하고 가열 용해한다.

29) SS 한천배지(Salmonella Shigella Agar)

Beef Extract	5.0 g
Proteose Peptone	5.0 g
Lactose	10.0 g
Bile Salt No.3	8.5 g
Sodium Citrate	8.5 g
Sodium Thiosulfate	8.5 g
Ferric Citrate	1.0 g
Agar	13.5 g
Brilliant Green	0.0033 g
Neutral Red	0.025 g

위의 성분을 증류수 1,000 mL에 녹여 pH 7.0 ± 0.2로 조정하고 가열 용해한다.

30) MacConkey 한천배지(MacConkey Agar)

Peptone	17.0 g
Polypeptone	3.0 g
Lactose	10.0 g
Bile Salts No.3	1.5 g
Sodium Chloride	5.0 g
Neutral Red	0.03 g
Crystal Violet	0.001 g
Agar	13.5 g

위의 성분을 증류수 1,000 mL에 녹여 pH 7.1 ± 0.2로 조정하고 가열 용해한 후 121℃에서 15분간 멸균한다.

31) Desoxycholate Citrate 한천배지 (Desoxycholate Citrate Agar)

Beef Extract	5.0 g
Peptone	5.0 g
Lactose	10.0 g
Sodium Citrate	8.5 g
Sodium Thiosulfate	5.4 g
Ferric Ammonium Citrate	1.0 g
Sodium Desoxycholate	5.0 g

Neutral Red	0.02 g
Agar	12.0 g

위의 성분을 증류수 1,000 mL에 녹여 pH 7.5 ± 0.2로 조정하고 가열 용해한다.

32) TSI 사면배지(Triple Sugar Iron Agar)

Beef Extract	3.0 g
Yeast Extract	3.0 g
Peptone	20.0 g
Lactose	10.0 g
Sucrose	10.0 g
Dextrose	1.0 g
Ferrous Sulfate	0.2 g
Sodium Chloride	5.0 g
Sodium Thiosulfate	0.3 g
Phenol Red	0.24 g
Agar	13.0 g

위의 성분을 증류수 1,000 mL에 녹여 pH 7.4 ± 0.2로 조정하고 가열 용해한 후 시험관에 분주하여 121°C에서 15분간 멸균한 후 사면으로 굳혀 사용한다.

33) Cooked Meat 배지(Cooked Meat Medium)

Beef Heart	100 g
Peptone	10 g
Glucose	2 g
Sodium Chloride	5 g

위의 성분을 증류수 1,000 mL에 녹여 pH 7.2 ± 0.2로 조정한 후 121°C에서 15분간 멸균한다.

34) GAM 배지(Gifu Anaerobic Medium)

Peptone	10 g
Soytone	3 g
Proteose Peptone	10 g
Bovine Serum Albumin	13.5 g
Yeast Extract	5 g
Beef Extract	2.2 g

Monopotassium Phosphate	2.5 g
Liver Extract	1.2 g
Sodium Chloride	3 g
L-Cystein	0.3 g
Sodium Thioglychollate	0.3 g
Agar	1.5 g
Sugar	10 g

위의 성분을 증류수 1,000 mL에 가열용해한 후 시험관에 분주하여 115°C에서 15분간 멸균 후 급랭시켜 사용한다. 당분해능 확인시험을 위해 sugar는 시험항목에 해당하는 것을 선택하여 사용한다.

35) Listeria 증균배지(Listeria Enrichment Broth)

Tryptone	17 g
Soytone	3 g
Glucose	2.5 g
Sodium Chloride	5 g
Dipotassium Phosphate	2.5 g
Yeast Extract	6 g
Cycloheximide	0.05 g
Acriflavin HCl	0.015 g
Nalidixic Acid	0.04 g

위의 성분을 증류수 1,000 mL에 녹여 pH 7.3 ± 0.2로 조정한 후 121°C에서 15분간 멸균한다.

36) UVM Modified Listeria 증균배지(UVM Modified Listeria Enrichment Broth)

Tryptose	10 g
Beef Extract	5 g
Yeast Extract	5 g
Sodium Chloride	20 g
Disodium Phosphate	9.6 g
Monopotassium Phosphate	1.35 g
Esculin	1 g
Nalidixic Acid	0.02 g
Acriflavin HCl	0.012 g

위의 성분을 증류수 1,000 mL에 녹여 pH 7.2 ± 0.2로 조정한 후 121°C에서 15분간 멸균한다.

37) Fraser Listeria 배지(Fraser Listeria Broth)

Tryptose	10 g
Beef Extract	5 g
Yeast Extract	5 g
Sodium Chloride	20 g
Disodium Phosphate	9.6 g
Monopotassium Phosphate	1.35 g
Esculin	1 g

위의 성분을 증류수 1,000 mL에 녹여 121°C에서 15분간 멸균하여 50°C로 식힌 후 다음의 Supplement를 차례로 여과멸균하여 가한다.

Supplement	Nalidixic Acid 0.02 g, Acriflavin HCl 0.021 g, Lithium Chloride 3 g

38) Oxford 한천배지(Oxfprd Agar)

Peptone	12.0 g
Bitone H Plus	6.0 g
Enzymatic Digest of Animal Tissue	3.0 g
Starch	1.0 g
Sodium Chloride	5.0 g
Esculin	1 g
Ferric Ammonium Citrate	0.5 g
Lithium Chloride	15 g
Agar	14.0 g

위의 성분을 증류수 1,000 mL에 녹여 pH 7.0 ± 0.2로 조정한 후 121°C에서 15분간 멸균하고 50°C 정도로 식힌 후 다음의 Supplement를 차례로 여과멸균하여 가한다.

Supplement	Cycloheximide 0.4 g, Colistin Sulfate 0.02 g, Acriflavin 0.005 g, Cefotetan 0.002 g, Fosfomycin 0.01 g

39) LPM 한천배지(Lithium Chloride Phenylethanol Moxalactam Agar)

Thyptose	10 g
Beef Extract	3 g
Sodium Chloride	5 g

Lithium Chloride	5 g
Glycine Anhydride	10 g
Phenylethanol	2.5 g
Agar	15 g

위의 성분을 증류수 1,000 mL에 녹여 pH 7.3 ± 0.2로 조정한 후 121°C에서 15분간 멸균하고 이를 50°C 정도로 식힌 후 moxalactam 0.02 g을 여과멸균하여 가한다.

40) Tryptic Soy 한천배지(Tryptic Soy Agar)

Tryptose	17 g
Soytone	3 g
Glucose	2.5 g
Sodium Chloride	5 g
Dipotassium Phosphate	2.5 g
Agar	15 g

위의 성분을 증류수 1,000 mL에 녹여 pH 7.3 ± 0.2로 조정 후 121°C에서 15분간 멸균한다.

41) TSC 한천배지(Tryptose-Sulfite-Cycloserine Agar)

Tryptose	15 g
Yeast Extract	5 g
Soytone	5 g
Ferric Ammonium Citrate	1 g
Sodium Metabisulfite	1 g
Agar	20 g

위의 성분에 증류수 900 mL를 가하여 녹인 후 pH 7.6 ± 0.2로 조정한다. 이를 500 mL flask에 250 mL씩 분주한 후 121°C에서 15분간 멸균한다. 이를 50°C 정도로 식힌 후 D-cycloserine solution 20 mL와 난황액(시액 8)을 10%가 되도록 첨가한다.

D-cycloserine solution은 D-cycloserine 1 g을 200 mL의 증류수로 용해한 후 여과멸균하여 4°C로 보관하여 사용한다.

42) mEC 배지(mEC Broth)

Tryptone	20 g
Bile Salt No.3	1.12 g
Lactose	5.0 g

Dipotassium Phosphate	4.0 g
Monopotassium Phosphate	1.5 g
Sodium Chloride	5 g

위의 성분을 증류수 1,000 mL에 녹여 pH 6.9 ± 0.2로 조정한 후 121℃에서 15분간 멸균하여 식히고, novobiocin sodium 0.02 g을 여과멸균하여 가한다.

43) MacConkey Sorbitol 한천배지(MacConkey Sorbitol Agar)

Peptone	15.5 g
Proteose Peptone	3 g
d-Sorbitol	10 g
Bile Salts	1.5 g
Sodium Chloride	5 g
Agar	15 g
Neutral Red	0.03 g
Crystal Violet	0.001 g

위의 성분을 증류수 1,000 mL에 녹인 후 pH 7.1로 조정한 후 121℃에서 15분간 멸균한다.

44) PSBB 배지(Peptone Sorbitol Bile Broth)

Disodium Phosphate	8.23 g
Monosodium Phosphate	1.2 g
Bile Salts No.3	1.5 g
Sodium Chloride	5 g
D-Sorbitol	10 g
Peptone	5 g

위의 성분을 증류수 1,000 mL에 녹인 후 pH 7.6으로 조정하고 121℃에서 15분간 멸균하여 사용한다.

45) CIN 한천배지(Cefsulodin Irgasan Novobiocin Agar)

Peptone	20 g
Yeast Extract	2 g
Mannitol	20 g
Sodium Pyruvate	2 g
Sodium Chloride	1 g
Magnesium Sulfate Heptahydrate	0.01 g

Sodium Desoxycholate	0.5 g
Iragasan	0.004 g
Crystal Violet	0.001 g
Neutral Red	0.03 g
Agar	12 g

위의 성분을 증류수 1,000 mL를 가하여 pH 7.4로 조정한 후 가열 용해한다. 80°C로 식히고 다음의 Supplement를 여과멸균하여 차례로 가한다

Supplement Cefsulodin 0.015 g, Novobiocin 0.0025 g, Strontium Chloride 1 g

46) MYP 한천배지(Mannitol Egg Yolk Polymyxin Agar)

Beef Extract	1 g
Peptone	10 g
Mannitol	10 g
Sodium Chloride	10 g
Phenol Red	0.025 g
Agar	15 g

위의 성분을 증류수 900 mL에 녹이고 pH 7.2로 조정한 후 500 mL 플라스크에 225 mL씩 분주하고 121°C에서 15분간 멸균하여 50°C로 식힌 다음 Polymyxin B 용액(10,000 unit/mL) 2.5 mL와 난황액(시액 8) 12.5 mL를 각각 넣어 혼합한다.

47) HUNT 배지(Hunt Broth)

Beef Extract Powder	10 g
Peptone	10 g
Sodium Chloride	5 g
Yeast Extract	6 g
Ferrous Sulfate	0.25 g
Sodium Metabisulfate	0.25 g
Sodium Pyruvate	0.25 g

위의 성분을 증류수 950 mL에 녹인 후 pH 7.5로 조정하고 121°C에서 15분간 멸균하여 식힌 다음 용혈시킨 말 혈액(Lysed Horse Blood) 50 mL, Supplement A 또는 Supplement B를 여과멸균하여 가한다.

Supplement A	Sodium Cefoperazone 0.032 g, Trimethoprim Lactate 0.015 g, Vancomycin 0.01 g, Amphotericin B 0.002 g
Supplement B	Sodium Cefoperazone 0.032 g, Trimethoprim Lactate 0.015 g, Vancomycin 0.01 g, Rifampicin 0.005 g

48) Modified Campy Blood Free 한천배지(Modified Campy Blood Free Agar)

Meat Extract	10.0 g
Yeast Extract	2.0 g
Peptone	10.0 g
Sodium Chloride	5.0 g
Bacteriological Charcoal	4.0 g
Casein Hydrolysate	3.0 g
Sodium Deoxycholate	1.0 g
Ferrous Sulphate	0.25 g
Sodium Pyruvate	0.25 g
Agar	12.0 g

위의 성분을 증류수 1,000 mL에 녹여 pH 7.4로 조정한 후 121℃에서 15분간 멸균하고 50℃ 정도로 식힌 후 다음의 Supplement를 차례로 여과멸균하여 가한다.

Supplement	Sodium Cefoperazone 0.032 g, Rifampicin 0.005 g, Amphotericin B 0.002 g

49) Abeyta-Hunt Blood 한천배지(Abeyta-Hunt Blood Agar)

Heart Infusion Broth	25 g
Agar	15 g
Yeast Extract	2 g

위의 성분을 증류수 950 mL에 녹여 pH 7.4로 조정한 후 121℃에서 15분간 멸균하여 식힌 다음 용혈시킨 말 혈액(Lysed horse blood) 50 mL를 가하고 다음의 Supplement를 차례로 여과멸균하여 가한다.

Supplement	Sodium Cefoperazone 0.032 g, Rifampicin 0.005 g, Amphotericin B 0.002 g

50) TPGY 배지(Trpticase Peptone Glucose Yeast Extract Broth)

Trypticase	50 g
Peptone	5 g
Yeast Extract	20 g
Dextrose	4 g
Sodium Thioglycollate	1 g

위의 성분을 증류수 1,000 mL에 녹인 후 pH 7.0으로 조정하고, 15 mL씩 시험관에 분주하여 121℃에서 10분간 멸균한다.

51) Liver-Veal 난황한천배지(Liver-Veal Egg Yolk Agar)

Liver Infusion	9.0 g
Veal Infusion	6.4 g
Proteose Peptone	20.0 g
Neopeptone	1.3 g
Tryptone	1.3 g
Dextrose	5 g
Soluble Starch	10 g
Isoelectric Ccasein	2 g
Sodium Chloride	5 g
Sodium Nitrate	2 g
Gelatin	20 g
Agar	15 g

위의 성분을 증류수 1,000 mL에 녹여 121℃에서 15분간 멸균한 후 50℃ 정도로 식혀 난황액(시액 8)을 10%가 되도록 무균적으로 가한다.

52) 혐기성 난황 한천배지(Anaerobic Egg Yolk Agar)

Yeast Extract	5 g
Tryptone	5 g
Proteose Peptone	20 g
Sodium Chloride	5 g
Agar	20 g

위의 성분을 증류수 1,000 mL에 녹여 pH 7.0으로 조정하고, 121℃에서 15분간 멸균한 후 50℃ 정도로 식혀 난황액(시액 8) 40 mL를 무균적으로 가한다.

53) 세균수 건조필름배지

Pancreatic Digest of Casein	3.4 g
Yeast Extract	2.4 g
Sodium Pyruvate	6.8 g
Dextrose	0.6 g
Dipotassium Phosphate	1.3 g
Monopotassium Phosphate	0.4 g
Guar Gum	91.4 g
2,3,5-Triphenyltetrazolium Chloride	0.0205 g

위의 성분을 증류수 1,000 mL에 녹인 후 121°C에서 15분간 멸균하여 건조필름을 제조한다.

54) 대장균군 건조필름배지

Yeast Extract	9.6 g
Pancreatic Digest of Gelatin	20.9 g
Bile Salt No. 3	1.6 g
Peptic Digest of Animal Tissue	1.6 g
Lactose	21.4 g
Sodium Chloride	5.3 g
Crystal Violet	0.002 g
Neutral Red	0.1 g
Guar gum	65.7 g
2,3,5-Triphenyltetrazolium Chloride	0.11 g

위의 성분을 증류수 1,000 mL에 녹인 후 121°C에서 15분간 멸균하여 건조필름을 제조한다.

55) 대장균 건조필름배지

Yeast Extract	9.6 g
Pancreatic Digest of Gelatin	20.9 g
Bile Salt No. 3	1.6 g
Peptic Digest of Animal Tissue	1.6 g
Lactose	21.4 g
Sodium Chloride	5.3 g
Crystal Violet	0.002 g
Neutral Red	0.1 g

Guar gum	65.4 g
5-Bromo-4-Chloro-3-Indoxyl-β-D-Glucuronic Acid,	
Cyclohexyl Ammonium Salt	0.2 g
2,3,5-Triphenyltetrazolium Chloride	0.11 g

위의 성분을 증류수 1,000 mL에 녹인 후 121℃에서 15분간 멸균하여 건조필름을 제조한다.

56) 펩톤수(Peptone Water)

Peptone	10 g
Sodium Chlroride	5 g

위의 성분을 증류수 1,000 mL에 녹여 pH 7.2±0.2되도록 조정한 후 121℃에서 15분간 멸균한다.

57) RV 배지(Rappaport-Vassiliadis Broth)

Tryptone	5 g
Sodium Chloride	5 g
Monopotassium Phosphate	1.6 g
Magnesium Chloride $6H_2O$	40.0 g
Malachite Green Oxalate	0.036 g

위의 성분을 증류수 1,000 mL에 녹여 시험관에 10 mL씩 분주한 후 121℃에서 15분간 멸균하여 사용한다.

58) XLD 한천배지(Xylose Lysine Desoxycholate Agar)

Yeast extract	3 g
L-Lysine	5 g
Xylose	3.75 g
Lactose	7.5 g
Sucrose	7.5 g
Sodium Desoxycholate	2.5 g
Ferric Ammonium Citrate	0.8 g
Sodium Thiosulfate	6.8 g
Sodium Chloride	5 g
Agar	15 g
Phenol Red	0.08 g

위의 성분에 증류수 1,000 mL를 가하여 가열용해한 후 사용한다. 단, 고압증기멸균해서는 안 된다.

59) EE 배지(Enterobacteriaceae Enrichment Broth)

Peptone	10.0 g
Glucose	5.0 g
Disodium Phosphate	8.0 g
Monopotassium Phosphate	2.0 g
Oxgall	20.0 g
Brilliant Green	0.015 g

위의 성분을 1,000 mL의 증류수에 가하여 100°C에서 30분간 가열 용해하여 사용한다.

60) CESA 한천배지(Chromogenic Enterobacter Sakazakii Agar)

Tryptone	15.0 g
Soya Peptone	5.0 g
Sodium Chloride	5.0 g
Ferric Amonium Citrate	1.0 g
Sodium Desoxycholate	1.0 g
Sodium Thiosulphate	1.0 g
Chromogen	0.1 g
Agar	15.0 g

위의 성분을 1,000 mL의 증류수에 가열 용해한 후 121°C에서 15분간 멸균한다.

61) VRBG 한천배지(Violet Red Bile Gglucose Agar)

Yeast Extract	3.0 g
Peptone	7.0 g
Sodium Chloride	5.0 g
Bile Salts No. 3	1.5 g
Lactose	10.0 g
Neutral Red	0.03 g
Crystal Violet Red	0.002 g
Agar	15.0 g
Glucose	10.0 g

위의 성분을 1,000 mL의 증류수에 가열 용해하여 사용한다. 단 고압증기멸균을 해서는 안 된다.

62) *E. sakazakii* 한천배지(*E. sakazakii* Agar)

Tryptone	20.0 g
Bile Salts No. 3	1.5 g
Sodium Thiosulphate	1.0 g
Ferric Ammonium Citrate	1.0 g
MUG α-D-glucopyranoside	0.05 g
Agar	15.0 g

위의 성분을 1,000 mL의 증류수에 가열 용해한 후 pH 7.0 ± 0.2로 조정하고 121℃에서 15분간 멸균한다.

63) Baird-Parker 한천배지(Baird-Parker Agar)

Tryptone	10 g
Beef Extract	5 g
Yeast Extract	1 g
Sodium Pyruvate	10 g
Glycine	12 g
Lithium Chloride $6H_2O$	5 g
Agar	20 g

위의 성분을 증류수 950 mL에 녹이고 pH를 7.2로 조정한 후 50°C 정도로 식힌 다음 0.1% potassiun tellurite가 첨가된 난황액(시액 8) 50 mL를 첨가한다.

64) Bismuth Sulfite 한천배지(Bismuth Sulfite Agar)

Peptone	10 g
Beef Extract	5 g
Dextrose	5 g
Disodium Phosphate	4 g
Ferrous Sulfate	12 g
Bismuth Sulfite Indicator	8 g
Brilliant Green	0.025 g
Agar	20 g

위의 성분을 증류수 1,000 mL에 녹이고 pH 7.2로 조정한 후 가열하여 사용한다.

65) PALCAM 한천배지(Polymyxin Acriflavin LiCl Ceftazidime Esculin Mannitol Agar)

Peptone	23 g
Manitol	10 g
Sodium Chloride	5 g
Starch	1 g
Ferric Aammouium Citrate	0.5 g
Esculin	0.8 g
Dextrose	0.5 g
Lithium Chloride	15.0 g
Phenol Red	0.08 g
Agar	13 g

위의 성분을 증류수 1,000 mL에 녹이고 pH 7.2±0.2 로 조정한 후 121℃에서 15분간 멸균한다. 이를 50℃로 식히고 다음의 Supplement를 차례로 여과멸균하여 가한다.

Supplement Polymyxin B sulfate 0.01 g, Acriflavin 0.005 g, Ceftazidime 0.02 g

66) TC-SMAC 한천배지(Tellurite Cefixime-Sorbitol MacConkey Agar)

Potassium Tellurite (1% Potassium Tellurite 용액 250 μL)	2.5 mg
Cefixime (95% 에탄올 용액 1 L에 Cefixime 50 mg을 녹인 용액 1 mL)	0.05 mg

MacConkey sorbitol 한천배지(배지43) 1,000 mL를 121℃에서 15분간 멸균하고, 50℃ 정도로 식힌 다음 여과멸균한 위의 성분들을 차례로 가한다. 1% potassium tellurite 용액은 4℃에서 1개월간, cefixime 용액은 −20℃에서 1년간 보관이 가능하다.

67) Baird-Parker RPF 한천배지(Baird-Parker RPF Agar)

Tryptone	1 g
Beef Extract	0.5 g
Yeast Extract	0.1 g
Sodium Pyruvate	1 g
Glycine	1.2 g
Lithium Chloride $6H_2O$	0.5 g

Agar	2 g

위의 성분을 증류수 90 mL에 녹이고 pH를 7.2로 조정한 후 121℃ 15분간 멸균하여 50℃ 정도로 식힌 다음 RPF Supplement를 첨가한다.

Bovine Fibrinogen	0.375 g
Trypsin Inhibitor	2.5 mg
Rabbit Plasma	2.5 mL
Potassium Tellurite	2.5 mg

위의 성분을 멸균증류수 10 mL에 녹인다.

68) Bolton 배지(Bolton Broth)

Meat Pepton	10 g
Lactalbumin Hydrolysate	5 g
Yeast Extract	5 g
Sodium Chloride	5 g
Haemin	0.01 g
Sodium Pyruvate	0.5 g
Alpha-Ketoglutaric Acid	1 g
Sodium Metabisulphite	0.5 g
Sodium Carbonate	0.6 g

위의 성분을 증류수 1,000 mL에 녹이고 pH를 7.4로 조정한 후 121℃ 15분간 멸균하여 50℃ 정도로 식힌 다음 용혈시킨 말 혈액(Lysed horse blood) 50 mL를 무균적으로 첨가하고 다음의 Supplement를 물과 에탄올을 동량 섞은 용액 10 mL에 녹인 후 여과멸균하여 가한다.

Supplement 조성	Sodium Cefoperazone 20 mg, Trimethoprim 20 mg, Vancomycin 20 mg, Cyclohexamide 50 mg

A.4.2 시액

1) 멸균인산완충희석액(Butterfield's Phosphate Buffered Dilution Water)

인산이수소칼륨(KH_2PO_4) 34 g을 증류수 500 mL에 용해하고 1N 수산화나트륨 175 mL를 가해 pH를 7.2로 조정하고 여기에 증류수를 가하여 1,000 mL로 하여 인산완충용액으로 한다. 이것을 121℃에서 15분간 멸균한 다음 냉장고에 보존한다. 사용 시에는 이 원액 1 mL를 취하여 멸균증류수 800 mL에 가하여 희석하고 이것을 멸균인산완충희석액으로 한다.

2) 멸균생리식염수(Saline)

Sodium chloride 8.5 g에 증류수를 가하여 1,000 mL로 하고 121℃로 15분간 멸균한다.

3) 뉴-만 염색액

테트라클로로에탄(tetrachloroethane) 40 mL와 에탄올(ethanol)을 삼각플라스크에 취하고 70℃까지 가온한 후 여기에 메틸렌블루(methylene blue) 1.0~2.0 g을 가하여 진탕 혼합하여 색소를 용해시킨 다음 냉각시킨다. 여기에 빙초산(glacial acetic acid) 6 mL를 천천히 가한 후 여과시켜 냉암소에 밀봉 저장한다. 염색액을 조제하여 시일이 경과한 것이나 또는 침전물이 생성된 것은 사용해서는 안 된다.

4) BTB-MR 지시약

Bromthymol Blue	0.2 g
Methyl Red	0.1 g

위의 성분을 95% 에탄올 300 mL에 용해한 후 정제수 200 mL를 혼합한다.

5) 젤라틴 인산완충용액

Gelatin	2 g
Disodium Phosphate	4 g

위의 성분을 증류수 1,000 mL에 녹이고 pH를 6.2로 조정한 후 121℃에서 15분간 멸균한다.

6) Nitrite 지시약

가) A시약: Sulfanilic acid 1 g에 5N acetic acid 125 mL를 가하여 제조한다.

나) B시약: N-(1-naphthyl)ethylene dihydrochloride 0.25 g에 5N acetic acid 200 mL를 가하여 제조한다.

다) 5N acetic acid: 빙초산(glacial acetic acid) 28.75 mL에 증류수 71.25 mL를 가하여 제조한다.

A시약 0.5 mL와 B시약 0.2 mL를 각각 반응액에 첨가한 후 관찰결과 적색-보라색을 띠면 양성으로 판정하며, 만일 반응이 없으면 Zn을 소량 첨가하여 색의 변화가 없으면 이를 양성으로 판정한다.

7) 펩톤식염완충액(Buffered Peptone Water)

Peptone	10 g
Sodium Chloride	5 g
Disodium Phosphate	3.5 g
Monopotassium Phosphate	1.5 g

위의 성분을 증류수 1,000 mL에 가하여 pH를 7.2 ± 0.2로 조정한 후 121℃에서 15분간 고압멸균한다.

8) 난황액

달걀을 1시간 가량 0.1% mercury chloride($HgCl_2$)에 담근 후 꺼내 70% ethanol에 30분 가량 담가 놓는다. 달걀을 꺼내 노른자만 취한 후 동량의 멸균생리식염수를 가하여 사용한다.

A.5 세균수

세균수 측정법은 일반세균수를 측정하는 표준평판법 및 건조필름법을 원칙적으로 사용한다. 기타 세균수 측정법으로는 저온에서 생육하는 세균을 측정하는 저온세균수 측정법, 호기성 아포형성균을 측정하는 내열성 세균수 측정법, 총균수를 측정하는 직접현미경법 등이 있다.

A.5.1 일반세균수

가. 표준평판법

표준한천배지에 검체를 혼합 응고시켜 배양 후 발생한 세균 집락수를 계수하여 검체 중의 생균수를 산출하는 방법이다.

1) 시험조작

A.3 시험용액의 제조에 따른 시험용액 1 mL와 10배 단계 희석액 1 mL씩을 멸균 페트리접시 2개 이상씩에 무균적으로 취하여 약 43~45°C로 유지한 표준한천배지(배지 1) 약 15 mL를 무균적으로 분주하고 페트리접시 뚜껑에 부착하지 않도록 주의하면서 조용히 회전하여 좌우로 기울이면서 검체와 배지를 잘 혼합하여 응고시킨다.

확산집락의 발생을 억제하기 위하여 다시 표준한천배지 3~5 mL를 가하여 중첩시킨다. 이 경우 검체를 취하여 배지를 가할 때까지의 시간은 20분 이상 경과하여서는 안 된다. 응고시킨 페트리접시는 거꾸로 하여 35~37°C에서 24~48시간(검체에 따라서는 35~37°C에서 72±3시간) 배양한다. 검액을 가하지 아니한 동일 희석액 1 mL를 대조시험액으로 하여 시험조작의 무균 여부를 확인한다.

2) 집락수 산정

배양 후 즉시 집락 계산기를 사용하여 생성된 집락수를 계산한다. 부득이할 경우에는 5°C에 보존시켜 24시간 이내에 산정한다. 집락수의 계산은 확산집락이 없고(전면의 1/2 이하일 때에는 지장이 없음) 1개의 평판당 30~300개의 집락을 생성한 평판을 택하여 집락수를 계산하는 것을 원칙으로 한다. 전 평판에 300개 이상 집락이 발생한 경우 300에 가까운 평판에 대하여 밀집평판 측정법에 따라 안지름 9 cm의 페트리접시인 경우에는 1 cm^2 내의 평균집락수에 65를 곱하여 그 평판의 집락수로 계산한다. 전 평판에 30개 이하의 집락만을 얻었을 경우에는 가장 희석배수가 낮은 것을 측정한다.

3) 세균수의 기재보고

표준평판법에 있어서 검체 1 mL 중의 세균수를 기재 또는 보고할 경우에 그것이 어떤 제한된 것에서 발육한 집락을 측정한 수치인 것을 명확히 하기 위하여 1평판에 있어서의 집락수는 상당 희석배수로 곱하고 그 수치가 표준평판법에 있어서 1 mL 중(1 g 중)의 세균수 몇 개라고 기재보고하며 동시에 배양온도를 기록한다. 숫자는 높은 단위로부터 3단계에서 반올림하여 유효숫자를 2단계로 끊어 이하를 0으로 한다.

나. 건조필름법

1) 시험조작

A.3 시험용액의 제조에 따른 시험용액 1 mL와 각 10배 단계 희석액 1 mL를 세균수 건조필름배지(배지 53)에 접종한 후 35~37°C에서 24~48시간 배양한 후 생성된 붉은 집락수를 계산하고 그 평균 집락수에 희석배수를 곱하여 일반세균수로 한다.

A.5.2 저온세균수

저온세균은 보통 20~25°C의 저온에서 비교적 신속하게 발육하는 세균을 말한다.

1) 시험조작

A.5.1 일반세균수 가. 표준평판법에 준하여 실시한다. 다만 배양조건을 25 ± 1°C에서 72 ± 3시간으로 한다.

A.5.3 내열성 세균수(세균아포수)

내열성 세균수는 다음의 처리 및 배양조건에서 발생한 호기성 아포형성균의 집락수로부터 산출된 수를 말한다.

1) 시험조작

A.3 시험용액의 제조에 따른 시험용액 20 mL를 멸균중형시험관(18 × 170 mm)에 넣고 끓는 물속에 10분간 넣어 가열한 후 A.5.1 일반세균수 가. 표준평판법에 준하여 실시한다. 다만 배양조건을 35~37°C에서 48 ± 3시간으로 한다.

A.5.4 총균수

주로 생유 중 오염된 세균을 측정하기 위하여 일정량의 생유를 슬라이드그라스 위에 일정면적으로 도말하고 건조시켜 염색한 후 현미경으로 검경하고 염색된 세균수를 측정한다. 측정된 세균수를 현미경 시야 면적과의 관계에 따라 검체 중에 존재하는 세균수를 측정하는 방법이다.

1) 표본제작

검체를 그 용기와 같이 25회 이상 잘 흔들어 우유세균검사용 마이크로피펫으로 검액 적당량을 흡입시키고 백포(백색헝겊)로 피펫 외벽에 부착한 우유를 깨끗이 씻은 다음 피펫 내의 우유를 그 선단으로부터 백포를 사용하여 흡인시키면서 정확히 0.01 mL로 하고 그 전부를 슬라이드글라스 위에 방출하고 도말침을 사용하여 1 cm^2 면적에 도말하고 약 5분간 가온하여 건조시킨 다음, 뉴만염색액(시액 3) 중에 순간적으로 적셔서 염색하고 남은 액을 즉시 흔들어 떨어뜨린 다음 건조시켜 물로 씻고 다시 건조시켜 표본을 만든다.

2) 측정

유침렌즈를 장치한 현미경을 미리 대물측미계를 사용하여 시야의 직경을 0.206 mm로 조절하고 여기에 위에서 제작한 표본을 장착하고 그 도말면의 중심을 통과하는 직선상의 등간격의 16시야에 모든 세균수를 측정하고 1시야 중에 대한 평균수를 구한다.

여기에 30만을 곱한 수의 첫째자리 숫자로부터 셋째자리에서 반올림하여 상위 2단위 수로 표시한다. 1시야에 나타난 세균의 수를 측정하는 방법은 다음과 같다.

가) 개체법

1시야에 나타난 세균이 균괴를 형성하였을 때 그것이 쌍쌍을 이루고 있거나 연쇄상을 이루고 있는 세균은 1개씩 측정한다. 균괴로 되어 있을 때에는 개개의 균을 눈으로 보아 균을 구별할 수 없을 때에는 1개로 측정한다.

나) 균괴법(Group Count)

1시야에 나타난 세균이나 균괴를 형성하고 있을 때, 즉 쌍쌍 또는 연쇄균괴를 형성하고 있을 때에는 각각 1균을 1개로 계산한다. 그러나 옆에 인접한 균 또는 균괴가 최소의 균경(균의 지름)에 2배 이상 떨어져 있을 때에는 별도균의 clamp로 측정한다. 따라서 떨어져 있는 1개의 균은 clamp로서 측정하는 것으로 한다.

A.6 세균발육시험

통 · 병조림, 레토르트 등 멸균제품에서 세균의 발육 유무를 확인하기 위한 것이다.

1) 가온보존시험

검체 3관(또는 병)을 항온기에서 35~37°C에서 10일간 보존한 후, 상온에서 1일간 추가로 방치한 후 관찰하여 용기 · 포장이 팽창 또는 새는 것은 세균발육 양성으로 하고 가온보존시험에서 음성인 것은 다음의 세균시험을 한다.

2) 세균시험

세균시험은 가온보존시험한 검체 3관에 대해 각각 시험한다.

가) 시험용액의 조제

검체 3관(또는 병)의 개봉부의 표면을 70% 알코올탈지면으로 잘 닦고 개봉하여 검체 25 g을 희석액 225 mL에 가하여 균질화시킨다. 이 액의 1 mL를 멸균시험관에 채취하고 희석액 9 mL에 가하여 잘 혼합한 것을 시험용액으로 한다.

나) 시험법

시험용액을 1 mL씩 5개의 티오글리콜린산염 배지(배지 13)에 접종하여 35~37°C에서 48±3시간 배양한 후 3관 중 어느 하나라도 세균증식이 확인되면 세균발육 양성으로 한다.

A.7 대장균군

대장균군은 그람음성, 무아포성 간균으로서 유당을 분해하여 가스를 발생하는 모든 호기성 또는 통성 혐기성세균을 말한다. 대장균군 시험에는 대장균군의 유무를 검사하는 정성시험과 대장균군의 수를 산출하는 정량시험이 있다.

A.7.1 정성시험

가. 유당배지법

유당배지를 이용한 대장균군의 정성시험은 추정시험, 확정시험, 완전시험의 3단계로 나눈다

A.3 시험용액의 제조에 따른 시험용액 10 mL를 두 배 농도의 유당배지(배지 2)에, 시험용액 1 mL 및 0.1 mL를 유당배지(배지 2)에 각각 3개 이상씩 가한다.

1) 추정시험

시험용액을 접종한 유당배지(배지 2)를 35~37°C에서 24±2시간 배양한 후 발효관 내에 가스가 발생하면 추정시험 양성이다. 24±2시간 내에 가스가 발생하지 아니하였을 때에 배양을 계속하여 48±3시간까지 관찰한다. 이때까지 가스가 발생하지 않았을 때에는 추정시험 음성이고 가스발생이 있을 때에는 추정시험 양성이며 다음의 확정시험을 실시한다.

2) 확정시험

추정시험에서 가스 발생한 유당배지발효관으로부터 BGLB 배지(배지 3)에 접종하여 35~37°C에서 24±2시간 동안 배양한 후 가스발생 여부를 확인하고 가스가 발생하지 아니하였을 때에는 배양을 계속하여 48±3시간까지 관찰한다. 가스발생을 보인 BGLB 배지(배지 3)로부터 Endo 한천배지(배지 5) 또는 EMB 한천배지(배지 6)에 분리 배양한다. 35~37°C에서 24±2시간 배양 후 전형적인 집락이

발생되면 확정시험 양성으로 한다. BGLB 배지에서 35~37℃로 48 ± 3시간 동안 배양하였을 때 배지의 색이 갈색으로 되었을 때에는 반드시 완전시험을 실시한다.

3) 완전시험

대장균군의 존재를 완전히 증명하기 위하여 위의 평판상의 집락이 그람음성, 무아포성의 간균임을 확인하고, 유당을 분해하여 가스의 발생 여부를 재확인한다. 확정시험의 Endo 한천배지(배지 5)나 EMB 한천배지(배지 6)에서 전형적인 집락 1개 또는 비전형적인 집락 2개 이상을 각각 유당배지발효관과 보통한천배지(배지 8)에 접종하여 35~37℃에서 48 ± 3시간 동안 배양한다. 이때 가스를 발생한 발효관에 해당되는 한천배지의 집락에 대하여 그람음성, 무아포성 간균이 증명되면 완전시험은 양성이며 대장균군 양성으로 판정한다.

나. BGLB 배지법

A.3 시험용액의 제조에 따른 시험용액 1~0.1 mL를 2개씩 BGLB 배지(배지 3)에 가한다. 대량의 시험용액을 가할 필요가 있을 때에는 대량의 배지를 넣은 발효관을 사용한다.

시험용액을 넣은 BGLB 배지(배지 3)를 35~37℃에서 48 ± 3시간 배양한 후 가스 발생을 인정하였을 때에는(배지를 흔들 때 거품 모양의 가스의 존재를 인정하였을 때에도) Endo 한천배지(배지 5) 또는 EMB 한천배지(배지 6)에 분리 배양한다. 이하의 조작은 가. 유당배지법의 확정시험 또는 완전시험 때와 같이 행하여 대장균군의 유무를 확인한다.

다. 데스옥시콜레이트 유당 한천배지법

A.3 시험용액의 제조에 따른 시험용액 1 mL와 10배 단계 희석액 1 mL씩을 멸균 페트리접시 2개 이상씩에 무균적으로 취하고 약 43~45℃로 유지한 데스옥시콜레이트 유당 한천배지(배지 9) 약 15 mL를 무균적으로 분주하고 페트리접시 뚜껑에 부착하지 않도록 주의하면서 회전하여 검체와 배지를 잘 혼합한 후 응고시킨다. 그리고 그 표면에 동일한 배지 또는 보통한천배지를 3~5 mL를 가하여 중첩시킨다. 이것을 35~37℃에서 24 ± 2시간 배양 한 후 전형적인 암적색의 집락을 인정하였을 때에는 1개 이상의 집락을, 의심스러운 집락일 경우에는 2개 이상을 Endo 한천배지(배지 5) 또는 EMB 한천배지(배지 6)에서 분리 배양한다. 이하의 조작은 가. 유당배지법의 확정시험 또는 완전시험 때와 같이 행하고 대장균군의 유무를 시험한다.

A.7.2 정량시험

가. 최확수법

최확수란 이론상 가장 가능한 수치를 말하여 동일 희석배수의 시험용액을 배지에 접종하여 대장균군의 존재 여부를 시험하고 그 결과로부터 확률론적인 대장균군의 수치를 산출하여 이것을 최확수

(MPN)로 표시하는 방법이다. 최확수는 시험용액 10, 1 및 0.1 mL와 같이 연속해서 3단계 이상을 각각 5개씩(별표 1) 또는 3개씩(별표 2) 발효관에 가하여 배양 후 얻은 결과에 의하여 검체 100 mL 중 또는 100 g 중에 존재하는 대장균군수를 표시하는 것이다.

예로 검체 또는 희석검체의 각각의 발효관을 5개씩 사용하여 다음과 같은 결과를 얻었다면 최확수표에 의하여 시험검체 100 mL 중의 MPN은 94로 된다. 이때 접종량이 1, 0.1, 0.01 mL일 때에는 94 × 10 = 940으로 한다.

시험용액 접종량	10 mL	1 mL	0.1 mL	MPN
가스발생양성관수	5개	2개	2개	94

시험용액 접종이 4단계 이상으로 행하여졌을 때에는 다음 표와 같이 취급한다.

예	가스발생 양성관수				유효숫자			
	1 mL	0.1 mL	0.01 mL	0.001 mL	1 mL	0.1 mL	0.01 mL	0.001 mL
I	5	5	2	0	–	5	2	0
II	5	4	3	0	5	4	3	–
III	0	1	0	0	0	1	0	–
IV	5	3	1	1	5	3	2	–

예 I, II: 5개 양성을 표시한 최소 접종량부터 시작한다.

예 III: 양성을 인정한 접종량을 중간으로 한다.

예 IV: 최소 유효 접종량보다 1단계 적은 접종량에서 양성을 인정한 때에는 양성을 인정한 수를 최소유효 접종량의 양성관수에 더한다(0.001 mL 단계의 양성관의 수를 0.01단계의 양성관의 수에 더함)

1) 유당배지법

A.3 시험용액의 제조에 따른 시험용액 10, 1, 0.1 mL와 같이 연속해서 3단계 이상을 5개 또는 3개씩의 유당배지(배지 2)에 접종한다. 단, 10 mL를 접종할 때에는 두 배 농도 유당배지를 사용하고 0.1 mL 이하를 접종할 필요가 있을 때에는 10배 희석단계액을 각각 1 mL씩 사용한다. 가스발생 발효관 각각에 대하여 추정, 확정, 완전시험을 행하고 대장균군의 유무를 확인한 다음 최확수표로부터 검체 100 mL 또는 100 g 중의 대장균군수를 구한다. 이때 시험용액을 가한 배지의 전부 또는 대부분에서 가스발생이 인정되거나 또 최소량을 가한 배지의 전부 또는 대부분이 가스가 발생되지 않도록 접종량과 희석도를 고려하여야 한다

2) BGLB 배지법

A.3 시험용액의 제조에 따른 시험용액 10, 1 또는 0.1 mL를 5개 또는 3개씩 BGLB 배지(배지 3)에 각각 접종한다. 단, 10 mL를 접종할 때에는 두 배 농도 BGLB 배지를 사용하고 0.1 mL 이하를 접종

할 필요가 있을 때에는 10배 희석단계액을 각각 1 mL씩 사용한다. 이때 시험용액을 가한 배지의 전부 또는 대부분에서 가스발생이 인정되거나 또 최소량을 가한 배지의 전부 또는 대부분이 가스가 발생되지 않도록 접종량과 희석도를 고려하여야 한다. 이하의 조작은 각 발효관에 대하여 BGLB 배지에 의한 정성시험법에 따라 하고 대장균군의 유무를 확인한 다음 최확수표로부터 검체 100 mL 또는 100 g 중의 대장균군수를 산출한다.

나. 데스옥시콜레이트 유당 한천배지법

A.3 시험용액의 제조에 따른 시험용액 1 mL와 각 10배 단계 희석액 1 mL에 대하여 이 배지에 의한 정성시험법과 같은 조작으로 35~37℃에서 24 ± 2시간 배양한 후 생성된 집락 중 전형적인 집락 또는 의심스러운 집락에 대하여 정성시험 때와 같은 조작으로 대장균군의 유무를 결정한다. 균수 산출은 A.5.1 일반세균수에 따라 한다.

다. 건조필름법

A.3 시험용액의 제조에 따른 시험용액 1 mL와 각 10배 단계 희석액 1 mL를 대장균군 건조필름배지(배지 54)에 접종한 후, 35~37℃에서 24 ± 2시간 배양하여 생성된 붉은 집락 중 주위에 기포를 형성한 집락수를 계산하고, 그 평균집락수에 희석배수를 곱하여 대장균군수를 산출한다.

A.8 대장균

대장균의 시험법에는 최확수법 및 건조필름법에 의한 정량시험과 일정한 한도까지 균수를 정성으로 측정하는 한도시험법이 있다.

A.8.1 정성시험

1) 한도시험

A.3 시험용액의 제조에 따른 시험용액 1 mL를 3개의 EC 배지에 접종하고 44.5±0.2℃에서 24 ± 2시간 배양 후 가스발생을 인정한 발효관은 추정시험 양성으로 하고 가스발생이 인정되지 않을 때에는 추정시험 음성으로 한다.

추정시험이 양성일 때에는 해당 EC 발효관으로부터 EMB 배지에 접종하여 35~37℃에서 24±2시간 배양한 후 전형적인 집락을 유당배지 및 보통한천배지로 각각 이식한다. 유당배지에 접종한 것은 35~37℃에서 48 ± 3시간 배양하고 보통한천배지에 접종한 것은 35~37℃에서 24 ± 2시간 배양한다. 유당배지에서 가스발생을 인정하였을 때에는 이에 해당하는 보통한천배지에서 배양된 집락을 취하여 그람염색을 실시하여 그람음성, 무아포성 간균을 확인한 후 생화학시험을 실시하여 대장균 양성으로 판정한다.

A.8.2 정량시험

가. 최확수법

A.3 시험용액의 제조에 따른 시험용액 10 mL, 1 mL 및 0.1 mL를 각각 5개 또는 3개의 EC 배지(배지 10) 발효관에 접종한 다음 44.5 ± 0.2℃ 항온수조에서 24 ± 2시간 배양한다. 시험용액 10 mL를 첨가할 경우 두 배 농도의 배지 10 mL를 이용한다. 가스발생을 인정한 발효관을 대장균(*E. coli*) 양성이라고 판정하고 별표 1 또는 별표 2 최확수표에 따라 검체 100 g(또는 100 mL) 중의 대장균수를 산출한다.

나. 건조필름법

A.3 시험용액의 제조에 따른 시험용액 1 mL와 각 단계 희석액 1 mL를 대장균 건조필름배지(배지 55)에 접종한 후 잘 흡수시키고, 35~37℃에서 24~48시간 배양한 후 생성된 푸른 집락 중 주위에 기포를 형성하고 있는 집락수를 계산하고 그 평균집락수에 희석배수를 곱하여 대장균수를 산출한다.

별표 1 대장균군시험의 최확수표 다음의 희석과 시험관수에 의한 양성수에 대한 최확수와 95%의 신뢰한계 A−10 mL씩 5개 B−10 mL씩 5개, 1 mL씩 5개, 0.1 mL씩 5개

양성관수 A (10 mL씩 5개)	MPN 10 mL	MPN의 신뢰한계 하한	MPN의 신뢰한계 상한
0	< 2.2	0	6.0
1	2.2	0.1	12.6
2	5.1	0.5	19.2
3	9.2	1.6	29.4
4	16	3.3	52.9
5	> 16	8.0	∞

B 10 mL씩 5개	B 1 mL씩 5개	B 0.1 mL씩 5개	MPN 100 mL	MPN의 신뢰한계 하한	MPN의 신뢰한계 상한
0	0	1	2	< 0.5	7
0	0	2	4	< 0.5	11
0	1	0	2	< 0.5	7
0	1	1	4	< 0.5	11
0	1	2	6	< 0.5	15
0	2	0	4	< 0.5	11
1	0	2	6	< 0.5	15
1	0	3	8	1	19
1	1	0	4	< 0.5	11
1	1	1	6	< 0.5	15
1	1	2	8	1	19
1	2	0	6	< 0.5	15
1	2	1	8	1	19
1	2	2	10	2	23
1	3	0	8	1	19
1	3	1	10	2	23
1	4	0	11	2	25
2	0	0	5	< 0.5	13
2	0	1	7	1	17
2	0	2	9	2	21
2	0	3	12	3	28

(계속)

별표 1 대장균군시험의 최확수표 다음의 희석과 시험관수에 의한 양성수에 대한 최확수와 95%의 신뢰한계
A－10 mL씩 5개 B－10 mL씩 5개, 1 mL씩 5개, 0.1 mL씩 5개 (계속)

	B		MPN 100 mL	MPN의 신뢰한계		B			MPN 100 mL	MPN의 신뢰한계	
10 mL씩 5개	1 mL씩 5개	0.1 mL씩 5개		하한	상한	10 mL씩 5개	1 mL씩 5개	0.1 mL씩 5개		하한	상한
0	2	1	6	< 0.5	15	2	1	0	7	1	17
0	3	0	6	< 0.5	15	2	1	1	9	2	21
1	0	0	2	< 0.5	7	2	1	2	12	3	28
1	0	1	4	< 0.5	11	2	2	0	9	2	21
2	2	2	14	4	34	2	2	1	12	3	28
2	3	0	12	3	28	4	5	1	48	16	124
2	3	1	14	4	34	5	0	0	23	7	70
2	4	0	15	4	37	5	0	1	31	11	89
3	0	0	8	1	19	5	0	2	43	15	114
3	0	1	11	2	25	5	0	3	58	19	144
3	0	2	13	3	31	5	0	4	76	24	180
3	1	0	11	2	25	5	1	0	33	11	93
3	1	1	14	4	34	5	1	1	46	16	120
3	1	2	17	5	46	5	1	2	63	21	154
3	1	3	20	6	60	5	1	3	84	26	197
3	2	0	14	4	34	5	2	0	49	17	126
3	2	1	17	5	46	5	2	1	70	23	168
3	2	2	20	6	60	5	2	2	94	28	219
3	3	0	17	5	46	5	2	3	120	33	281
3	3	1	21	7	63	5	2	4	148	38	366
3	4	0	21	7	63	5	2	5	177	44	515
3	4	1	14	8	72	5	3	0	79	25	187
3	5	0	25	8	75	5	3	1	109	31	253
4	0	0	13	3	31	5	3	2	141	37	343
4	0	1	17	4	46	5	3	3	175	44	503
4	0	2	21	7	63	5	3	4	212	53	669
4	0	3	25	8	75	5	3	5	253	77	788
4	1	0	17	5	46	5	4	0	130	35	302
4	1	1	21	7	63	5	4	1	172	43	486
4	1	2	26	9	78	5	4	2	221	57	698
4	2	0	22	7	67	5	4	3	278	90	849

(계속)

	B		MPN 100 mL	MPN의 신뢰한계			B		MPN 100 mL	MPN의 신뢰한계	
10 mL씩 5개	1 mL씩 5개	0.1 mL씩 5개		하한	상한	10 mL씩 5개	1 mL씩 5개	0.1 mL씩 5개		하한	상한
4	2	1	26	9	78	5	4	4	345	117	999
4	2	2	32	11	91	5	4	5	426	145	1,161
4	3	0	27	9	80	5	5	0	240	68	754
4	3	1	33	11	93	5	5	1	348	118	1,005
4	3	2	39	13	106	5	5	2	542	180	1,405
4	4	0	34	12	96	5	5	3	920	300	3,200
4	4	0	40	14	108	5	5	4	1,600	640	5,800
4	5	0	41	14	110	5	5	5	22,400	800	∞

별표 2 3단계희석(10, 1, 0.1 mL) 시험관 3개씩 시험하였을 때의 양성에 대한 최확수와 95%의 신뢰한계

양성관수			MPN 100 mL	MPN의 신뢰한계		B			MPN 100 mL	MPN의 신뢰한계	
10 mL씩 3개	1 mL씩 3개	0.1 mL씩 3개		하한	상한	10 mL씩 3개	1 mL씩 3개	0.1 mL씩 3개		하한	상한
0	0	0		0		2	0	0	9.1	1.0	36
0	0	1	3		9	2	0	1	14	2.7	37
0	0	2	6			2	0	2	20		
0	0	3	9			2	0	3	26		
0	1	0	3	0.085	13	2	1	0	15	2.8	44
0	1	1	6.1			2	1	1	20		
0	1	2	9.2			2	1	2	27		
0	1	3	12			2	1	3	34		
0	2	0	6.2			2	2	0	21	3.5	47
0	2	1	9.3			2	2	1	28		
0	2	2	12			2	2	2	35		
0	2	3	16			2	2	3	42		
0	3	0	9.4			2	3	0	29		
0	3	1	13			2	3	1	36		
0	3	2	16			2	3	2	44		
0	3	3	19			2	3	3	53		
1	0	0	3.6	0.085	20	3	0	0	23	3.5	120
1	0	1	7.2	0.87	21	3	0	1	39	6.9	130
1	0	2	11			3	0	2	64		

(계속)

별표 2 3단계희석(10, 1, 0.1 mL) 시험관 3개씩 시험하였을 때의 양성에 대한 최확수와 95%의 신뢰한계 (계속)

양성관수			MPN 100 mL	MPN의 신뢰한계		B			MPN 100 mL	MPN의 신뢰한계	
10 mL씩 3개	1 mL씩 3개	0.1 mL씩 3개		하한	상한	10 mL씩 3개	1 mL씩 3개	0.1 mL씩 3개		하한	상한
1	0	3	15			3	0	3	95		
1	1	0	7.3	0.88	23	3	1	0	43	7.1	210
1	1	1	11			3	1	1	75	14	230
1	1	2	15			3	1	2	120	30	380
1	1	3	19			3	1	3	160		
1	2	0	11	2.7	36	3	2	0	93	15	380
1	2	1	15			3	2	1	150	30	440
1	2	2	20			3	2	2	210	35	470
1	2	3	24			3	2	3	290		
1	3	0	16			3	3	0	240	36	1,300
1	3	1	20			3	3	1	460	71	2,400
1	3	2	24			3	3	2	1,100	150	4,800
1	3	3	29			3	3	3	22,400	460	

A.9 유산균수

A.9.1 유산간균 및 구균

유산균수의 측정방법은 A.5.1 일반세균수 측정방법에 준하여 시험하되 시험용액 제조 희석액은 멸균생리식염수(시액 2) 또는 펩톤식염완충액(시액 7)을 사용한다. 또한 배지는 BCP 첨가 평판측정용배지(배지 11)를 사용하여 35~37℃에서 72 ± 3시간 배양한 후 발생한 황색의 집락을 유산균의 집락으로 계수한다.

A.9.2 비피더스균(*Bifidobacterium*)

검체 1 mL에 펩톤식염완충액(시액 7)을 가하여 10 mL가 되게 한 다음 잘 혼합하여 10배 단계 희석액을 만들어 시험용액으로 한다. 각 10배 단계 희석액 0.1 mL씩을 BL 한천배지(배지 15)에 2매 이상 접종하여 도말한 후 35~37℃에서 48~72 ± 3시간 혐기 배양한다. 검액을 가하지 아니한 동일 희석액 0.1 mL를 대조시험액으로 하여 시험조작의 무균 여부를 확인한다.

배양 후 집락을 계수하고 희석배수를 곱하여 검체 mL당 비피더스균수를 산출한다. 산출방법은 A.5.1 일반세균수 가. 표준평판법에 따른다.

표 A.1 BL한천배지상의 균별 전형적 집락

	집락	직경
Bifidobacterium longum	유갈색~황갈색 집락중심부 적갈색	1.0~2.0 mm
Bifidobacterium bifidum	유갈색~회색 집락 중심부 적갈색	0.5~1.5 mm
Bifidobacterium breve	유백색~유갈색의 집락	1.0~2.0 mm

A.9.3 유산균 · 비피더스균 혼합제품

A.9.1 유산균 및 구균 및 A.9.2 비피더스균의 시험방법에 따라 시험한 후 유산균수와 비피더스균수를 합하여 산출한다. 단, 이때 비피더스균의 시험시에는 BS 배지(배지 25)를 사용한다.

A.10 진균수(효모 및 사상균수)

진균수의 측정방법은 A.5.1 일반세균수 가. 표준평판법에 준하여 시험한다. 다만, 배지는 포테이토 덱스트로오즈 한천배지(배지 12)를 사용하여 25°C에서 5~7일간 배양한 후 발생한 집락수를 계산하고 그 평균집락수에 희석배수를 곱하여 진균수로 한다.

A.11 살모넬라(*Salmonella* spp.)

1) 증균배양

검체 25 g 또는 25 mL를 취하여 225 mL의 펩톤수(배지 56)에 가한 후 35~37°C에서 24 ± 2시간 증균 배양한다. 배양액 0.1 mL를 취하여 10 mL의 Rappaport-Vassiliadis 배지(배지 57)에 접종하여 42 ± 1°C에서 24 ± 2시간 배양한다.

2) 분리배양

증균배양액을 MacConkey 한천배지(배지 30) 또는 desoxycholate citrate 한천배지(배지 31) 또는 XLD 한천배지(배지 58) 또는 bismuth sulfite 한천배지(배지64)에 접종하여 35~37°C에서 24 ± 2시간 배양한 후 전형적인 집락은 확인시험을 실시한다.

3) 확인시험

가) 생화학적 확인시험

분리배양된 평판배지상의 집락을 보통한천배지(배지 8)에 옮겨 35~37°C에서 18~24시간 배양한 후, TSI 사면배지(배지 32)의 사면과 고층부에 접종하고 35~37°C에서 18~24시간 배양하여 생물학적 성상을 검사한다. 살모넬라는 유당, 서당 비분해(사면부 적색), 가스생성(균열 확인) 양성인 균에 대하여 그람음성 간균, urease 음성, lysine decarboxylase 양성 등의 특성이 확인되면 살모넬라 양성으로 판정한다.

나) 응집시험

균종 확인이 필요한 경우 Spicer-Edwards 등과 같은 H 혼합혈청과 O 혼합혈청을 사용하여 응집반응을 확인한다.

A.12 황색포도상구균(*Staphylococcus aureus*)

A.12.1 정성시험

1) 증균배양

검체 25 g 또는 25 mL를 취하여 225 mL의 10% NaCl을 첨가한 TSB 배지(배지 23)에 가한 후 35~37℃에서 18~24시간 증균배양한다.

2) 분리배양

증균 배양액을 난황첨가 만니톨 식염한천배지(배지 14) 또는 Baird-Parker 한천배지(배지 63) 또는 Baird-Parker (RPF) 한천배지(배지 67)에 접종하여 35~37℃에서 18~24시간 배양한다. 배양결과 난황첨가 만니톨 식염한천배지에서 황색불투명 집락을 나타내고 주변에 혼탁한 백색환이 있는 집락 또는 Baird-Parker 한천배지에서 투명한 띠로 둘러싸인 광택이 있는 검정색 집락 또는 Baird-Parker (RPF) 한천배지에서 불투명한 환으로 둘러싸인 검은색 집락은 확인시험을 실시한다.

3) 확인시험

분리배양된 평판배지상의 집락을 보통한천배지(배지 8)에 옮겨 35~37℃에서 18~24시간 배양한 후 그람염색을 실시하여 포도상의 배열을 갖는 그람양성 구균을 확인한 후 coagulase 시험을 실시하며 24시간 이내에 응고 유무를 판정한다. Baird-Parker (RPF) 한천배지에서 전형적인 집락으로 확인된 것은 coagulase 시험을 생략할 수 있다. Coagulase 양성으로 확인된 것은 생화학시험을 실시하여 판정한다.

A.12.2 정량시험

1) 균수 측정

검체 25 g 또는 25 mL를 취한 후, 225 mL의 희석액을 가하여 2분간 고속으로 균질화하여 시험용액으로 하여 10배 단계 희석액을 만든 다음 각 단계별 희석액을 Baird-Parker 한천배지(배지 63) 3장에 0.3 mL, 0.4 mL, 0.3 mL씩 총 접종액이 1 mL이 되게 도말한다. 사용된 배지는 완전히 건조시켜 사용하고 접종액이 배지에 완전히 흡수되도록 도말한 후 10분간 실내에서 방치시킨 후 35~37℃에서 48±3시간 배양한 다음 투명한 띠로 둘러싸인 광택의 검은색 집락을 계수한다.

2) 확인시험

계수한 평판에서 5개 이상의 전형적인 집락을 선별하여 보통한천배지(배지 8)에 접종하고 35~37℃에서 18~24시간 배양한 후 A.12.1 정성시험 3) 확인시험에 따라 시험을 실시한다.

3) 균수계산

확인 동정된 균수에 희석배수를 곱하여 계산한다.

A.13 장염비브리오(*Vibrio parahaemolyticus*)

1) 증균배양

검체 25 g 또는 25 mL를 취하여 225 mL의 alkaline 펩톤수(배지 16)를 가한 후 35~37℃에서 18~24시간 증균배양한다.

2) 분리배양

증균배양액을 TCBS 한천배지(배지 17)에 접종하여 35~37℃에서 18~24시간 배양한다. 배양결과 직경 2~4 mm인 청록색의 서당 비분해 집락에 대하여 확인시험을 실시한다.

3) 확인시험

분리배양된 평판배지상의 집락을 TSI 사면배지(배지 32), LIM 반유동배지(배지 18), 보통한천배지(배지 8)에 각각 접종한 후 35~37℃에서 18~24시간 배양한다. 장염비브리오는 TSI 사면배지(배지 32)에서 사면부가 적색, 고층부는 황색, 가스가 생성되지 않으며 LIM 배지에서 lysine decarboxylase 양성, indole 생성, 운동성 양성, oxidase 시험 양성이다.

장염비브리오로 추정된 균은 0, 3, 8 및 10% NaCl을 가한 alkaline 펩톤수(배지 16)에 의한 내염성시험, VP 시험(배지 19), mannitol 이용성시험(배지 20, 1% mannitol 첨가), arginine 및 ornithine 분해시험(배지 21, 1% arginine 또는 1% ornithine 첨가), ONPG(배지 22)시험을 실시한다. 장염비브리오는 0% 및 10% NaCl 가한 배지에서 발육 음성, 3% 및 8% NaCl을 가한 배지에서는 발육 양성, VP 음성, mannitol에서 산생성 양성, ornithine 분해 양성, arginine 분해 음성, ONPG 시험 음성, 3% NaCl을 가한 nutrient broth, 42℃에서 발육 양성이다.

A.14 클로스트리디움 퍼프린젠스 (*Clostridium perfringens*)

A.14.1 정성시험법

1) 증균배양

A.3 시험용액의 제조에 따른 시험용액 1 mL를 cooked meat 배지(배지 33)의 아랫부분에 접종하여 35~37℃에서 18~24시간 동안 혐기배양한다.

2) 분리배양

카나마이신을 200 ㎍/mL의 농도로 가한 난황 첨가 *Clostridium perfringens* 한천배지(배지 27) 또는 난황첨가 TSC 한천배지(배지 41)에 증균배양액을 접종하여 35~37℃에서 18~24시간 혐기배양한 결과 *Clostridium perfringens* 한천배지에서 직경 2 mm 정도의 약간 돌기된 유황색으로 주변에 불투명한 백색환이 있는 집락 또는 TSC 한천배지에서 불투명한 환을 가지는 황회색 집락은 확인시험을 실시한다.

3) 확인시험

분리배양된 평판배지상의 집락을 보통한천배지(배지 8)에 옮겨 35~37℃에서 18~24시간 혐기배양한 후 그람염색을 실시한다. 또 동시에 보통한천배지를 35~37℃에서 18~24시간 호기 배양하여 균의 비발육을 확인한다. 그람양성간균으로 확인된 집락은 glucose, lactose, inositol, raffinose를 1% 가한 4종의 GAM 배지(배지 34)에 옮겨 35~37℃에서 3일간 배양 후 BTB-MR 지시약(시액 4)을 가해서 붉은색으로 변하는 것을 양성으로 판정한다. 운동성은 GAM 배지(배지 34)에서 35~37℃에서 1~2일간 배양하여 운동성의 유무를 관찰한다. Glucose, lactose, inositol과 raffinose를 분해하며 운동성이 없는 것을 확인하면 lecithinase 억제시험을 실시한다. 난황이 포함된 TSC 한천배지(배지 41)에 접종하여 35~37℃에서 24시간 혐기배양한 후 2~4 mm의 불투명한 환을 가지는 황회색 집락을 양성으로 판정한다.

A.14.2 정량시험법

1) 균수 측정

검체 25 g 또는 25 mL를 취하여 225 mL의 희석액을 가한 후 1~2분간 저속으로 균질화한 후 10배 단계 희석액을 만든다. 시험용액 및 단계별 희석액 1 mL씩을 멸균 페트리접시 2개 이상씩에 무균적으로 취하고 43~45℃로 유지한 TSC 한천배지(배지 41) 10~15 mL를 가하여 좌우로 돌리면서 잘 혼합한 후 응고시킨다. 응고된 배지 위에 다시 동일한 배지 10 mL를 가하여 중첩시킨 후 35~37℃에서 24 ± 2시간 혐기 배양한다. 150개 이하의 전형적인 검은색 집락이 확인된 평판을 선별하여 각 집락수를 계수한다.

2) 확인시험

계수한 평판에서 5개 이상의 전형적인 집락을 선별하여 보통한천배지(배지8)에 접종하고 35~37℃에서 18~24시간 혐기배양한 후 A.14.1 정성시험법 3) 확인시험에 따라 실시한다.

3) 균수계산

확인 동정된 균수에 희석배수를 곱하여 계산한다. 예로 10-4에서 85개의 전형적인 집락이 계수되었고, 이 중 5개의 집락을 확인한 결과 4개의 집락이 클로스트리디움 퍼프린젠스로 동정되었을 경우 85 × (4/5) × 10,000 = 680,000으로 계산한다.

A.15 리스테리아 모노사이토제네스 (*Listeria monocytogenes*)

1) 증균배양

우유, 유제품, 가공식품 및 수산물의 검체에 대해서는 증균배지로 Listeria 증균배지(배지 35)를 사용하며, 검체 25 g 또는 25 mL를 취하여 225 mL의 Listeria 증균배지를 가한 후 30℃에서 48시간 배양한다. 식육 및 가금류의 검체는 1차 증균배지로 UVM-modified Listeria 증균배지(배지 36)를 사용하며, 검체 25 g 또는 25 mL를 취하여 UVM-modified Listeria 증균배지를 225 mL 가한 후 30℃에서 24 ± 2시간 배양하고, 배양액 0.1 mL를 취하여 fraser Listeria 배지(배지 37) 10 mL에 접종하여 35~37℃에서 24 ± 2시간 2차 증균을 실시한다.

2) 분리배양

증균배양액을 멸균된 면봉을 이용하여 Oxford 한천배지(배지 38) 또는 LPM 한천배지(배지 39) 또는 PALCAM 한천배지(배지 65)에 접종하여 30℃에서 24~48시간 배양한다. 의심집락이 확인되면 이를 0.6% yeast extract가 포함된 tryptic soy 한천배지(배지 40)에 접종하여 30℃에서 24~48시간 배양한다

3) 확인시험

그람염색 후 그람양성 간균이 확인되면 hemolysis, motility, catalase, CAMP test와 mannitol, rhamnose, xylose의 당분해시험을 실시한다. 이 결과 β-hemolysis를 나타내고 catalase 양성, motility 양성을 나타내며 CAMP test결과 *Staphylococcus aureus* (ATCC 25923)에서 양성, *Rhodococcus equi* (ATCC 6939)에서 음성으로 나타나는 동시에 당분해시험 결과 mannitol 비분해, rhamnose 분해, xylose 비분해의 결과를 보일 경우 *Listeria monocytogenes* 양성으로 판정한다.

A.16 대장균 O157:H7(*Escherichia coli* O157:H7)

1) 증균배양

검체 25 g 또는 25 mL를 취하여 225 mL의 mEC 배지(배지 42)에 가한 후 35~37℃에서 24 ± 2시간 증균배양한다.

2) 분리배양

증균배양액을 cefixime (0.05 mg/L) 및 potassium tellurite (2.5 mg/L)가 첨가된 MacConkey sorbitol 한천배지(배지 43)에 접종하여 35~37℃에서 18시간 배양한다. Sorbitol을 분해하지 않는 무색집락을 취하여 EMB 한천배지(배지 6)에 접종하여 35~37℃에서 24 ± 2시간 배양하고, 녹색의 금속성 광택이 확인된 집락은 확인시험을 실시한다.

3) 확인시험

EMB 한천배지에서 녹색의 금속성 광택을 보이는 집락을 보통한천배지(배지 8)에 옮겨 35~37℃에서 18~24시간 배양 후 그람음성간균임을 확인하고 생화학시험을 실시한다.

4) 혈청형 시험

대장균으로 확인 동정된 균은 O157 항혈청을 사용하여 혈청형을 결정하고, O157이 확인된 균은 H7의 혈청형시험을 한다.

A.17 여시니아 엔테로콜리티카 (*Yersinia enterocolitica*)

1) 증균배양

검체 25 g 또는 25 mL를 취하여 225 mL의 PSBB 배지(배지 44)에 가한 후 10℃에서 10일간 배양한다.

2) 분리배양

증균배양액 0.1 mL를 0.5% KOH가 함유된 0.5% 식염수 1 mL에 가하여 수초간 섞는다. 이 용액을 MacConkey 한천배지(배지 30)와 CIN 한천배지(배지 45)에 각각 접종하여 30℃에서 24 ± 2시간 배양한다.

3) 확인시험

MacConkey 한천배지에서 유당을 비분해하는 집락이나 CIN 한천배지(배지 45)에서 중심부가 짙은 적색을 보이는 집락을 골라 각각 TSI 사면배지(배지 32)의 사면과 고층부에 접종하여, 35~37℃에서

18~24시간 배양 후 고층부와 사면이 노랗고 가스와 황화수소가 발생하지 않은 균주를 선택하여 25°C, 37°C에서 운동성 시험 및 urea, citrate 시험 등을 한다. 이때 여시니아 엔테로콜리티카는 37°C에서는 운동성을 나타내지 않고 25°C에서 운동성을 가지는 특성이 있다. 또한 urea 시험 양성, citrate 시험 음성이며 그람음성 간균일 때 양성으로 판정한다.

A.18 바실러스 세레우스(*Bacillus cereus*)

A.18.1 정성시험

1) 분리배양

검체 25 g 또는 25 mL를 취하여 225 mL의 희석액을 가하여 균질화한 검액을 MYP 한천배지(배지 46)에 접종하여 30°C에서 24시간 배양한다. 배양 후 혼탁한 환을 갖는 분홍색 집락을 선별한다. 이때 명확하지 않을 경우 24시간 더 배양하여 관찰한다.

2) 확인시험

MYP 한천배지에서 전형적인 집락을 선별하여 보통한천배지(배지 8)에 접종하고 30°C에서 18~24시간 배양한다. 배양 후 그람염색을 실시하여 포자를 갖는 그람양성 간균을 확인하고, 확인된 균은 nitrate 환원능, VP, β-hemolysis, tyrosine 분해능, 혐기배양 시의 포도당 이용 등의 생화학시험을 실시하며, 추가로 24~48시간 배양하여 곤충독소단백질(Insecticidal crystal protein) 생성 확인시험[주)] 도 실시한다.

A.18.2 정량시험

1) 균수 측정

검체 25 g 또는 25 mL를 취한 후, 225 mL의 희석액을 가하여 2분간 고속으로 균질화하여 시험용액으로 한다. 희석액을 사용하여 10배 단계 희석액을 만든다. MYP 한천평판배지(배지 46)에 단계별 희석용액 0.2 mL씩 5장을 도말하여 총 접종액이 1 mL이 되게 한 후 30°C에서 24 ± 2시간 배양한 후 집락 주변에 lecithinase를 생성하는 혼탁한 환이 있는 분홍색 집락을 계수한다.

2) 확인시험

계수한 평판에서 5개 이상의 전형적인 집락을 선별하여 보통한천배지(배지 8)에 접종하고 30°C에서 18~24 배양한 후 A.18.1 정성시험 2) 확인시험에 따라 확인시험을 실시한다.

주) 이 시험법은 *Bacillus cereus*와 *Bacillus thuringiensis*를 구분하는 시험법으로, 보통한천배지에 30°C, 24~48시간 배양한 후 직접 또는 염색하여 현미경 관찰결과(×1,000배), 곤충독소단백질이 확인되면 *Bacillus thuringiensis*로 한다.

3) 균수계산

확인 동정된 균수에 희석배수를 곱하여 계산한다. 예로 10-1 희석용액을 0.2 mL씩 5장 도말 배양하여 5장의 집락을 합한 결과 100개의 전형적인 집락이 계수되었고 5개의 집락을 확인한 결과 3개의 집락이 바실러스 세레우스로 확인되었을 경우 100 × (3/5) × 10 = 600으로 계산한다.

A.19 캠필로박터 제주니(*Campylobacter jejuni*)

1) 증균배양

검체 25 g 또는 25 mL를 취하여 Supplement A가 첨가된 HUNT 배지(배지 47) 또는 bolton 배지(배지 68) 100 mL에 넣고 균질화한 후 35~37℃에서 4~5시간 동안 미호기적(5% O_2, 10% CO_2, 85% N_2)으로 1차 증균하고 42℃에서 24~48시간 미호기적으로 2차 증균한다. 다만, HUNT 배지를 사용할 경우, 일반식품은 2차 증균 시 cefoperazone 용액(0.8 g/100 mL) 0.4 mL를 첨가하고 유제품은 1차 증균 시 Supplement B, 2차 증균 시에는 rifampicin 용액(0.125 g/100 mL) 0.4 mL를 첨가하여 배양한다.

2) 분리배양

증균배양액을 modified Campy blood free 한천배지(배지 48) 또는 Abeyta-Hunt 한천배지(배지 49)에 각각 접종하여 42℃에서 24~48시간 미호기적으로 암소에서 배양한다.

3) 확인시험

Modified Campy blood free 한천배지상에서 원형 또는 불규칙한 형태로서 반투명한 흰색 또는 투명한 집락, Abeyta-Hunt 한천배지(배지 49)상에서 무지개빛 광택 집락을 선별하여 항생제를 넣지 않은 Abeyta-Hunt 한천배지에 신속히 접종하여 42℃에서 24~48시간 배양한다. 배양된 집락을 취하여, 암시야 또는 위상차현미경으로 검경하거나 또는 대비 염색하여 지그재그 모양을 관찰한다. 이때 대비염색은 10 mL 식염수에 2방울의 crystal violet을 혼합한 용액을 이용한다. 현미경상으로 확인된 균에 대하여 catalase 및 oxidase 양성임을 확인한다. 확인된 균에 대하여 hippurate 분해 양성, 황화수소 비생성, nalidixic acid 감수성, cephalothin 내성, 25℃에서 비생육, 42℃에서 생육하는 것 등 생화학시험을 실시한다.

A.20 클로스트리디움 보툴리눔(*Clostridium botulinum*)

1) 증균배양

고형 또는 반고형물 검체는 동량의 젤라틴 인산완충액(시액 5)을 첨가하고 균질화하여 시험용액으로 하며, 액상 검체는 그대로 사용한다. 1~2 g 또는 1~2 mL의 검체를 2개의 cooked meat 배지(배지 33) 15 mL에 접종하여 35~37°C에서 7일간 배양하고 또 2개의 TPGY 배지(배지 50)에 같은 방법으로 접종하여 26°C에서 7일간 배양한다. 다만, 접종 전 각 배지는 10~15분간 중탕하여 탈산소한 후 신속히 냉각하여 사용하며, 검체는 배지 아랫부분에 천천히 접종하고 교반하지 않는다. 배양 7일 후 검경하여 전형적인 클로스트리디움이 관찰되면 다음의 분리배양을 실시하고, 관찰되지 않는 경우에는 추가적으로 10일간 더 배양한다.

2) 분리배양

증균배양액 1~2 mL와 동량의 여과 제균한 알코올을 잘 혼합하여 실온에서 1시간 방치한 후, liver-veal 난황한천배지(배지 51) 또는 혐기성 난황한천배지(배지 52)에 접종하여 35~37°C에서 48 ± 3시간 혐기적으로 배양한다. 배양 후 융기되거나 평평하며, 표면이 매끈하거나 거친 집락으로, 약간 퍼져 있거나 불규칙한 것을 선택하여 약 10개를 취한다. 경우에 따라서는 집락 주위에 혼탁한 환이 생긴다.

3) 확인시험

분리균에 대하여 그람양성의 간균과 균체 말단에 아포가 형성되는 것을 관찰하고, 호기조건으로 35~37°C에서 2~3일간 배양하였을 경우 균이 발육되지 않는 것을 확인한다. 0.1%의 glucose를 첨가한 GAM 배지(배지 34)에 접종하여 35~37°C에서 1~4일간 배양하여 운동성이 있는 것을 양성으로 판정하며, 질산염환원능이 없으므로 glucose 0.1%, KNO_3 0.3%를 가한 GAM 배지(배지 34)에 접종하여 35~37°C에서 2일간 배양한 후 nitrite 지시약(시액 6)을 가하였을 경우 색의 변화가 없어야 한다. 우유를 pH 6.8 되도록 조정하여, $FeSO_4$ 0.05~0.1 g을 첨가한 배지에 균을 접종하여 35~37°C에서 배양한 후 우유를 분해하는 것을 양성으로 판정(각 독소 type에 따라 분해능이 다름)한다.

4) 독소확인시험

가) 시험방법

시험용액을 4°C, 10,000 G로 20분간 원심분리하여 그 상층액을 pH 6.0으로 조정한 후, 동량의 2% trypsin 용액을 가하여 35~37°C에서 30~60분간 반응시킨 후, 이 용액 1 mL당 100 U의 penicillin과 100 μg의 chloramphenicol을 첨가한다. 중량 15~20 g의 ICR계 마우스 5군(1군당 2~3수)을 준비하여 위의 검체액을 다음과 같은 5가지 방법으로 복강 내 주사한다.

1군: 시험용액 0.5 mL를 그대로 주사한다.

2군: 시험용액을 100°C로 10분간 가열한 후 0.5 mL씩 주사한다.

3군: 시험용액에 A형 항독소혈청(1~2 unit/mL)을 시험관 내에서 동량으로 혼합한 후 35~37℃에서 15분간 반응시킨 후 0.5 mL씩 주사한다.

4군: 3군과 같은 방법으로 B형 항독소혈청을 혼합하여 반응시킨 후, 0.5 mL씩 주사한다.

5군: 3군과 같은 방법으로 E형 항독소혈청을 혼합하여 반응시킨 후, 0.5 mL씩 주사한다

나) 판정

1~5군의 마우스를 1주간 관찰한 후 다음에 의해서 판정한다.

(1) 1군의 마우스가 사망하지 않았다면 음성으로 판정한다.

(2) 1군 마우스가 특정한 중독증상(복벽함몰, 사지마비, 호흡곤란)을 보이면서 사망하고 2군은 생존하였을 경우,

㉠ 3~5군 중 한군이 생존하였다면 생존군에 사용한 항혈청유형의 독소를 양성으로 판정한다.

㉡ 3~5군 모두 또는 각 군의 일부가 사망하였다면 시험용액을 희석하여 재시험하고 기타 유형(C1, C2, D, F, G형)의 항독소혈청을 사용하여 중화시험을 실시한다.

A.21 엔테로박터 사카자키 [*Enterobacter sakazakii* (*Cronobacter* spp.)]

1) 증균배양

검체 3관에서 검체 각 100 g을 무균적으로 채취하여 900 mL의 멸균증류수에 가한 후 35~37℃에서 18~24시간 증균배양한다. 증균배양액 10 mL를 90 mL의 EE 배지(배지 59)에 첨가하여 35~37℃에서 18~24시간 2차 증균 배양한다.

2) 분리배양

증균배양액을 CESA 한천배지(배지 60) 또는 VRBG 한천배지(배지 61) 또는 *C. sakazakii* 한천배지(배지 62)에 도말하여 35~37℃에서 24 ± 2시간 배양한다. 배양후 CESA 한천배지에서 청록색, VRBG 한천배지에서 자주색 및 *C. sakazakii* 한천배지에서는 장파장의 자외선(366 nm) 조사 하에 형광을 나타내는 전형적인 집락들에 대하여 확인시험을 실시한다.

3) 확인시험

5개의 전형적인 집락을 취하여 tryptic soy 한천배지(배지 40)에 옮겨 25℃에서 48~72시간 배양한 후, 황색 집락을 선별하여 생화학적 시험을 실시한다. 해당 집락에 대한 생화학적 시험결과 oxidase(−), L-lysine decarboxylase(−), L-ornithine decarboxylase(+), L-arginine dihydrolase(+), sucrose(+), dulcitol(−), adonitol(−), raffinose(+), D-sorbitol(−), x-methyl-D-glucoside(+), d-arabitol(−)일 경우 *Cronobacter sakazakii* 양성으로 판정한다.[주)]

주) 이 검사법은 미국식품의약국(FDA)의 *C. sakazakii*의 MPN 검사법을 변경한 것임.

A.22 탄저균(*Bacillus anthracis*)

A.3 시험용액의 제조에 따른 시험용액을 식염이 첨가되지 않은 보통한천배지(배지 8)에 도말하여 35~37℃에서 24시간 배양한다. 탄저균은 그의 특이한 회백색의 축모상 혹은 곰보 유리모양의 집락을 형성하며 혈액한천배지에서는 용혈성이 없고 액체배지에서는 침전하여 발육하며 상층부는 투명하고 균막을 형성하지 않는다. 이를 도말하여 염색하면 그람양성의 대간균으로서 양단이 직각으로 짤려져 있고 낚싯대 모양의 연쇄상을 나타낸다. 상기의 유제를 신선한 경우는 그대로, 그렇지 않은 경우는 80℃에서 30분간 가열한 후 guinea pig(체중 250~300 g)의 복강 내에 0.5~1.0 mL를 접종하면 양성인 경우 24시간 후에 접종부위에 부종이 생기고 점차 복부 내에 퍼져 수일 후에 폐사한다. 이를 해부하여 병리학적 소견을 관찰하고 도말하여 검경한 후 다시 균을 분리 동정한다.

A.23 결핵균

우유와 같은 액상의 검체는 약 30 mL 이상을 3,000 rpm에서 30분간 원심분리하여 유지부를 시험관에 취하고 침전물에서 1 백금이를 취하여 도말표본을 만들고 Ziehl Neelsen법으로 항산성 염색하여 검경한다. 유지부에는 이와 동량의 8% NaOH액을 침전물에는 그의 약 10배양의 4% NaOH액을 가하여 잘 혼합한 후 각각 0.1 mL씩을 3% Ogawa 배지(배지 24)에 적하하고 35~37℃의 항온기 내에서 배지를 옆으로 눕혀두고 대부분의 검액이 흡수되기를 기다렸다가 배지의 시험관을 밀전하여 2개월간 배양을 계속하면서 때때로 균 집락의 발생을 관찰한다. 배양하고 남은 위의 검체는 BTB를 가한 염산 수용액을 적하하여 중화시킨 후 1~2 mL씩을 guinea pig의 피내에 접종한다. 여기에 쓰는 guinea pig는 tuberculin 반응 음성인 것으로서 체중 300 g 이상인 것을 사용하며, 접종 후 2주간부터 가끔 tuberculin 반응과 체중을 조사한다.

결핵균에 감염을 받은 경우에는 보통 2~5주간부터 양성으로 되고 체중은 점차로 감소하며 접종국소에 경결 또는 괴양이 생기며 국소 림프절이 종창한다. 4~8주 후에 guinea pig를 죽이고 부검하여 림프절 및 각 장기의 결핵성 변화를 관찰한다. 병변부위의 장기를 무균적으로 채취하여 1% NaOH로 유제를 만들고 그 0.1 mL씩을 1% Ogawa 배지에 배양하여 다시 결핵균을 확인한다.

A.24 브루셀라(*Brucella*)

우유의 경우는 20~30 mL를 3,000 rpm으로 30분간 원심분리하여 유지부와 침전물을 아래의 배양법에 의하여 직접도말 배양하고 두 마리 이상의 guinea pig(체중 250~300 g)에 3~5 mL씩을 복강 내에 3마리 이상의 마우스(12~15 g)의 피하에 0.25~0.5 mL를 주사한다. 고체검체는 그 유제를 조제하여 직접도말 배양하고 위의 실험동물에 주사하거나, 유제를 멸균 거즈로 여과한 후 그 여액 또는 1,000 rpm에서 5분간 원심분리하여 얻은 상층액을 실험동물에 접종한다. 이 균의 분리용 배지는 liver 한천배지(배지 26)를 사용하나 만약 검체가 잡균에 의하여 오염되어 있다고 인정될 때는 liver 한천배지(배지 26)에 그 중량의 20만분의 1에 해당하는 젠티안 바이올렛(gentian violet)을 첨가하여 10% 탄산가스 조건 하에 35~37°C에서 4~6일간 배양한다. 이때 형성된 집락은 소원형으로서 다소 융기되어 있고 투명한 빛깔이 있으며 착색되어 있지 않으나 시일이 경과된 집락은 약간 불투명하고 갈색을 띤 회백색을 보인다. 염색하여 검경하면 그람음성의 단간균으로서 구균처럼 보인다. 액체배지에서 35~37°C로 24시간 배양하면 균이 혼탁하게 발육하고 10일 이상 경과하면 더욱 혼탁하여지면서 적조한 균괴가 균막과 같이 표면으로부터 관벽에 엉긴다. 이 균은 운동성이 없으며 당류도 거의 분해하지 않고 indole 반응, MR 반응 및 VP 반응이 음성이다. 상기의 실험동물에 주사한 것은 접종 3주 후에 실험동물의 혈청에서 이 균에 대한 항체가 형성되었는지 여부를 혈청학적으로 진단하고 비장에서 본균을 분리배양한다.

A.25 식품용수 등의 노로바이러스

1) 시약 및 시액

가) 2% 티오황산나트륨(Sodium Thiosulfate: $Na_2S_2O_3$) 용액

4,800 mL의 증류수에 티오황산나트륨 100 g을 녹여 최종 5,000 mL의 용액을 제조하고 121°C, 15분간 고압증기 멸균한다.

나) 1M 염산(HCl) 용액

1M 염산(HCl) 용액은 식품용수 채수 시 검체의 pH를 조정하는데 사용한다.

다) 1.5% Beef Extract(Desiccated Powder) 용액

1,900 mL의 증류수에 beef extract 분말 30 g과 glycine 7.5 g(최종농도 = 0.05 M)을 넣고 1 M NaOH를 이용하여 pH 9.5로 조정한 후 최종 2 L로 제조하고 121°C, 15분간 고압증기 멸균한다. Beef extract 용액은 4°C에서 일주일간 혹은 −20°C에서 장기간 동안 보관할 수 있다.

라) 0.15 M 인산일수소나트륨, 7수화물[Sodium Phosphate, Dibasic, (Na_2HPO_4 $7H_2O$)] 용액

950 mL의 증류수에 sodium phosphate 40.2 g을 넣고 1 M NaOH를 이용하여 pH 9.5로 조정한 후 최종 1 L로 제조하고 121°C, 15분간 고압증기멸균한다.

마) 1 M 수산화나트륨(NaOH) 용액

400 mL의 증류수에 20 g의 수산화나트륨을 넣고 최종 500 mL로 제조하여 수산화나트륨 용액을 준비한다. 수산화나트륨 용액은 상온에서 수개월 동안 보관할 수 있다.

바) 노로바이러스 유전자 추출 키트(Viral RNA Mini Kits)

시판되는 바이러스 RNA 추출 키트(kit)를 사용한다.

※ 재현성 및 검출효율 등을 고려하여 QIAGEN-Viral RNA Mini Kits 또는 동등 이상의 제품사용 가능

2) 장치 및 기구

가) 검체 채수과정

(1) 표준필터장치: 식품용수 1,500~1,800 L를 채수하는 장치

- 구성: 용수 유입구, 단일주입기, 유량조절밸브, 압력게이지, 탈리액 주입구, 양전하 카트리지 필터(positive cartridge filter), 카트리지 하우징(cartridge housing), 탈리액 유출구, 유량계, 용수 유출구

※ 양전하 카트리지 필터: 1-MDS, NanoCeram 또는 이와 동등한 것

(2) 휴대용 pH 측정기: 식품용수의 수소이온 농도를 측정한다.

(3) 휴대용 탁도 측정기: 식품용수의 혼탁도를 측정한다.

(4) 휴대용 염소 농도 측정기: 식품용수의 잔류염소 농도를 측정한다.

(5) 휴대용 아이스박스: 식품용수 채수 후 양전하 카트리지 필터(positive cartridge filter)를 운반하기 위해 사용한다.

(6) 상업용 얼음팩: 양전하 카트리지 필터 운반 시 냉장상태 유지용으로 사용한다.

(7) 기타: 공구상자, 2 L 멸균 비커, 멸균된 알루미늄박, 클램프, 바이러스시료 검체기록부, 멸균장갑, 수은온도계, 멸균 메스실린더, 채수용 호스

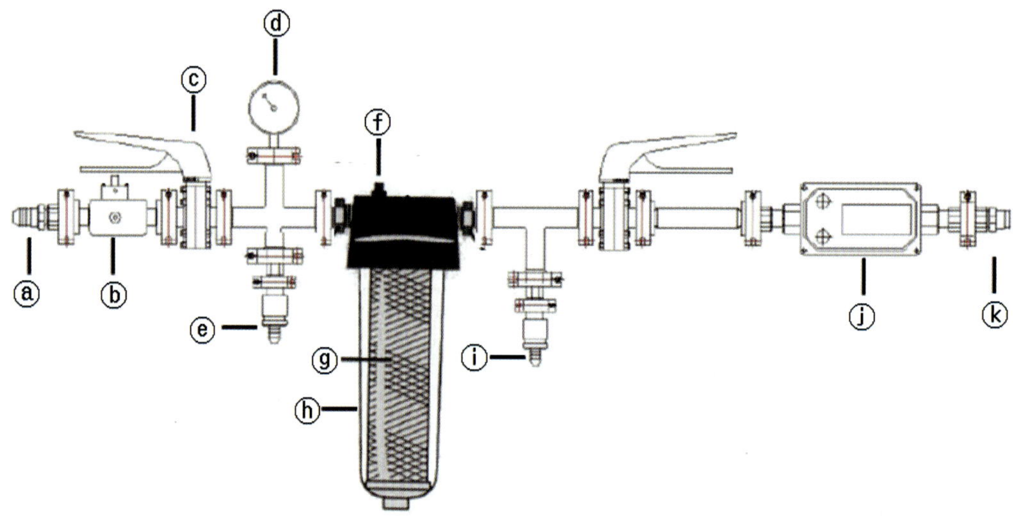

그림 A.1 표준필터장치 ⓐ 용수 유입구 ⓑ 단일주입기 ⓒ 유량조절밸브 ⓓ 압력게이지 ⓔ 탈리액 주입구ⓕ 감압단추 ⓖ 양전하 카트리지 필터 ⓗ 카트리지 하우징 ⓘ 탈리액 유출구 ⓙ 유량계 ⓚ 용수 유출구

나) 바이러스 탈리과정

(1) 연동정량펌프: 1.5% 양전하 카트리지 필터로 유입시켜 흡착된 바이러스를 탈리하기 위한 장치

(2) 연동정량펌프 탈리액 유입용 호스, 탈리액 유출용 호스

(3) 자석교반기 및 자석교반 막대

(4) 하우징 거치대, 탈리액 유입구, 탈리액 유출구, 압력게이지

다) 바이러스 농축과정

(1) 원심분리기(4℃, 2,500~10,000 G)

(2) 원심분리용기(50~500 mL 용량)

(3) 0.22 ㎛ 주사기 필터(30 mL 용량)

3) 시험방법

가) 식품용수 채수

채수할 때는 멸균된 장갑을 착용하여 노로바이러스가 오염되지 않게 주의하고 오염이 될 수 있는 환경요인들을 피하여야 한다. 멸균된 장갑이 사람의 피부나 오염 가능성이 있는 장치, 부품에 접촉이 되었을 경우 장갑을 바꿔 착용한다(예: 수도꼭지나 다른 환경요소 표면).

(1) 채수하려는 검체의 배출구(수도꼭지 등)를 2~3분 정도 열고 식품용수를 흘려보낸다. 배출구에 채수호스를 장착 시 누수가 되지 않도록 클램프를 이용하여 단단히 연결하고 탁도가 균일할 때까지 흘려보낸 후 배출구를 잠근다.

(2) 염소(chlorine, HOCl)나 불꽃버너를 이용하여 배출구(수도꼭지 등)를 가열 또는 살균한다.

(3) 채수용 호스의 알루미늄박을 제거한 후 채수할 배출구에 연결하고 표준필터장치 용수 유입구(ⓐ)에 호스를 연결한다. 이 단계에서 양전하 카트리지 필터(ⓖ)는 연결하지 않는다.

(4) 천천히 배출구를 열어 압력게이지가 30 PSI가 넘지 않도록 배출구를 조절하고 76 L(20 gal)의 식품용수를 흘려보낸다.

(5) 식품용수 76 L를 흘려 보낸 후 일부를 2 L 멸균 비커에 받아 용수의 탁도, pH, 온도, 염소농도를 각각 측정하여 검체번호, 채수위치, 채수자의 이름과 함께 바이러스 검체채수기록부에 기록한다. pH 측정기는 사용 전보정(calibration)한다.

(6) 용수 배출구(수도꼭지 등)를 잠그고 검체가 다음의 조건에 해당되어 부가장치의 연결이 필요한지의 여부를 결정하여 연결한다.

㉠ pH 8 이상일 경우 멸균된 튜브로 단일주입기(ⓑ)와 1 M 염산 용액이 담긴 메스실린더를 연결하고, 배출구(수도꼭지 등)를 다시 열어 용수의 pH가 6.5~7.5가 되도록 단일 주입기를 통해 1 M 염산 용액을 흘려보낸다. 용수유출구(ⓚ)로 흘러나온 용수의 pH를 측정해 바이러스 검체 채수기록부에 기록한다.

㉡ 잔류염소 제거를 위해 위와 같이 단일주입기를 연결하여 식품용수 3.8 L(1 gal)당 2% 티오황산나트륨 용액 10 mL이 주입되도록 한다.

※ ㉠와 ㉡이 모두 해당할 경우 이중주입기를 연결하여 사용한다.

(7) 바이러스검체 채수기록부에 검체 채취일, 시작 시간, 유량계의 초기 수치를 기록한다.

(8) 알루미늄박을 제거한 양전하 카트리지 필터를 탈리액 주입구(ⓔ)와 유출구(ⓘ) 사이에 연결한다.

(9) 용수를 천천히 흐르게 하면서 카트리지 하우징 상단의 감압단추(ⓕ, vent button)를 눌러 내부 공기가 완전히 빠지도록 한 후 수도꼭지를 완전히 열어 준다.

(10) 압력게이지가 30 PSI 이하로 유지되도록 유량조절 밸브를 조정하고 식품용수 1,500~1,800 L를 통과시킨 후 용수 배출구(수도꼭지 등)를 잠근다.

(11) 바이러스 검체 채수기록부에 검체채취 종료일, 종료 시간, 유량계의 최종 수치 등을 기록한다.

(12) 표준필터장치로부터 카트리지 하우징(ⓗ)을 분리하고 양전하 카트리지 필터를 거꾸로 하여 남은 물을 버린 후 하우징 양끝의 연결된 개구부를 멸균된 알루미늄박으로 싼다.

(13) 양전하 카트리지 필터를 아이스박스에 담고 얼음팩 등을 사용하여 냉장상태(냉동시켜서는 아니 된다)로 유지하여 즉시 실험실로 운반한다.

나) 노로바이러스 탈리과정

(1) 냉장 보관하여 운반한 필터는 채수 시작 시간부터 24시간 내에 실험실에서 바이러스 탈리 시험을 실시하여야 한다. 다만, 부득이한 경우로 인해 24시간 내에 탈리시험이 불가할 경우 최대

72시간이 넘지 않도록 한다.

(2) 탈리용 거치대에 카트리지 하우징을 장착한 후 유량조절밸브를 모두 닫는다.

(3) 탈리액 주입구에 연동정량펌프 호스를 연결한 후 연동정량펌프와 1.5% beef extract 용액이 채워져 있는 유리병에 호스를 차례로 연결하되, 1-MDS 필터는 1 L, NanoCeram 필터에는 0.5 L의 1.5% beef extract 용액을 사용한다.

(4) 탈리액 유출구에 유출용 호스를 연결하여 1.5% beef extract 용액이 들어 있는 유리병에 넣고 탈리액 유출구를 닫는다.

(5) 연동정량펌프를 가동하여 양전하 카트리지 필터 하우징 안으로 1.5% beef extract 용액이 양전하 카트리지 필터 내에 완전히 차도록 한 후 감압단추를 통해 1.5% beef extract 용액이 넘쳐 흘러나오기 시작하면 감압단추에서 손을 떼고, 연동정량펌프 가동을 멈춘 후 5분간 정치한다.

※ 감압단추는 탈리액이 양전하 카트리지 필터 안으로 가득 채워질 때까지 눌러준다.

(6) 탈리액 유출구를 열고 연동정량펌프를 다시 가동한 후 하우징에 채워져 있는 1.5% beef extract 용액이 서서히 필터를 통과하도록 한다. 통과한 완충액은 1.5% beef extract 용액이 들어 있던 유리병에 수집한다. 탈리액을 회수할 때는 거품이 없도록 주의하여야 한다.

※ 연동정량펌프 대신 양압펌프와 압력통을 사용하여 탈리과정을 진행할 수도 있다.

(7) 유리병에 수집된 탈리액은 4)~6)의 과정을 2회 반복한다.

(8) 최종 탈리액은 1 M 염산 용액으로 pH를 7.0~7.5 사이로 조절하고 멸균된 메스실린더를 사용하여 부피를 기록한다.

(9) 탈리액은 24시간 이내에 농축시험이 가능할 경우 4℃에서 보관하며, 농축 시험을 즉시 시행하기 어려울 때에는 −70℃에서 보관한다.

다) 노로바이러스 농축과정

(1) 최종 탈리액을 교반기에서 혼합하면서 1 M 염산용액으로 pH를 3.5 ±0.1로 조절한 후 실온에서 30분간 천천히 섞는다.

(2) 침전물이 생기면 탈리액을 멸균한 원심분리용기에 옮겨 원심분리한다(2,500 G 15분, 4℃).

(3) 원심분리 후 상등액을 제거하고 남은 침전물에 0.15 M sodium phosphate 완충액(pH 9.0~9.5)을 20~30 mL 넣어 완전히 부유시킨 후 실온에 10분간 방치한다.

(4) 부유시킨 용액을 원심분리한다(7,000 G, 10분, 4℃).

(5) 상등액을 취해 1 M 염산용액으로 pH 7.0~7.5로 조절한다.

(6) 미생물오염을 방지하기 위해 30 mL 주사기를 이용하여 상등액을 0.22 ㎛ 주사기 필터로 여과한다. 검체 중의 바이러스가 필터에 흡착되는 것을 방지하기 위하여 사전에 0.22 ㎛ 주사기

필터에 10~20 mL의 1.5% beef extract 용액(pH 7.0~7.5)을 통과시킨다.

(7) 최종 농축 검체량(FCSV = final concentrated sample volume)을 기록하고 검체를 24시간 이내에 분석할 경우는 4℃에 보관하고 나머지는 분석 전까지 −70℃에 보관한다.

(8) 최종 농축검체 20~30 mL는 노로바이러스 유전자 추출을 위한 검체로 사용한다.

라) 노로바이러스 유전자 추출과정

시판되는 바이러스 RNA 추출 키트(kit)를 사용하며, 제조사가 제시하는 적절한 실험법에 따라 실시한다.

※ 재현성 및 검출효율 등을 고려하여 QIAGEN-Viral RNA Mini Kits 또는 동등 이상의 제품이 사용이 가능하며, 또한 자동유전자 추출장치를 사용할 경우에도 바이러스 RNA 추출 키트를 사용하여 노로바이러스 유전자를 추출할 수 있다.

(1) 바이러스 유전자 추출 시 검체와 동일한 과정으로 음성대조군(negative control)을 사용하여 유전자를 추출하며 검체의 경우 시험 진행 중 오염 여부를 확인하기 위해 2개의 RNA를 추출한다.

(2) 검체 농축액과 음성대조군 각 280 μL에 AVL 완충액(guanidine thiocyanate 함유) 1,120 μL를 각각 혼합하여 실온에서 10분 동안 방치한 후 가볍게 원심분리기를 이용하여 원심분리(spin-down)한다.

(3) 여기에 95~100% 에탄올 1,120 μL을 넣어 혼합한 후 가볍게 원심분리(spin-down)한다.

(4) 혼합액 630 μL을 소량 원심(Mini spin) 컬럼으로 옮겨 6,000 G에서 1분간 원심분리하고 컬럼을 새로운 회수용(collection) 튜브로 옮긴 다음 남은 혼합액을 630 μL씩 동일한 방법으로 컬럼에 첨가하여 원심분리한다.

(5) 소량 원심(mini spin) 컬럼을 새로운 회수용(collection) 튜브로 옮겨 AW1 완충액(guanidine hydrochloride 함유) 500 μL을 넣고 6,000 G로 1분간 원심분리 후 컬럼을 새로운 회수용(collection) 튜브로 옮긴다.

(6) AW2 완충액 500 μL을 넣고 20,000 G로 3분간 원심분리한 후 컬럼을 새로운 1.5 mL 회수용(collection) 튜브로 옮긴다.

(7) AVE 완충액(sodium azide 함유) 60 μL를 넣고 6,000 G로 1분간 원심분리하여 다음의 RT-PCR을 수행하기 위한 주형(template)으로 사용한다.

마) 노로바이러스 유전자 PCR 과정 및 결과판정

PCR로 노로바이러스의 유전자형(GI과 GII)을 각각 확인하기 위하여 유전자형에 따라 프라이머를 바꿔 semi-nested PCR을 한다. RT-PCR(reverse transcription-polymerase chain reaction)과정에서는 노로바이러스 유전자와 로타바이러스 유전자를 조합하여 합성한 RNA (GI, GII)를

PCR 양성대조군으로 사용한다.

(1) One-step RT-PCR 방법은 아래와 같이 수행한다.

㉠ PCR 조성조건은 RT-PCR pre-mix 10 μL(Reverse transcriptase 0.5 μL 포함), 프라이머는 GI과 GII형(type)별로 달리하여 GI형(type) (GI-F1M, GI-R1M), GII형(type) (GII-F1M, GII-R1M) 각 2 μL, 추출 RNA 5 μL를 첨가하여 증류수로 총 25 μL로 맞추고 양성대조군의 경우 검체의 RT-PCR 혼합 조성과 동일하게 한 후 GI과 GII 양성대조군 RNA 5 μL를 각각 넣어 총 25 μL로 반응시킨다.

㉡ PCR 반응조건은 GI과 GII 모두 45°C에서 30분, 94°C에서 5분 DNA를 변성시키고, 94℃ 30초, 55°C 30초, 72°C 1분 30초를 1회로 하여 35회 반응시킨 후, 72°C에서 7분간 연장 반응시킨다. 상기 반응 종료 후 PCR 생성물에 대하여 semi-nested PCR을 실시한다.

표 A.1 노로바이러스 One-step RT-PCR 반응액 조성

Component	Volume	Genogroup	
		GI primers	GII primers
Mastermix (2 X)	9.5 μL	–	–
Reverse transcriptase (50 unit/μL)	0.5 μL	–	–
D.W.	6 μL	–	–
Forward primer (20 pmol)	2 μL	GI-FIM	GII-FIM
Reverse primer (20 pmol)	2 μL	GI-RIM	GII-RIM
Extracted RNA, PCR control	5 μL	–	–
Total	25 μL		

표 A.2 One-step RT-PCR 반응조건 및 온도

	온도	시간	Cycle
cDNA 합성(cDNA synthesis)	45℃	30 min	1 cycle
초기 변성(predenaturation)	94℃	5 min	
변성(denaturation)	94℃	30 sec	35 cycle
결합(annealing)	55℃	30 sec	
확장(extension)	72℃	1 min 30 sec	
최종신장(post-elongation)	72℃	7 min	1 cycle
보관	4℃	∞	∞

(2) Semi-nested PCR 방법은 아래와 같이 수행한다.

㉠ One-step RT-PCR 산물을 주형으로 하여 semi-nested PCR을 실시한다. 1차 PCR 산물 2 μL, 10x 완충액($MgCl_2$ 포함) 5 μL, dNTPs (10 mM) 4 μL, taq DNA polymerase (5 unit/μL) 1 μL, 프라이머는 GI과 GII형(type)별로 달리하여 GI형(type) (GI-F2, GI-R1M), GII형(type) (GII-F3M, GII-R1M) 각 2.5 μL 첨가한 다음 최종 증류수로 총 50 μL로 맞춘 후 semi-nested PCR을 실시한다.

㉡ PCR 반응조건은 GI과 GII 모두 94°C에서 5분간 DNA를 변성시키고 94°C 30초, 55°C 30초, 72°C 1분 30초를 1회로 하여 25회를 반응시킨 후 72°C에서 7분간 연장 반응한다.

표 A.3 노로바이러스 Semi-nested PCR 반응액 조성

Component	Volume	Genogroup	
		GI primers	GII primers
dNTP(10mM)	4 μL	–	–
10x Buffer(with $MgCl_2$)	5 μL	–	–
D.W.	33 μL	–	–
Forward primer(20 pmol)	2.5 μL	GI-F2	GII-F3M
Reverse primer(20 pmol)	2.5 μL	GI-RIM	GII-RIM
Taq polymerase(5 unit/μL)	1 μL	–	–
1st PCR Product	2 μL	–	–
Total	50 μL		

표 A.4 Semi-nested PCR 반응조건 및 온도

	온도	시간	cycle
초기 변성(predenaturation)	94℃	5 min	1 cycle
변성(denaturation)	94℃	30 sec	
결합(annealing)	55℃	30 sec	25 cycle
확장(extension)	72℃	1 min 30 sec	
최종신장(post-elongation)	72℃	7 min	1 cycle
보관	4℃	∞	∞

㉢ PCR 반응 종료 후 PCR 증폭 반응액 5 μL를 전기영동 완충액(gel loading buffer) 1 μL와 혼합한 다음 젤(gel)의 각 홈에 검체를 조심스럽게 넣고 나머지 한 홈에 PCR 증폭산물의 크기를 식별하기에 적당한 표식 DNA(marker DNA) 7 μL를 넣는다. 1.5% 아가로스 젤(agarose gel) 상에서 100V로 전기영동한 후 ethidium bromide (EtBr) 염색액(10 mg/mL)으로 30분간 염색한 후 증류수로 10분간 탈색하고 자외선 조사기(UV transtilluminator)로 조사하여 증폭된 DNA 밴드를 관찰한다.

㉣ 노로바이러스 유전자 증폭에 사용하는 프라이머는 표 A.5와 같다.

표 A.5 노로바이러스 PCR 프라이머 염기서열

Genogroup	Primer	Sequence (5′ → 3′)	Application
I	GI-F1M	CTG CCC GAA TTY GTA AAT GAT GAT	One-step RT PCR
	GI-R1M	CCA ACC CAR CCA TTR TAC ATY TG	One-step RT PCR/ Semi-nested PCR/Sequencing
	GI-F2	ATG ATG ATG GCG TCT AAG GAC GC	Semi-nested PCR/ Sequencing
II	GII-F1M	GGG AGG GCG ATC GCA ATC T	One-step RT PCR
	GII-R1M	CCR CCI GCA TRI CCR TTR TAC AT	One-step RT PCR/ Semi-nested PCR/Sequencing
	GII-F3M	TTG TGA ATG AAG ATG GCG TCG ART	Semi-nested PCR/Sequencing

(3) 1차 결과 확인

㉠ 아가로스 젤 상에서 시료에 313 bp의 밴드가 있을 경우 GI형 노로바이러스로, 310 bp의 밴드가 있을 경우 GII형 노로바이러스로 일차 확인하되, 양성대조군 GI형은 689 bp, GII형은 686 bp로 확인되어야 한다.

㉡ 만일 음성대조군(negative control)이나 검체에서 양성대조군(positive control)과 같은 크기의 밴드가 확인되거나 또는 양성대조군에서 밴드가 확인이 되지 않을 경우 등은 재시험을 실시해야 한다(표 A.6 참고).

㉢ 노로바이러스가 일차 확인된 경우 최종 확인을 위하여 아가로스 젤 상에서 해당부위를 절취하여 PCR 산물을 정제한 후 염기서열(DNA sequencing)을 분석하여 최종 판정한다.

표 A.6 노로바이러스 PCR 결과판정(예시)

	추출 RNA(시료)	양성대조군	음성대조군	1차 판정
1	+	+	−	PCR 검출
	+			
2	+	+	−	PCR 검출
	−			
3	+	+	+	재실험
	+			
4	+	−	−	재실험
	−			
5	−	+	−	PCR 불검출
	−			

+: 노로바이러스 PCR 밴드 확인됨, −: 밴드가 확인되지 않음

(4) 최종 검출 판정

㉠ 염기서열분석(DNA sequencing)을 위하여 (3)의 ㉢에서 정제된 DNA 1 μL를 주형으로 바이러스 유전형 및 진행방향에 따라 GI의 경우 GI-F2 및 GI-R1M, GII의 경우 GII-F3M 및 GII-R1M의 프라이머를 사용한다.

㉡ 염기서열분석반응을 위한 혼합 조건은 각 유전자형 semi-nested 프라이머(primer, 1 pmol)를 독립된 각각의 튜브에 2 μL, dye-terminator 2 μL, 정제 DNA 2 μL를 첨가하여 증류수로 최종 10 μL가 되도록 하고 96℃에서 1분간 DNA를 변성시킨 후, 96℃에서 10초간, 50℃에서 5초간, 60℃에서 4분간을 1회로 하여 25회 반응시킨 다음 60℃에서 10분간 연장반응을 시킨다.

㉢ PCR 산물은 직접 염기서열분석하되 2종 이상의 유전자가 혼합되어 있는 경우에는 클로닝 염기서열분석(cloning DNA sequencing)을 재실시한다. 염기서열분석에 의해 결정된 염기서열은 노로바이러스 유전자 데이터베이스와 비교하여 노로바이러스로 확인되었을 경우 검출된 것으로 최종 확인한다.

A.26 장출혈성 대장균 (Enterohemorrhagic *Escherichia coli*)

장출혈성 대장균 시험법은 PCR을 이용하여 베로독소 유전자를 검출하는 시험법이다. 따라서 신속검사를 위한 스크리닝 목적으로 증균배양 후 배양액에서 베로독소 유전자 확인시험을 실시하여 베로독소(VT1 또는 VT2) 유전자가 확인되지 않을 경우 불검출로 판정할 수 있으나, 베로독소 유전자가 확인된 경우에는 반드시 분리 및 확인시험을 실시하여야 한다.

1) 증균배양

검체 25 g (25 mL)을 취하여 225 mL EC 배지를 가한 후 35~37℃에서 24시간 증균배양한다.

2) 분리배양

O157 혈청형의 대장균의 분리를 위해 증균배양액을 TC-SMAC 배지에 접종하고, O157균을 제외한 장출혈성 대장균의 분리를 위해 EMB 한천배지에 각각 접종하여 35~37℃에서 18~24시간 배양한다.

3) 확인시험

TC-SMAC배지에서는 sorbitol을 분해하지 않은 무색집락을, EMB 배지에서는 금속성의 광택을 보이는 집락을 취하여 보통한천배지에 옮겨 35~37℃에서 18~24시간 배양한다. 그람음성 간균을 확인하고 생화학시험을 실시하여 대장균으로 확인된 경우, 다음의 베로독소 유전자 확인시험을 실시한다.

4) 베로독소 유전자 확인시험

베로독소 유전자는 다음의 PCR법에 따라 실시한다.

(1) 주형유전자 준비

전형적인 집락을 취하여 멸균증류수 200 μL에 현탁한 후 10분간 끓여 원심분리하고 상등액 5 μL를 취하여 시료로 사용한다.

(2) PCR 프라이머 염기서열

유전자	염기서열(5′ → 3′)	결과확인
VT1	(F) CTG GAT TTA ATG TCG CAT AGT G (R) AGA ACG CCC ACT GAG ATC ATC	150 bp
VT2	(F) ATC CTA TTC CCG GGA GTT TAC G (R) GCG TAT CGT ATA CAC AGG AGG	584 bp

(3) PCR 반응액 조제

성분	최종농도	Stock 용액 농도	1회 용량
완충액	1 ×	10 ×	5 μL
$MgCl_2$	2.5 mM	25 mM	5 μL
dNTPs	200 uM	2.5 mM	4 μL
VT1 프라이머(F)	20 pmol/tube	20 pmol/μL	1 μL
VT1 프라이머(R)	20 pmol/tube	20 pmol/μL	1 μL
VT2 프라이머(F)	20 pmol/tube	20 pmol/μL	1 μL
VT2 프라이머(R)	20 pmol/tube	20 pmol/μL	1 μL
주형 DNA	25~50 ng 또는 5 μL	–	5 μL
Taq	2.5 U/tube	5 U/μL	0.5 μL
증류수	–	–	26.5 μL
총량	–	–	50 μL

(4) PCR 반응조건

구분	온도	시간	반응횟수
초기변성	95℃	5분	1회
변성(denaturation)	95℃	30초	35회
결합(annealing)	50℃	40초	
신장(extension)	72℃	1분	
최종신장(elongation)	72℃	10분	1회
보존(store)	4℃	–	–

(5) 결과 확인

최종산물의 반응액 5 μL를 취하여 2.0% SeaKEM LE garose로 100 V에서 25분간 전기영동하고 EtBr (1 μg/mL)로 염색한후 UV를 이용하여 반응생성물을 확인한다. 이때 DNA 크기를 알 수 있도록 100 bp ladder를 동시에 전기영동한다. VT1 유전자는 150 bp, VT2 유전자는 584 bp에서 반응생성물을 확인할 수 있다. VT1 또는 VT2 유전자가 확인된 것은 장출혈성대장균이 검출된 것으로 판정한다.

부록 B 식품공전 미생물 시험용 배지 목록

검사대상 미생물	구분	시험방법	공전 배지명	식품공전 배지번호
일반세균수	증온세균수	표준평판법	표준 한천배지	1
		건조필름법	세균수 건조필름배지	53
	저온세균수	표준평판법	표준 한천배지	1
	내열성세균수	표준평판법	표준 한천배지	1
대장균군	정성시험	1. 유당 배지법		
		추정시험	유당배지	2
		확정시험	BGLB 배지	3
			Endo 평판배지	5
			EMB 한천배지	6
		완전시험	보통 한천배지	8
		2. 유당 배지법		
		정성시험	BGLB 배지	3
			Endo 평판배지	5
			EMB 한천배지	6
		3. 데스옥시콜레이트 유당 한천배지법		
		정성시험	데스옥시콜레이트 유당 한천배지	9
			Endo 평판배지	5
			EMB 한천배지	6

(계속)

검사대상 미생물	구분	시험방법	공전 배지명	식품공전 배지번호
대장균군	정량시험	1. 최확수법		
			유당배지	2
		2. BGLB 배지에 의한 정량법		
			BGLB 배지	3
		3. 데스옥시콜레이트 유당 한천배지에 의한 정량법		
			데스옥시콜레이트 유당 한천배지	9
		4. 건조필름법		
			대장균군 건조필름배지	54
대장균	1. 최확수법		EC 배지	10
	2. 한도시험	추정시험	EC 배지	10
		확정시험	EMB 한천배지	6
		완전시험	유당배지	2
	3. 건조필름법		대장균 건조필름배지	55
유산균	일반세균수 측정방법에 준하여 시험	검체희석	멸균생리식염수	시액 2
		유산균 및 구균	BCP 첨가 표준 한천배지	11
		비피더스균	BL 한천배지	15
		유산균과 비피더스균 혼합제품	BS 한천배지	25
진균	정량시험(세균수 측정방법에 준함)		포테이토 데스트로즈 한천배지	12
탄저균	분리배양		보통한천배지	8
			혈액한천배지	15
결핵균	분리배양		Okawa 한천배지	24
브루셀라	분리배양		Liver 한천배지	26
살모넬라	증균배양		Peptone water	56
			Rappaport-Vassiliadis 배지	57
	분리배양		MacConkey 한천배지	30
			Desoxycholate Citrate 한천배지	31
			XLD 한천배지	58
	확인시험	생화학시험	보통한천배지	8
			TSI 사면배지	32
황색포도상구균	증균배양		10% NaCl 첨가 TSB 배지	23
	분리배양		난황첨가 만니톨식염한천배지	14
	확인시험		보통한천배지	8

(계속)

검사대상 미생물	구분	시험방법	공전 배지명	식품공전 배지번호
장염 비브리오	증균배양		Alkaline peptone water	16
	분리배양		TCBS 한천배지	17
	확인시험		TSI 사면배지	32
			LIM 반유동배지	18
			보통한천배지	8
			VP 반유동배지	19
			Nutrient broth	7
			Purple broth base	20
			Moeller basal broth	21
			ONPG broth	22
세균발육 시험	시험액 조제		인산완충희석액	1
	세균시험		티오글리콜산염 배지	13
클로스트리디움 퍼프리젠스	정성시험	증균배양	Cook meat medium	33
		확인시험	TSC 한천배지	41
	정량시험	균수측정	TSC 한천배지	41
		확인시험	보통한천배지	8
리스테리아 모노사이토제네스	증균배양		Listeria 증균배지	35
			UVM-modified Lisyeria 증균배지	36
			Fraser Listeria 배지	37
	분리배양		Oxford 한천배지	38
			LPM 한천배지	39
			Tryptic soy 한천배지 (+0.6% yeast extract)	40
대장균 O157:H7	증균배양		mEC 배지	42
	분리배양		MacConkey sorbital 한천배지	43
			EMB 한천배지	6
	확인시험		보통한천배지	8
여시니아 엔테로콜리티카	증균배양		PSBB 배지	44
	분리배양		MacConkey 한천배지	30
			CIN 한천배지	45
	확인시험		TSI 한천배지	32
바실러스 세레우스	정성시험	분리배양	MYP 한천배지	46
		확인시험	보통한천배지	8
	정량시험	분리배양	MYP 한천배지	46
		확인시험	보통한천배지	8

(계속)

검사대상 미생물	구분	시험방법		공전 배지명	식품공전 배지번호
캠필로박터 제주니	증균배양	일반 제품	1차증균	HUNT 배지 + 항생제 혼합액	147
			2차증균	HUNT 배지 + cefoperazone 용액	47
		유제품	1차증균	HUNT 배지 + 항생제 혼합액	247
			2차증균	HUNT 배지 + rifampicin 용액	47
	분리배양			Modified Campy blood free 한천배지	48
				Abeyta-Hunt 한천배지	49
클로스트리디움 보툴리눔	증균배양			Cook meat medium	33
				TPGY 배지	50
	분리배양			Liver-veal 난황첨가배지	51
				혐기성 난황첨가 한천배지	52
	확인시험			GAM 당분해용 반유동배지	34
엔테로박터 사카자키	증균배양			EE 배지	59
	분리배양			CESA 한천배지	60
				VRBG 한천배지	61
				E. sakazakii 한천배지	63
	확인시험			Tryptic soy 한천배지	40

상기 표는 식품공전에 기재된 배지만을 정리 기술한 것임.

참고문헌

1. 김병홍, 미생물 생리학(제3개정판), 아카데미서적, 2005년.
2. 김신무 외, 임상미생물학 실습, 고려의학, 2006년.
3. 김옥용 외, 기초 생물학 실험서, 바이오사이언스출판, 2009년.
4. 문병주 외, 신편 식물병원균류해설, 월드사이언스, 2005년.
5. 민봉희 외, 미생물과학, 도서출판 효일, 2001년.
6. 박진숙외, 미생물의 분류 · 동정 실험법(분자유전학 · 분자생물학적 방법을 중심으로), 월드사이언스, 2005.
7. 배직현 외, 감염관리를 위한 임상미생물학, 도서출판 한미의학, 2007년.
8. 오계현 외, Brock의 미생물학(12판), 바이오사이언스출판, 2011년.
9. 유윤정 외, 구강미생물학, 군자출판사, 2005년.
10. 유주현 외, 응용 미생물학실험, 도서출판 효일, 2007년.
11. 미생물학 실험교재 편찬위원회, 미생물학 실험, 월드사이언스, 2000년.
12. 진익렬 외, 미생물과 인간(4판), 월드사이언스, 2003년.
13. Difco & BBL Manual (Manual of microbiological culture media), BD Biagnostics Systems, 2003.
14. The Manual, Oxoid, 2006

국문 찾아보기

ㄹ

ㅁ

ㅂ

ㅅ

ㅇ

ㅈ

ㅊ

ㅋ

ㅌ

ㅍ

ㅎ

기타

영문 찾아보기

A

B

C

D

E

F

S

T

U

V

W

X

Y